张天飞◎著

奔跑吧

Linux 内核

入门篇

人民邮电出版社

北京

图书在版编目（C I P）数据

奔跑吧Linux内核. 入门篇 / 张天飞著. -- 北京：
人民邮电出版社, 2019.2
ISBN 978-7-115-50226-1

Ⅰ. ①奔… Ⅱ. ①张… Ⅲ. ①Linux操作系统 Ⅳ.
①TP316.85

中国版本图书馆CIP数据核字(2018)第281641号

内 容 提 要

本书是一本介绍 Linux 内核实践的入门书，基于 Linux 4.0 内核，重点讲解 Linux 内核的理论和实验。本书分为 12 章，包括 Linux 系统入门、Linux 内核基础知识、内核编译和调试、内核模块、简单的字符设备驱动、系统调用、内存管理、进程管理、同步管理、中断管理、调试和性能优化，以及如何参与开源社区等内容。此外，本书还介绍了 Linux 内核社区常用的开发工具和理论，如 Vim 8 和 git 工具等。书中包括 70 多个实验，帮助读者深入理解 Linux 内核。

本书适合与 Linux 系统相关的开发人员、Linux 系统的研究人员、嵌入式开发人员及 Android 底层开发人员等学习和使用，也可以作为高校相关专业师生的学习用书和培训学校的教材。

◆ 著　　　　张天飞

责任编辑　张　爽

责任印制　焦志炜

◆ 人民邮电出版社出版发行　　北京市丰台区成寿寺路 11 号

邮编　100164　电子邮件　315@ptpress.com.cn

网址　http://www.ptpress.com.cn

涿州市京南印刷厂印刷

◆ 开本：800×1000　1/16

印张：24

字数：490 千字　　　　　　　　2019 年 2 月第 1 版

印数：1 – 3 000 册　　　　　　　2019 年 2 月河北第 1 次印刷

定价：89.00 元

读者服务热线：(010)81055410　印装质量热线：(010)81055316
反盗版热线：(010)81055315
广告经营许可证：京东工商广登字 20170147 号

序　一

Linux 操作系统自诞生以来，得到了国内外开源爱好者与产业界的持续关注和投入。近年来，Linux 操作系统在云计算、服务器、桌面、终端、嵌入式系统等领域得到了广泛的应用，越来越多的行业开始利用 Linux 操作系统作为信息技术的基础平台或者利用 Linux 操作系统进行产品开发。

作为 Linux 操作系统的核心，Linux 内核以开放、自由、协作、高质量等特点吸引了众多顶尖科技公司的参与，并有数以千计的开发者为 Linux 内核贡献了高质量的代码。在学习和研究操作系统的过程中，Linux 内核为"操作系统"课程提供了一个不可或缺的案例，国内外众多大学的"操作系统"课程都以 Linux 内核作为研究平台。随着基础软硬件技术的快速发展，Linux 内核代码也将更加庞大和复杂，试图深入理解并掌握它是一件非常不容易的事情。

结合优麒麟系统的特性以及操作实践，本书深入浅出地介绍了 Linux 内核的若干常用模块。本书结构合理、内容详实，可作为 Linux 相关爱好者、开发者的参考用书，也可以作为大学"操作系统"课程的辅助教材。

廖湘科
中国工程院院士

序　二

有这么一个故事，一个程序员去相亲，当女方问他的职业时，他说自己是一个底层架构工程师，女方听到"底层"两个字，很不屑地说："底层啊，那你什么时候能升到中高层？"男方听后不知该如何接话。在程序员的世界里，Linux 内核、底层其实是非常"高端"的内容，普通程序员需要在这个领域里积累多年，才能修炼到从事"底层"工作的层次。

Linux 内核是当前操作系统领域的绝对霸主，同时也是开源软件中一颗璀璨的明星。国内外众多的公司和行业都采用 Linux 作为首选的操作系统，学习 Linux 操作系统的人员也越来越多。Linux 内核开发是一个让人听起来就觉得很了不起的工作，Linux 内核开发领域的程序员与其他领域的程序员相比是少之又少，更别提一些优秀的教程和书籍了。

《奔跑吧 Linux 内核 入门篇》一书从 Linux 发行版、开发工具、调试工具入手，讲述了如何快速搭建内核开发环境、如何正确地编写和运行 Linux 内核模块，以及内核开发中的一些基础知识。本书有助于读者在短时间内理解内核开发的全貌，从而具备内核开发的能力。

好书就像是一块敲门砖，能够带领读者入门，使读者在书中内容的基础上加以自身的领悟，从而激发出更多的创造力。《奔跑吧 Linux 内核 入门篇》就是这样一本难得的好书，由一个从事 Linux 内核开发工作十余年的程序员利用业余时间编写，书中融入了其大量的工作经验。我非常高兴能够把这样优秀的一本书推荐给广大 Linux 从业者和开源软件的爱好者。相信你细细品味后，会有不一样的收获！

红薯
开源中国码云创始人

前　　言

2017 年 9 月《奔跑吧 Linux 内核》一书出版后得到了广大 Linux 从业人员和爱好者（特别是从事 Linux 相关产品开发的工程师）的好评，也有不少高校采用该书作为研究生的 Linux 内核课程的参考书目。《奔跑吧 Linux 内核》以实际工程中的问题为导向来分析 Linux 内核，很多读者认为它不太适合 Linux 初学者。因此，我重新编写了一本适合 Linux 初学者学习 Linux 内核的入门教程。

2018 年，中兴事件让芯片技术和操作系统变得火热起来，越来越多的人关注操作系统等基础学科。特别是 Linux 内核开源项目，已经成为操作系统研究和使用的典范。很多读者反映在看完《鸟哥的 Linux 私房菜》一书后已经能够熟练使用 Linux 系统，但是对 Linux 内核以及更深层次的技术问题仍一头雾水。《奔跑吧 Linux 内核 入门篇》希望能帮助已经熟悉 Linux 系统使用的读者深入学习 Linux 内核。

本书特色

❑　循序渐进地讲述 Linux 内核入门知识。

Linux 内核庞大而复杂，任何一本厚厚的 Linux 内核书都可能会让人看得昏昏欲睡。因此，对于初学者来说，Linux 内核的入门需要循序渐进，一步一个脚印。初学者可以从如何编译 Linux 内核开始入门，学习如何调试 Linux 内核，动手编写一个简单的内核模块，逐步深入 Linux 内核的核心模块中。

为了降低读者的学习难度，本书不会分析 Linux 内核的源代码，要深入理解 Linux 内核源代码的实现，可以参考《奔跑吧 Linux 内核》。

❑　突出动手实验。

对于初学者，理解操作系统最好的办法之一就是动手实验。因此，本书在每章中都设置了几个经典的实验，读者可以在学习基础知识后通过实验来加深理解。本书所有的实验都可以在优麒麟 Linux 18.04 系统中完成。

❑　反映 Linux 内核社区新发展。

除了介绍 Linux 内核的基本理论之外，本书还介绍了当前 Linux 社区中新的开发工具和社区运作方式，比如如何使用 Vim 8 阅读 Linux 内核代码、如何使用 git 工具进行社区开发、如何参与社区开发等。

❑　结合 QEMU 调试环境讲述，并给出大量内核调试技巧。

在学习 Linux 内核时，大多数人都希望有一个功能全面且好用的图形化界面来单步调试内核。本书会介绍一种单步调试内核的方法，即 Eclipse+QEMU+GDB。另外，本书提供首个采用"-O0"编译和调试 Linux 内核的实验，可以解决调试时出现的光标乱跳和<optimized out>等问题。本书也会介绍实际工程中很实用的内核调试技巧，例如 ftrace、systemtap、内存检测、死锁检测、动态打印技术等，这些都可以在 QEMU+ ARM Linux 的模拟环境下做实验。

❑　配备丰富的电子教案和视频资源。

本书会在出版之后陆续提供配套的电子教案，并录制相应的配套教学视频，请关注异步社区官网和微信公众号。

本书主要内容

Linux 内核涉及的内容包罗万象，但本书的重点是 Linux 内核入门和实践。

本书共有 12 章。

第 1 章介绍什么是 Linux 系统，以及常用的 Linux 发行版。接着介绍宏内核和微内核之间的区别，以及如何学习 Linux 内核等内容。该章还包括如何安装 Linux 系统，如何编译 Linux 内核等实验。

第 2 章介绍 GCC 工具、Linux 内核常用的 C 语言技巧、Linux 内核常用的数据结构、Vim 工具以及 git 工具等内容。

第 3 章主要讲述内核配置和编译的技巧，实验包括使用 QEMU 来编译和调试 ARM 的 Linux 内核。

第 4 章主要从一个简单的内核模块入手，讲述 Linux 内核模块的编写方法，实验围绕 Linux 内核模块展开。

第 5 章从如何编写一个简单的字符设备开始入手，介绍字符设备驱动的编写。

第 6 章主要包括系统调用的基本概念，实验是添加新的系统调用。

第 7 章包括从硬件角度看内存管理、从软件角度看内存管理、物理内存管理、虚拟内存管理、缺页异常、内存短缺等内容，并包含多个与内存管理相关的实验。

第 8 章主要包括进程概述、进程的创建和终止、进程调度以及多核调度等内容。

第 9 章包括原子操作和内存屏障、自旋锁机制、信号量、读写锁、RCU、等待队列等内容。

第 10 章包括 Linux 内核中断管理机制、软中断和 tasklet 机制、工作队列机制等内容。

第 11 章包括 printk、proc 和 debugfs、ftrace、分析 oops 错误、perf 性能分析工具、内存检测、kdump 工具以及性能测试工具等内容，并包括调试和性能优化方面的 18 个实验。

第 12 章包括开源社区介绍，如何参与开源社区、提交补丁、在 Gitee 中创建和管理开源项目等内容。

本书主要的实验平台是 QEMU 模拟器，这是另一个热门的开源项目，主要用于处理器的仿真和虚拟化。

本书使用的内核版本是 Linux 4.0。另外，为了方便调试内核，作者增加了可以使用"-O0"方式编译的内核，该内核已经上传到码云（Gitee）平台上。下载代码命令如下：

```
#git clone https://gitee.com/benshushu/runninglinuxkernel_4.0.git
#git checkout rlk_basic
```

本书配套实验的参考代码在 rlk_lab/rlk_basic 目录下。

由于作者知识水平有限，书中难免存在纰漏，敬请各位读者批评指正。作者邮箱：*runninglinuxkernel@126.com*。新浪微博：@奔跑吧 Linux 内核。读者也可以扫描下方的二维码，到作者的微信公众号中交流。

致谢

感谢国防科技大学优麒麟社区提供了优麒麟 Linux 发行版供本书实验所用，感谢优麒麟社区的余杰老师提供的具有建设性的教学意见。

感谢国防科技大学的廖湘科院士在百忙之中对本书编写和出版工作的关注，并为本书作序。廖院士是高性能计算机和操作系统领域的科学巨匠，感激他在繁重的工作之余仍常常关心开源软件的发展以及年轻一代程序员的成长。

本书的编写和出版要特别感谢南昌大学的陈悦老师，他将《奔跑吧 Linux 内核》运用到教学实践中，并很热心地把教学经验分享给我，也是在他的督促下，我才完成了本书的编写工作。

感谢开源中国社区的联合创始人红薯在本书编写过程中给予我的支持和帮助。

另外，还要感谢浙江大学的陈文智老师、大连理工大学的吴国伟老师、南京大学的夏耐老师、北京工业大学的韩德强老师，以及段夕华的热情帮助。感谢彭东林同学完成了本书的审阅工作，并提出了宝贵的修改意见。

同时感谢人民邮电出版社张爽编辑的辛勤付出。

最后感谢我的家人对我的支持和鼓励，虽然周末时间我都在忙于写作本书，但是他们总是给我无限的温暖。

张天飞

2018 年于上海

资源与支持

本书由异步社区出品，社区（https://www.epubit.com/）为您提供相关资源和后续服务。

配套资源

本书将为教师提供配套的电子教案和教学视频。如果您是教师，希望获得教学配套资源，请在社区的本书页面中直接联系本书的责任编辑。

提交勘误

作者和编辑尽最大努力来确保书中内容的准确性，但难免会存在疏漏。欢迎您将发现的问题反馈给我们，帮助我们提升图书的质量。

当您发现错误时，请登录异步社区，按书名搜索，进入本书页面，点击"提交勘误"，输入勘误信息，点击"提交"按钮即可。本书的作者和编辑会对您提交的勘误进行审核，确认并接受后，您将获赠异步社区的 100 积分。积分可用于在异步社区兑换优惠券、样书或奖品。

扫码关注本书

扫描下方二维码，您将会在异步社区微信服务号中看到本书信息及相关的服务提示。

与我们联系

我们的联系邮箱是 contact@epubit.com.cn。

如果您对本书有任何疑问或建议，请您发邮件给我们，并请在邮件标题中注明本书书名，以便我们更高效地做出反馈。

如果您有兴趣出版图书、录制教学视频，或者参与图书翻译、技术审校等工作，可以发邮件给我们；有意出版图书的作者也可以到异步社区在线提交投稿（直接访问 www.epubit.com/selfpublish/submission 即可）。

如果您是学校、培训机构或企业，想批量购买本书或异步社区出版的其他图书，也可以发邮件给我们。

如果您在网上发现有针对异步社区出品图书的各种形式的盗版行为，包括对图书全部或部分内容的非授权传播，请您将怀疑有侵权行为的链接发邮件给我们。您的这一举动是对作者权益的保护，也是我们持续为您提供有价值的内容的动力之源。

关于异步社区和异步图书

"异步社区"是人民邮电出版社旗下 IT 专业图书社区，致力于出版精品 IT 技术图书和相关学习产品，为作译者提供优质出版服务。异步社区创办于 2015 年 8 月，提供大量精品 IT 技术图书和电子书，以及高品质技术文章和视频课程。更多详情请访问异步社区官网 https://www.epubit.com。

"异步图书"是由异步社区编辑团队策划出版的精品 IT 专业图书的品牌，依托于人民邮电出版社近 30 年的计算机图书出版积累和专业编辑团队，相关图书在封面上印有异步图书的 LOGO。异步图书的出版领域包括软件开发、大数据、AI、测试、前端、网络技术等。

异步社区

微信服务号

目　　录

第1章
Linux 系统入门

Linux 系统已经被广泛应用在人们的日常用品中，如手机、智能家居、汽车电子、可穿戴设备等，只不过很多人并不知道其使用的电子产品里面运行的是 Linux 系统。我们来看一下 Linux 基金会在 2017 年发布的一组数据。

- ❑ 90%的公有云应用在使用 Linux 系统。
- ❑ 62%的嵌入式市场在使用 Linux 系统。
- ❑ 99%的超级计算机在使用 Linux 系统。
- ❑ 82%的手机操作系统在使用 Linux 系统。

可能读者还不知道，全球 100 万个顶级域名中超过 90%都在使用 Linux；全球大部分的股票交易市场都是基于 Linux 系统来部署的，包括纽交所、纳斯达克等；全球知名的淘宝网、亚马逊网、易趣网、沃尔玛等电子商务平台都在使用 Linux。

这足以证明 Linux 系统是个人电脑操作系统之外的绝对霸主。参与 Linux 内核开发的开发人员和公司也是最多、最活跃的，截至 2017 年有超过 1600 个开发人员和 200 家公司参与 Linux 内核的开发。

因此，了解和学习 Linux 内核显得非常迫切。

1.1 Linux 的发展历史

Linux 诞生于 1991 年 10 月 5 日，它的产生和开源运动有着密切的关系。

1983 年，Richard Stallman 发起 GNU（GUN's Not UNIX）计划，他是美国自由软件的精神领袖，也是 GNU 计划和自由软件基金会的创立者。到了 1991 年，该计划已经完成了 Emacs 和 GCC 编译器等工具，但是唯独没有完成操作系统和内核（HURD）。

1991 年，Linus Torvalds 在一台 386 电脑上学习 Minix 操作系统，并动手实现了一个新的操作系统，然后在 comp.os.minix 新闻组上发布了第一个版本的 Linux 内核。

1993 年，有大约 100 名程序员参与了 Linux 内核代码的编写，此时 Linux 0.99 的代码已经有大约 10 万行。

1994 年，采用 GPL（General Public License）协议的 Linux 1.0 正式发布。GPL 协议最初由 Richard Stallman 撰写，是一个广泛使用的开源软件许可协议。

1995 年，Bob Young 创办了 Red Hat 公司，以 GNU/Linux 为核心，把当时大部分的开源软件打包成一个发行版，这就是 RedHat Linux 发行版。

1996 年，Linux 2.0 发布，该版本可以支持多种处理器，如 alpha、mips、powerpc 等，内核代码量大约是 40 万行。

1999 年，Linux 2.2 发布，支持 ARM 处理器。第一家国产 Linux 发行版——蓝点 Linux 系统诞生，它是第一个支持在帧缓冲上进行汉化的 Linux 中文版本。

2001 年，Linux 2.4 发布，支持对称多处理器 SMP 和很多外设驱动。同年，毛德操老师出版了《Linux 2.4 内核源代码情景分析》，该书推动了国人对 Linux 内核的研究热潮，书中对 Linux 内核理解的深度和广度至今无人能及。

2003 年，Linux 2.6 发布。与 Linux 2.4 相比，该版本增加了很多性能优化的新特性，使它成为真正意义上的现代操作系统。

2008 年，谷歌正式发布 Android 1.0，Android 系统基于 Linux 内核来构建。在之后的十年里，Android 系统占据了手机系统的霸主地位。

2011 年，Linux 3.0 发布。在长达 8 年的 Linux 2.6 开发期间，众多 IT 巨头持续为 Linux 内核贡献了很多新特性和新的外设驱动。同年，全球最大的 Linux 发行版厂商 Red Hat 宣布营收达到 10 亿美元。

2015 年，Linux 4.0 发布。

到现在为止，国内外的科技巨头都投入 Linux 内核的开发中，其中包括微软、华为、阿里巴巴等。

1.2　Linux 发行版

Linux 最早的应用就是个人电脑的操作系统，也是就我们常说的 Linux 发行版。从 1995 年 Red Hat Linux 开始到现在，Linux 经历的发行版多如牛毛，可是现在最流行的发行版也就几个，比如 RHEL、Debian、SuSE、Ubuntu 和 CentOS 等。国内也出现过多个国产的 Linux 发行版，比如蓝点 Linux、红旗 Linux 和优麒麟 Linux 等。

1.2.1　Red Hat Linux

Red Hat Linux 不是第一个制作 Linux 发行版的厂商，但它是在商业和技术上做得最好的 Linux 厂商。从 Red Hat 9.0 版本发布之后，Red Hat 公司不再发行个人电脑的桌面 Linux 发行版，而是转向利润更高和发展前景更好的服务器版本的开发上，也就是后来的 Red Hat Enterprise Linux（Red Hat 企业版 Linux，RHEL）。原来的 Red Hat Linux 个人发行版和 Fedora

社区合并，成为 Fedora Linux 发行版。

到目前为止，Red Hat 系列 Linux 系统有 3 个版本可供选择。

1．Fedora Core

Fedora Core 发行版是 Red Hat 公司的新技术测试平台，很多新的技术首先会应用到 Fedora Core 上，等测试稳定了才会加入 Red Hat 的 RHEL 版本中。Fedora Core 面向桌面应用，所以 Fedora Core 会提供最新的软件包。Fedora 大约每 6 个月会发布一个新版本。Fedora Core 由 Fedora Project 社区开发，并得到 Red Hat 公司的赞助，所以它是以社区的方式来运作的。

2．RHEL

RHEL 是面向服务器应用的 Linux 发行版，注重性能、稳定性和服务器端软件的支持。2018 年 4 月 Red Hat 公司发布的 RHEL 7.5 操作系统，提升了性能，增强了安全性。

3．CentOS Linux

CentOS 全称为 Community Enterprise Operating System，它根据 RHEL 的源代码重新编译而成。因为 RHEL 是商业产品，所以 CentOS 把 Red Hat 所有的商标信息都改成 CentOS 的。除此之外，CentOS 和 RHEL 的另一个不同之处是 CentOS 不包含封闭源代码的软件。因此，CentOS 可以免费使用，并由社区主导。RHEL 在发行时会发布源代码，所以第三方公司或者社区可以使用 RHEL 发布的源代码进行重新编译，以形成一个可使用的二进制版本。因为 Linux 的源代码基于 GPL v2，所以从获取 RHEL 的源代码到编译成新的二进制都是合法的。国内外也的确有不少公司是这么做的，比如甲骨文的 Unbreakable Linux。

2014 年，Red Hat 公司收购了 CentOS 社区，但是 CentOS 依然是免费的。CentOS 并不向用户提供商业支持，所以如果用户在使用 CentOS 时遇到问题，只能自行解决。

1.2.2 Debian Linux

Debian 由 Ian Murdock 在 1993 年创建，是一个致力于创建自由操作系统的合作组织。因为 Debian 项目以 Linux 内核为主，所以 Debian 一般指的是 Debian GNU/Linux。Debian 能风靡全球的主要原因是其特有的 apt-get/dpkg 软件包管理工具，该工具被誉为所有 Linux 软件包管理工具中最强大、最好用的一个。

目前有很多 Linux 发行版基于 Debian，如最流行的 Ubuntu Linux。

Ubuntu 的中文音译是"乌班图"，是以 Dabian 为基础打造的以桌面应用为主的 Linux 发行版。Ubuntu 注重提高桌面的可用性以及安装的易用性等方面，因此经过这几年的发展，Ubuntu 已经成为最受欢迎的桌面 Linux 发行版之一。

1.2.3　SuSE Linux

SuSE Linux 是来自德国的著名 Linux 发行版，在 Linux 业界享有很高的声誉。SuSE 公司在 Linux 内核社区的贡献仅次于 Red Hat 公司，培养了一大批 Linux 内核方面的专家。SuSE Linux 在欧洲 Linux 市场中占有将近 80%的份额，但是在中国的市场份额并不大。

1.2.4　优麒麟 Linux

优麒麟（Ubuntu Kylin）Linux 诞生于 2013 年，是由中国国防科技大学联合 Ubuntu、CSIP 开发的开源桌面 Linux 发行版，是 Ubuntu 的官方衍生版。该项目以国际社区合作方式进行开发，并遵守 GPL 协议，在 Debian、Ubuntu、Mate、LUPA 等国际社区及众多国内外社区爱好者广泛参与的同时，也持续向 Linux Kernel、OpenStack、Debian/Ubuntu 等开源项目贡献力量。从发布至今，优麒麟 Linux 在全球已经有 2000 多万次的下载量，优麒麟 Linux 18.04 桌面截图如图 1.1 所示。

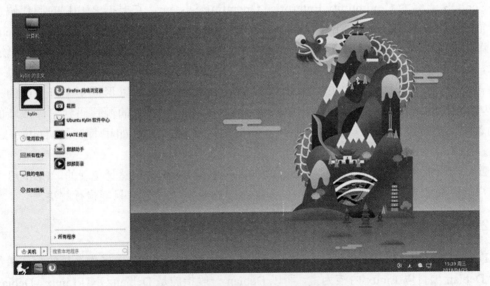

图1.1　优麒麟Linux 18.04桌面截图

如图 1.2 所示，优麒麟自研的 UKUI 轻量级桌面环境，按照 Windows 用户的使用习惯进行设计开发，开创性地将 Windows 标志性的"开始"菜单、任务栏引入 Linux 操作系统中，并且对文件管理器、控制面板等桌面重要组件进行了深度定制，减少了 Windows 用户迁移到 Linux 平台的时间成本，具有稳定、高效、易用的特点。

同时，优麒麟 Linux 默认安装的麒麟软件中心、麒麟助手、麒麟影音、WPS 办公软件、搜狗输入法等软件让普通用户更易上手。针对 ARM 平台的安卓原生兼容技术，优麒麟可以把安卓强大的生态软件无缝移植到 Linux 系统中。基于优麒麟 Linux 的银河麒麟企业发行版，支持 x86 和 ARM64 架构，在中国的政企市场有较大的占有率。

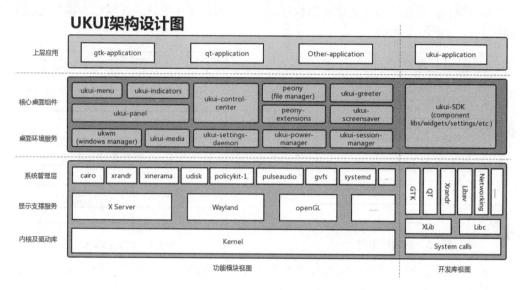

图1.2 UKUI桌面环境架构

1.3 Linux 内核

1.3.1 宏内核和微内核

操作系统属于软件的范畴，来负责管理系统的硬件资源，同时为应用程序开发和执行提供配套环境。操作系统必须具备如下两大功能。

❑ 为多用户和应用程序管理计算机上的硬件资源。

❑ 为应用程序提供执行环境。

除此之外，操作系统还需要具备如下一些特性。

❑ 并发性：操作系统必须具备执行多个线程的能力。从宏观上看，多线程会并发执行，如在单 CPU 系统中运行多线程的程序。线程是独立运行和独立调度的基本单位。

❑ 虚拟性：多进程的设计理念就是让每个进程都感觉有一个专门的处理器为它服务，这就是虚拟处理器技术。

操作系统内核的设计在历史上存在两大阵营，一个是宏内核，另一个是微内核。宏内核是指所有的内核代码都编译成一个二进制文件，所有的内核代码都运行在一个大内核地址空间里，内核代码可以直接访问和调用，效率高并且性能好，如图 1.3 所示。而微内核是指把操作系统分成多个独立的功能模块，每个功能模块之间的访问需要通过消息来完成，因此效率没有那么高。比如，当时 Linus 学习的 Minix 就是微内核的典范。现代的一些操作系统（比如 Windows）就采用微内核的方式，内核保留操作系统最基本的功能，比如进程调度、内存管理通信等模块，其他的功能全部从内核移出，放到用户态中实现，并以 C/S 模型为应用程序提供服务，如图 1.4 所示。

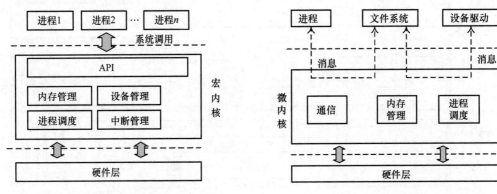

図1.3　宏内核架构　　　　　　　　　図1.4　微内核架构

　　Linus 在设计之初并没有使用当时学术界流行的微内核架构，而是采用实现方式比较简单的宏内核架构，一方面是因为 Linux 在当时是业余作品，另一方面是因为 Linus 本人更喜欢宏内核的设计。宏内核架构的优点是设计简洁和性能比较好，而微内核架构的优势也很明显，比如稳定性和实时性等。微内核架构最大的问题就是高度模块化带来的交互的冗余和效率的损耗。把所有的理论设计放到现实的工程实践中都是一种折中的艺术。Linux 在 20 多年的发展历程中，形成了自己的工程理论，并且不断融入了微内核的精华，如模块化设计、抢占式内核、动态加载内核模块等。

　　Linux 内核支持动态加载内核模块。为了借鉴微内核的一些优点，Linux 内核在很早时就提出了内核模块化的设计。Linux 内核中很多核心的实现或者设备驱动的实现都可以编译成一个个单独的模块。模块是被编译成的一个目标文件，并且可以在运行时的内核中动态加载和卸载。和微内核实现的模块化不一样，它不是作为一个特殊模块来执行的，而是和静态编译的内核函数一样，运行在内核态中。模块的引入给 Linux 内核带来了不少的优点，其中最大的优点就是很多内核的功能和设备驱动都可以编译成动态加载和卸载的模块，并且驱动开发者在编写内核模块时必须遵守定义好的接口来访问内核核心，这也使得开发一个内核模块变得容易很多。另一个优点是，很多内核模块可以设计成和平台无关的，比如文件系统等。相比微内核的模块，还有一个优点就是继承了宏内核的性能优势。

1.3.2　Linux 内核概貌

　　Linux 内核从 1991 年至 2018 年已有近 27 年的发展过程，从原来不到 1 万行代码到现在已经超过 2 000 万行代码。对于如此庞大的项目，我们在学习的过程中首先需要了解其整体的概貌，再深入学习每个核心子模块。

Linux 内核总体的概貌如图 1.5 所示，一个典型的 Linux 系统可以分成三部分。

❑ 硬件层：包括 CPU、物理内存、主板、磁盘和相应的外设等。

❑ 内核空间：包括 Linux 内核的核心部件，比如 arch 抽象层、设备管理抽象层、内存管理、进程管理、总线设备、字符设备以及与应用程序交互的系统调用层。

❑ 用户空间：这里包括的内容很丰富，如 C 语言库、应用程序和虚拟机等。

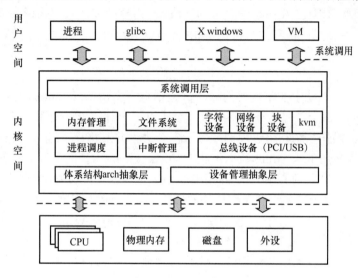

图1.5 Linux内核概貌

我们重点关注内核空间层中一些主要的部件。

（1）系统调用层

Linux 内核把系统分成两个空间：用户空间和内核空间。CPU 既可以运行在用户空间，也可以运行在内核空间。一些体系结构的实现还有多种执行模式，如 x86 体系结构有 ring0 ~ ring3 这 4 种不同的执行模式。但是 Linux 内核只使用了 ring0 和 ring3 两种模式来实现内核态和用户态。

Linux 内核为内核态和用户态之间的切换设置了软件抽象层，叫作系统调用（System Call）层，其实每个处理器体系结构设计中都提供了一些特殊的指令来实现内核态和用户态之间的切换。Linux 内核充分利用了这种硬件提供的机制来实现系统调用层。

系统调用层最大的目的是让用户进程看不到真实的硬件信息，比如当用户需要读取一个文件的内容时，编写用户进程的程序员不需要知道这个文件具体存放在磁盘的哪个扇区里，只需要调用 open()、read()或 mmap()等函数即可。

一个用户进程大部分时间运行在用户态，当需要向内核请求服务时，它会调用系统提供的接口进入内核态，比如上述例子中的 open() 函数。当内核完成了 open() 函数的调用之后会返回用户态。

（2）处理器体系结构抽象层

Linux 内核支持多种体系结构，比如现在最流行的 x86 和 ARM，也包括 MIPS、powerpc 等。Linux 最初的设计只支持 x86 体系结构，后来不断扩展，到现在已经支持几十种体系结构。为 Linux 内核添加一个新的体系结构不是一件很难的事情，如最新的 Linux 4.15 内核支持 RISC-V 体系结构。Linux 内核为不同体系结构的实现做了很好的抽象和隔离，也提供了统一的接口来实现。比如，在内存管理方面，Linux 内核把和体系结构相关部分的代码都存放在 arch/xx/mm 目录里，把和体系结构不相关的代码都存放在 mm 目录里，从而实现完好的分层。

（3）进程管理

进程是现代操作系统中非常重要的概念，包括上下文切换（Context Switch）以及进程调度（Scheduling）。每个进程运行时都感觉完全占有了全部的硬件资源，但是进程不会长时间占有硬件资源。操作系统利用进程调度器让多个进程并发执行。Linux 内核并没有严格区分进程和线程，而常用 task_struct 数据结构来描述。Linux 内核的调度器的发展经历了好几代，从很早的 $O(n)$ 调度器到 Linux 2.6 内核中的 $O(1)$ 调度器，再到现在的 CFS 公平算法调度器。目前比较热门的讨论是关于性能和功耗的优化，比如 ARM 阵营提出了大小核体系结构，至今在 Linux 内核实现中还没有体现，因此类似 EAS（Energy Awareness Scheduling）这样的调度算法是一个研究热点。

进程管理还包括进程的创建和销毁、线程组管理、内核线程管理、队列等待等内容。

（4）内存管理

内存管理模块是 Linux 内核中最复杂的模块，它涉及物理内存的管理和虚拟内存的管理。在一些小型的嵌入式 RTOS 中，内存管理不涉及虚拟内存的管理，比较简单和简洁。但是作为一个通用的操作系统，Linux 内核的虚拟内存管理非常重要。虚拟内存有很多优点，比如多个进程可以并发执行、进程请求的内存可以比物理内存大、多个进程可以共享函数库等，因此虚拟内存的管理也变得越来越复杂。在 Linux 内核中，关于虚拟内存的模块有反向映射、页面回收、KSM、Mmap 映射、缺页中断、共享内存、进程虚拟地址空间管理等。

物理内存的管理也比较复杂。页面分配器（Page Allocator）是核心部件，它需要考虑当系统内存紧张时，如何回收页面和继续分配物理内存。其他比较重要的模块有交换分区管理、页面回收和 OOM Killer 等。

（5）中断管理

中断管理包含处理器的异常（Exception）处理和中断（Interrupt）处理。异常通常是指如果处理器在执行指令时检测到一个反常条件，处理器就必须暂停下来处理这些特殊的情况，如常见的缺页异常（Page Fault）。而中断异常一般是指外设通过中断信号线路来请求处理器，处理器会暂停当前正在做的事情来处理外设的请求。Linux 内核在中断管理方面有上半部和下半部之分。上半部是在关闭中断的情况下执行的，因此处理时间要求短、平、快；而下半部是在开启中断的情况下执行的，很多对执行时间要求不高的操作可以放到下半部来执行。Linux 内核为下半部提供了多种机制，如软中断、Tasklet 和工作队列等。

（6）设备管理

设备管理对于任何的一个操作系统来说都是重中之重。Linux 内核之所以这么流行，就是因为它支持的外设是所有开源操作系统中最多的。当很多大公司有新的芯片诞生时，第一个要支持的操作系统是 Linux，也就是尽可能地在 Linux 内核社区里推送。

Linux 内核的设备管理是一个很广泛的概念，包含的内容很多，如 ACPI、设备树、设备模型 kobject、设备总线（如 PCI 总线）、字符设备驱动、块设备驱动、网络设备驱动等。

（7）文件系统

一个优秀的操作系统必须包含优秀的文件系统，但是文件系统有不同的应用场合，如基于闪存的文件系统 F2FS、基于磁盘存储的文件系统 ext4 和 XFS 等。为了支持各种各样的文件系统，Linux 抽象出了一个称为虚拟文件系统（VFS）层的软件层，这样 Linux 内核就可以很方便地集成多种文件系统。

总之，Linux 内核是一个庞大的工程，处处体现了抽象和分层的思想，其代码的质量是值得我们深入学习的。

1.4　如何学习 Linux 内核

Linux 内核采用 C 语言编写，因此熟悉 C 语言是学习 Linux 内核的基础。读者可以重温 C 语言课程，然后阅读一些经典的 C 语言著作，如《C 专家编程》《C 陷阱和缺陷》和《C 与指针》等。

对于刚刚接触 Linux 的读者，可以尝试在自己的电脑中安装一个 Linux 发行版，如优麒麟 Linux 18.04，并尝试使用 Linux 作为操作系统。另外，建议读者熟悉一些常用的命令，熟悉如何使用 Vim 和 git 等工具，尝试去编译和更换优麒麟 Linux 的内核核心。

然后，开始在 Linux 机器上做一些编程和调试的练习，如使用 QEMU+GDB+Eclipse 来单步调试内核，熟悉 GDB 的使用等。

接下来，从一个简单的设备驱动程序开始。选择一个简单的字符设备驱动，如触摸屏驱动等。从编写和调试设备驱动到深入 Linux 内核的一些核心 API 的实现。

对 Linux 驱动有深刻的理解之后，就可以研究 Linux 内核的一些核心 API 的实现，如 malloc() 和中断线程化等。

学习 Linux 内核的过程是枯燥的，但是又那么吸引人，它的魅力只有你深入后才能体会到。Linux 内核是全球顶级的程序员编写的，你每看一行代码，就好像和全球顶级的高手交流和过招，这种体验是在大学和其他项目上无法得到的。

因此，对于 Linux 爱好者来说，不要仅停留在会安装 Linux 和配置服务的层面，还要深入学习 Linux 内核。

1.5　Linux 内核实验入门

1.5.1　实验 1：在虚拟机中安装优麒麟 Linux 18.04 系统

1．实验目的

通过本实验熟悉 Linux 系统的安装过程。首先，要在虚拟机上安装优麒麟 18.04 版本的 Linux。掌握了安装方法之后，读者可以在真实的物理机器上安装 Linux。

2．实验步骤

1）从优麒麟官方网站上下载优麒麟 18.04 的安装程序。

2）到 VMware 官网下载 VMware Workstation Player。这个工具对于个人用户是免费的，对于商业用户是收费的，如图 1.6 所示。

图1.6　免费安装VMware Workstation Player

3）打开 VMware Player。在软件的主界面中选择"Create a New Virtual Machine"。

4）在 New Virutal Machine Wizard 界面中，选择"Installer disc image file（iso）"单选按钮，单击 Browse 按钮，选择刚才下载的安装程序，如图 1.7 所示。然后，单击"Next"按钮。

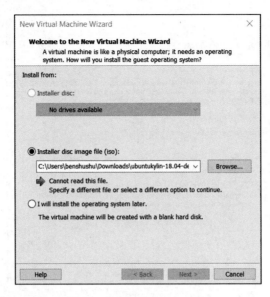

图1.7 选择下载的安装介质

5）在弹出的窗口中输入即将要安装的 Linux 的用户名和密码，如图 1.8 所示。

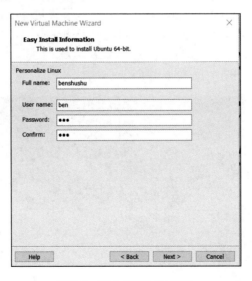

图1.8 输入用户名和密码

6）设置虚拟机的磁盘空间，尽可能设置得大一点。虚拟机的磁盘空间是动态分配的，如这里设置了 200GB，但并不会马上在主机上分配 200GB 的磁盘空间，如图 1.9 所示。

图1.9　设置磁盘空间

7）可以在 Customize Hardware 选项里重新对一些硬件进行配置，如把内存设置得大一点。完成 VMware Player 的设置之后，就会马上进入虚拟机。

8）在虚拟机中会自动执行安装程序，如图 1.10 所示。安装完成之后，自动重启并显示新安装系统的登录界面，如图 1.11 和 1.12 所示。

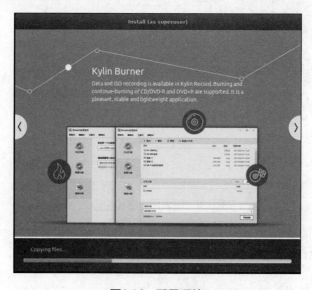

图1.10　配置硬件

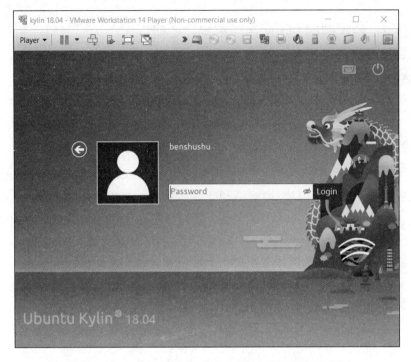

图1.11 Vmware Workstation 14 Player登录界面（1）

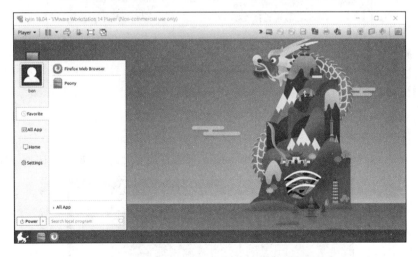

图1.12 Vmware Workstation 14 Player登录界面（2）

1.5.2　实验 2：给优麒麟 Linux 系统更换"心脏"

1. 实验目的

1）学会如何给 Linux 系统更换最新版本的 Linux 内核。

2）学习如何编译和安装 Linux 内核。

2. 实验步骤

在编译 Linux 内核之前，需要安装如下软件包。

```
sudo apt-get install libncurses5-dev libssl-dev build-essential openssl
```

到 Linux 内核的官方网站中下载最新的版本，比如写作本书时最新并且稳定的内核版本是 Linux 4.16.3，其界面如图 1.13 所示。Linux 内核的版本号分成 3 部分，第一个数字表示主版本号，第二个数字表示次版本号，第三个数字表示修正版本号。

图1.13　Linux内核

可以通过如下命令对下载的 xz 压缩包进行解压：

```
#xz -d linux-4.16.3.tar.xz
#tar -xf linux-4.16.3.tar
```

解压完成之后，可以通过 make menuconfig 来进行内核配置，如图 1.14 所示。

图1.14　内核配置

除了手工配置 Linux 内核的选项之外，还可以直接复制优麒麟 Linux 系统中自带的配置文件。

```
#cd linux-4.16.3
#cp /boot/config-4.4.0-81-generic .config
```

开始编译内核，其中-jn 中的"n"表示使用多少个 CPU 核心来并行编译内核。

```
#make -jn
```

为了查看系统中有多少个 CPU 核心，可以通过如下命令实现。

```
#cat /proc/cpuinfo

…

processor     : 7
vendor_id     : GenuineIntel
cpu family    : 6
model         : 60
model name    : Intel(R) Core(TM) i7-4770 CPU @ 3.40GHz
stepping      : 3
```

processor 这一项等于 7，说明系统有 8 个 CPU 核心，因为是从 0 开始计数的，所以刚才那个 make -jn 的命令就可以写成 make -j8 了。

编译内核是一个漫长的过程，可能需要几十分钟时间，这取决于电脑的运算速度和配置的内核选项。

通过 make 编译完成之后，下一步需要编译和安装内核的模块。

```
#sudo make modules_install
```

最后一步就是把编译好的内核镜像安装到优麒麟 Linux 系统中。

```
#sudo make install
```

完成之后就可以重启电脑，登录最新的系统了。

1.5.3　实验 3：使用定制的内核 runninglinuxkernel

1．实验目的

通过本实验学习如何编译一个 ARM 版本的内核镜像，并且在 QEMU 上运行。

2．实验步骤

为了方便读者快速完成实验，我们定制了一个 Linux 内核的 git 仓库，读者可以很方便地复制这个 git 仓库来完成本实验。git 仓库包含如下内容。

□　定制的可以运行在 ARM、ARM64 和 x86 架构的小文件系统。

□　支持 GCC 的 "O0" 编译选项。

□　主机和 QEMU 虚拟机的共享文件。

（1）安装工具

首先在优麒麟 Linux 18.04 中安装如下工具。

```
$ sudo apt-get install qemu libncurses5-dev gcc-arm-linux-gnueabi build-
essential gcc-5-arm-linux-gnueabi git
```

（2）GCC 版本切换

在优麒麟 Linux 18.04 系统中默认安装 ARM GCC 编译器 7.3 版本。在编译 Linux 4.0 内核时会编译出错，因此需要切换成 5.5 版本的 ARM GCC 编译器。

接下来，使用 update-alternatives 命令对 GCC 工具的多个版本进行管理，通过它可以很方便地设置系统默认使用的 GCC 工具的版本。下面使用这个命令来设置 arm-linux-gnueabi-gcc 的版本。刚才安装了两个版本的 ARM GCC 工具链，分别是 5.5 和 7.3 版本。

update-alternatives 命令的用法如下。

```
update-alternatives --install <link> <name> <path> <priority>
```

下面介绍其中的几个参数。

□　link：指向/etc/alternatives/<name>的符号引用。

□　name：链接的名称。

□　path：这个命令对应的可执行文件的实际路径。

□　priority：优先级，在 auto 模式下，数字越大，优先级越高。

接着向系统中添加一个 arm-linux-guneabi-gcc-5 的链接配置并设置优先级。

```
$ sudo update-alternatives --install /usr/bin/arm-linux-gnueabi-gcc
arm-linux-gnueabi-gcc /usr/bin/arm-linux-gnueabi-gcc-5 5

update-alternatives: using /usr/bin/arm-linux-gnueabi-gcc-5 to provide
/usr/bin/arm-linux-gnueabi-gcc (arm-linux-gnueabi-gcc) in auto mode
```

接下来向系统中添加一个 arm-linux-guneabi-gcc-7 的链接配置并设置优先级。

```
$ sudo update-alternatives --install /usr/bin/arm-linux-gnueabi-gcc
arm-linux-gnueabi-gcc /usr/bin/arm-linux-gnueabi-gcc-7 7

update-alternatives: using /usr/bin/arm-linux-gnueabi-gcc-7 to provide
/usr/bin/arm-linux-gnueabi-gcc (arm-linux-gnueabi-gcc) in auto mode
```

使用 update-alternatives 命令来选择一个配置。

```
$ sudo update-alternatives --config arm-linux-gnueabi-gcc
There are 2 choices for the alternative arm-linux-gnueabi-gcc (providing
/usr/bin/arm-linux-gnueabi-gcc).
```

```
Selection    Path                                      Priority   Status
-------------------------------------------------------------------------
* 0          /usr/bin/arm-linux-gnueabi-gcc-7    7          auto mode
  1          /usr/bin/arm-linux-gnueabi-gcc-5    5          manual mode
  2          /usr/bin/arm-linux-gnueabi-gcc-7    7          manual mode
Press <enter> to keep the current choice[*], or type selection number:
```

其中有 3 个候选项，选择"1"就会设置系统默认使用 arm-linux-gnueabi-gcc-5。

查看系统中 arm-linux-gnueabi-gcc 的版本是否为 5.5 版本。

```
$ arm-linux-gnueabi-gcc -v
Using built-in specs.
COLLECT_GCC=arm-linux-gnueabi-gcc
COLLECT_LTO_WRAPPER=/usr/lib/gcc-cross/arm-linux-gnueabi/5/lto-wrapper
Target: arm-linux-gnueabi
Configured with: ../src/configure -v --with-pkgversion='Ubuntu/Linaro
5.5.0-12ubuntu1' --with-bugurl=file:///usr/share/doc/gcc-5/README.Bugs
--enable-languages=c,ada,c++,go,d,fortran,objc,obj-c++ --prefix=/usr
--program-suffix=-5 --enable-shared --enable-linker-build-id
--libexecdir=/usr/lib --without-included-gettext --enable-threads=posix
--libdir=/usr/lib --enable-nls --with-sysroot=/ --enable-clocale=gnu
--enable-libstdcxx-debug --enable-libstdcxx-time=yes
--with-default-libstdcxx-abi=new --enable-gnu-unique-object
--disable-libitm --disable-libquadmath --enable-plugin --with-system-zlib
--enable-multiarch --enable-multilib --disable-sjlj-exceptions
--with-arch=armv5t --with-float=soft --disable-werror --enable-multilib
--enable-checking=release --build=x86_64-linux-gnu --host=x86_64-linux-gnu
--target=arm-linux-gnueabi --program-prefix=arm-linux-gnueabi-
--includedir=/usr/arm-linux-gnueabi/include
Thread model: posix
gcc version 5.5.0 20171010 (Ubuntu/Linaro 5.5.0-12ubuntu1)
```

（3）下载仓库

下载 runninglinuxkernel 的 git 仓库并切换到 rlk_basic 分支。

```
$ git clone https://gitee.com/benshushu/runninglinuxkernel_4.0.git
$ git checkout rlk_basic
```

（4）编译内核

```
$ cd runninglinuxkernel-4.0
$ export ARCH=arm
$ export CROSS_COMPILE=arm-linux-gnueabi-
$ make vexpress_defconfig
$ make menuconfig
```

在 _install_arm32/dev 目录下创建如下设备节点，这时需要 root 权限。

```
$ cd _install_arm32
$ mkdir dev
$ cd dev
$ sudo mknod console c 5 1
```

开始编译内核。

```
$ make bzImage -j4
$ make dtbs
```

（5）运行 QEMU 虚拟机

运行 run.sh 脚本。runninglinuxkernel 在这个版本中支持 Linux 主机和 QEMU 虚拟机的文件共享。

```
$ ./run.sh arm32
```

运行结果如下。

```
Booting Linux on physical CPU 0x0
Initializing cgroup subsys cpuset
Linux version 4.0.0 (figo@figo-OptiPlex-9020) (gcc version 4.6.3
(Ubuntu/Linaro 4.6.3-1ubuntu5) ) #9 SMP Wed Jun 22 04:23:19 CST 2016
CPU: ARMv7 Processor [410fc090] revision 0 (ARMv7), cr=10c5387d
CPU: PIPT / VIPT nonaliasing data cache, VIPT nonaliasing instruction cache
Machine model: V2P-CA9
Memory policy: Data cache writealloc
On node 0 totalpages: 262144
free_area_init_node: node 0, pgdat c074c600, node_mem_map eeffa000
  Normal zone: 1520 pages used for memmap
  Normal zone: 0 pages reserved
  Normal zone: 194560 pages, LIFO batch:31
  HighMem zone: 67584 pages, LIFO batch:15
PERCPU: Embedded 10 pages/cpu @eefc1000 s11712 r8192 d21056 u40960
pcpu-alloc: s11712 r8192 d21056 u40960 alloc=10*4096
pcpu-alloc: [0] 0 [0] 1 [0] 2 [0] 3
Built 1 zonelists in Zone order, mobility grouping on.  Total pages: 260624
Kernel command line: rdinit=/linuxrc console=ttyAMA0 loglevel=8
log_buf_len individual max cpu contribution: 4096 bytes
log_buf_len total cpu_extra contributions: 12288 bytes
log_buf_len min size: 16384 bytes
log_buf_len: 32768 bytes
early log buf free: 14908(90%)
PID hash table entries: 4096 (order: 2, 16384 bytes)
Dentry cache hash table entries: 131072 (order: 7, 524288 bytes)
Inode-cache hash table entries: 65536 (order: 6, 262144 bytes)
Memory: 1031644K/1048576K available (4745K kernel code, 157K rwdata, 1364K
rodata, 1176K init, 166K bss, 16932K reserved, 0K cma-reserved, 270336K highmem)
Virtual kernel memory layout:
      vector  : 0xffff0000 - 0xffff1000   (   4 KB)
      fixmap  : 0xffc00000 - 0xfff00000   (3072 KB)
      vmalloc : 0xf0000000 - 0xff000000   ( 240 MB)
      lowmem  : 0xc0000000 - 0xef800000   ( 760 MB)
      pkmap   : 0xbfe00000 - 0xc0000000   (   2 MB)
      modules : 0xbf000000 - 0xbfe00000   (  14 MB)
        .text : 0xc0008000 - 0xc05ff80c   (6111 KB)
        .init : 0xc0600000 - 0xc0726000   (1176 KB)
        .data : 0xc0726000 - 0xc074d540   ( 158 KB)
         .bss : 0xc074d540 - 0xc0776f38   ( 167 KB)
SLUB: HWalign=64, Order=0-3, MinObjects=0, CPUs=4, Nodes=1
Hierarchical RCU implementation.
```

```
        Additional per-CPU info printed with stalls.
        RCU restricting CPUs from NR_CPUS=8 to nr_cpu_ids=4.
RCU: Adjusting geometry for rcu_fanout_leaf=16, nr_cpu_ids=4
NR_IRQS:16 nr_irqs:16 16
smp_twd: clock not found -2
sched_clock: 32 bits at 24MHz, resolution 41ns, wraps every 178956969942ns
CPU: Testing write buffer coherency: ok
CPU0: thread -1, cpu 0, socket 0, mpidr 80000000
Setting up static identity map for 0x604804f8 - 0x60480550
CPU1: thread -1, cpu 1, socket 0, mpidr 80000001
CPU2: thread -1, cpu 2, socket 0, mpidr 80000002
CPU3: thread -1, cpu 3, socket 0, mpidr 80000003
Brought up 4 CPUs
SMP: Total of 4 processors activated (1648.43 BogoMIPS).
Advanced Linux Sound Architecture Driver Initialized.
Switched to clocksource arm,sp804
Freeing unused kernel memory: 1176K (c0600000 - c0726000)

Please press Enter to activate this console.
/ # ls
bin      dev      etc      linuxrc  proc     sbin     sys      tmp      usr
/ #
```

在优麒麟 Linux 的另一个超级终端中输入 killall qemu-system-arm，即可关闭 QEMU 平台，或在 QEMU 中输入 "Ctrl+a"，再输入 "x" 后，即可关闭 QEMU。

（6）测试主机和 QEMU 虚拟机的共享文件

这个实验支持主机和 QEMU 虚拟机的共享文件，可以通过如下简单方法来测试。

复制一个文件到 runninglinuxkernel-4.0/kmodules 目录下面。

```
$cp test.c  runninglinuxkernel-4.0/kmodules
```

启动 QEMU 虚拟机之后，首先检查一下/mnt 目录是否有 test.c 文件。

```
/ # cd /mnt/
/mnt # ls
README    test.c
/mnt #
```

我们在后续的实验中会经常利用这个特性，比如把编译好的内核模块放入 QEMU 虚拟机并加载。

1.5.4 实验 4：如何编译和运行一个 ARM Linux 内核

1. 实验目的

通过本实验学习如何编译一个 ARM 版本的内核镜像，并在 QEMU 虚拟机上运行。

2. 实验步骤

为了加速开发过程，ARM 公司提供了 Versatile Express 开发平台。客户可以基于 Versatile

Express 平台进行产品原型开发。作为个人学习者，没有必要去购买 Versatile Express 开发平台或其他 ARM 开发板，完全可以通过 QEMU 来模拟开发平台，同样可以达到学习的目的。

（1）准备工具

下载如下代码包。

❏ Linux 4.0 内核，见 kernel 网站。

❏ busybox 工具包，见 busybox 网站。

（2）编译最小文件系统

首先利用 busybox 手工编译一个最小文件系统。

```
$ cd busybox
$ export ARCH=arm
$ export CROSS_COMPILE=arm-linux-gnueabi-
$ make menuconfig
```

进入 menuconfig 之后，配置成静态编译。

```
Busybox Settings  --->
  Build Options  --->
        [*] Build BusyBox as a static binary (no shared libs)
```

在 make && make install 编译完成后，在 busybox 根目录下会有一个"_install"目录，该目录存放了编译好的文件系统需要的一些命令集合。

把 _install 目录复制到 linux-4.0 目录下。进入 _install 目录，先创建 etc、dev 等目录。

```
#mkdir etc
#mkdir dev
#mkdir mnt
#mkdir -p etc/init.d/
```

在 _install /etc/init.d/ 目录下新建一个 rcS 文件，并写入如下内容。

```
mkdir -p /proc
mkdir -p /tmp
mkdir -p /sys
mkdir -p /mnt
/bin/mount -a
mkdir -p /dev/pts
mount -t devpts devpts /dev/pts
echo /sbin/mdev > /proc/sys/kernel/hotplug
mdev -s
```

修改 _install/etc/init.d/rcS 文件需要可执行权限，可使用 chmod 命令来实现，比如"chmod +x _install/etc/init.d/rcS"。

在 _install /etc 目录中新建一个 fstab 文件，并写入如下内容。

```
proc /proc proc defaults 0 0
tmpfs /tmp tmpfs defaults 0 0
sysfs /sys sysfs defaults 0 0
tmpfs /dev tmpfs defaults 0 0
```

```
debugfs /sys/kernel/debug debugfs defaults 0 0
```

在_install /etc 目录中新建一个 inittab 文件，并写入如下内容。

```
::sysinit:/etc/init.d/rcS
::respawn:-/bin/sh
::askfirst:-/bin/sh
::ctrlaltdel:/bin/umount -a -r
```

在_install/dev 目录中创建如下设备节点，这时需要 root 权限。

```
$ cd _install/dev/
$ sudo mknod console c 5 1
$ sudo mknod null c 1 3
```

（3）编译内核

```
$ cd linux-4.0
$ export ARCH=arm
$ export CROSS_COMPILE=arm-linux-gnueabi-
$ make vexpress_defconfig
$ make menuconfig
```

配置 initramfs，在 initramfs source file 中填入_install，并把 Default kernel command string 清空。

```
General setup  --->
    [*] Initial RAM filesystem and RAM disk (initramfs/initrd) support
        (_install) Initramfs source file(s)

Boot options -->
    ()Default kernel command string
```

配置 memory split 为 "3G/1G user/kernel split"，并打开高端内存。

```
Kernel Features  --->
Memory split (3G/1G user/kernel split)  --->
[ *] High Memory Support
```

开始编译内核。

```
$ make bzImage -j4 ARCH=arm CROSS_COMPILE=arm-linux-gnueabi-
$ make dtbs
```

（4）运行 QEMU 虚拟机

运行 QEMU 虚拟机来模拟 4 核 Cortex-A9 的 Versatile Express 开发平台。

```
$ qemu-system-arm -M vexpress-a9 -smp 4 -m 200M -kernel arch/arm/boot/zImage
-append "rdinit=/linuxrc console=ttyAMA0 loglevel=8" -dtb
arch/arm/boot/dts/vexpress-v2p-ca9.dtb -nographic
```

运行结果与实验 3 相同。

第2章
Linux 内核基础知识

Linux 内核是一个复杂的开源项目，主要的编写语言是 C 语言和汇编语言，因此，深入理解 Linux 内核的必要条件是熟悉 C 语言。Linux 内核是由全球顶尖的程序员编写的，其中采用了众多精妙的 C 语言编写技巧，是非常值得学习的典范。

另外，Linux 内核采用 GCC 编译器来编译，了解和熟悉 GCC 编译器以及 GDB 调试器的使用也很有必要。

Linux 内核代码已经达到 2000 万行，庞大的代码量会让读者在阅读和理解代码方面感觉到力不从心，那在 Linux 中有没有一款合适的阅读和编写代码的工具呢？本章会介绍如何使用 Vim 这个编辑工具来阅读内核代码。

由 Linux 内核创始人 Linus 开发的 git 工具已经在全球范围内被广泛应用，因此读者也必须了解和熟悉 git 的使用。

2.1 Linux 常用的编译工具

2.1.1 GCC 工具

GCC（GNU Compiler Collection）编译器在 1987 年发布了第一个 C 语言版本，它是用 GPL 许可证发行的自由软件，也是 GNU 计划的关键部分。GCC 现在是 GNU Linux 操作系统的默认编译器，同时也被很多自由软件采用。GCC 在后续的发展过程中，扩展支持了很多的编程语言，如 C++、Java、Go 等语言。另外，GCC 还支持多种不同的硬件平台，如 x86、ARM 等体系结构。

GCC 的编译流程主要分成 4 个步骤。

- ❑ 预处理（Pre-Process）
- ❑ 编译（Compile）
- ❑ 汇编（Assemble）
- ❑ 链接（Link）

如图 2.1 所示,用 C 语言编写 test 程序的源代码 test.c。首先进入 GCC 的预处理器(cpp)进行预处理,把头文件、宏等进行展开,生成 test.i 文件。接下来,进入 GCC 的编译器,由于 GCC 可以支持多种编程语言,这里调用 C 语言的编译器 ccl。编译完成之后生成汇编程序,输出 test.s 文件。在汇编阶段,GCC 调用汇编器(as)进行汇编,生成可重定位的目标程序。最后一步是链接,GCC 调用链接器把所有目标文件和 C 语言的标准库链接成可执行的二进制文件。

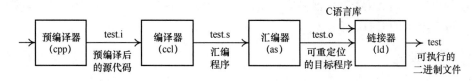

图2.1 GCC编译流程

由此可见,C 语言代码需要经历两次编译和一次链接过程才能生成可执行的程序。

2.1.2 ARM GCC

GCC 具有良好的可扩展性,除了可以编译 x86 体系结构的二进制程序外,还可以支持很多其他体系结构的处理器,如 ARM、MIPS、RISC-V 等。这里涉及两个概念,一个是本地编译,另一个是交叉编译。

- ❑ 本地编译:在当前目标平台编译出来的程序,并且可以运行在当前平台上。
- ❑ 交叉编译:在一种平台上编译,然后放到另一种平台上运行,这个过程称为交叉编译。之所以有交叉编译,主要是因为嵌入式系统的资源有限,不适合在嵌入式系统中进行编译,如早期 ARM 处理器性能低下,要编译一个完整的 Linux 系统是不现实的。因此,首先会在某个高性能的计算机上编译出能在 ARM 处理器运行的 Linux 二进制文件,然后烧录到 ARM 系统中运行。
- ❑ 交叉工具链:交叉工具链不只是 GCC,还包含 binutils、glibc 等工具组成的综合开发环境,可以实现编译、链接等功能。在嵌入式环境中,通常使用 uclibc 等小型的 C 语言库。

交叉工具链的命名规则一般如下。

```
[arch] [-os] [-(gnu)eabi]
```

- ❑ arch:表示体系结构,如 ARM、MIPS 等。
- ❑ os:表示目标操作系统。
- ❑ eabi:嵌入式应用二进制接口。

许多 Linux 发行版提供了编译好的 ARM GCC 的工具链,如优麒麟 Linux 18.04 上提供如下和 ARM 相关的编译器。

- ❑ arm-linux-gnueabi：主要用于基于 ARM32 架构的 Linux 系统，可以用来编译 ARM32 架构的 u-boot、Linux 内核以及 Linux 应用程序等。优麒麟 Linux 18.04 系统中提供了 GCC 5、GCC 6、GCC 7 以及 GCC 8 等多个版本。
- ❑ aarch-linux-gnueabi：主要用于基于 ARM64 架构的 Linux 系统。
- ❑ arm-linux-gnueabihf：hf 指的是支持硬件浮点（Hard Float）的 ARM 处理器。在之前的一些 ARM 处理器中不支持硬件浮点单元，所以由软件浮点来实现。但是最新的一些高端 ARM 处理器内置了硬件浮点单元，这样新旧两种架构的差异就产生了两个不同的 EABI 接口。

2.1.3　GCC 编译

GCC 编译的一般格式：

```
gcc [选项] 源文件 [选项] 目标文件
```

GCC 的常用选项如表 2.1 所示。

表 2.1　GCC 的常用选项

选　　项	功　能　描　述
-o	生成目标文件，可以是.i、.s以及.o文件
-E	只运行C预处理器
-c	通知GCC取消链接，即只编译生成目标文件，并不做最后的链接
-Wall	生成所有警告信息
-w	不生成任何警告信息
-I	指定头文件目录路径
-L	指定库文件的目录路径
-static	链接成静态库
-g	包含调试信息
-v	打印编译过程中的命令行和编译器版本等信息
-Werror	把所有警告信息转化成错误信息，并在警告发生时终止编译
-O0	关闭所有优化选项
-O或者-O1	最基本的优化等级
-O2	-O1的进阶等级，推荐使用的优化等级，编译器会尝试提高代码性能，而不会增加体积和大量占用编译时间
-O3	最高优化等级，会延长编译时间

2.2　Linux 内核中常用的 C 语言技巧

相信读者在阅读本章之前已经学习过 C 语言了，但是想精通 C 语言还需要下一番苦功夫。Linux 内核是基于 C 语言编写的，熟练掌握 C 语言是深入学习 Linux 内核的基本要求。

GNU C 语言的扩展

GCC 的 C 编译器除了支持 ANSI C 标准之外，还对 C 语言进行了很多的扩充。这些扩充对代码优化、目标代码布局以及安全检查等方面提供了很强的支持，因此支持 GNU 扩展的 C 语言称为 GNU C 语言。Linux 内核采用 GCC 编译器，所以 Linux 内核的代码自然使用了很多 GCC 的新扩充特性。本章介绍一些 GCC C 语言扩充的新特性，希望读者在学习 Linux 内核时特别留意。

（1）语句表达式

在 GNU C 语言中，括号里的复合语句可以看作一个表达式，称为语句表达式。在一个语句表达式里，可以使用循环、跳转和局部变量等。这个特性通常用在宏定义中，可以让宏定义变得更安全，如比较两个值的大小。

```
#define max(a,b) ((a) > (b) ? (a) : (b))
```

上述代码会导致安全问题，a 和 b 有可能会计算两次，比如 a 传入 i++，b 传入 j++。在 GNU C 语言中，如果知道 a 和 b 的类型，可以这样写这个宏。

```
#define maxint(a,b) \
  ({int _a = (a), _b = (b); _a > _b ? _a : _b; })
```

如果你不知道 a 和 b 的类型，还可以使用 typeof 类转换宏。

```
<include/linux/kernel.h>

#define min(x, y) ({                  \
    typeof(x) _min1 = (x);            \
    typeof(y) _min2 = (y);            \
    (void) (&_min1 == &_min2);        \
    _min1 < _min2 ? _min1 : _min2; })
```

typeof 也是 GNU C 语言的一个扩充用法，可以用来构造新的类型，通常和语句表达式一起使用。

下面是一些例子。

```
typeof (*x) y;
typeof (*x) z[4];
typeof (typeof (char *)[4]) m;
```

第一句声明 y 是 x 指针指向的类型。第二句声明 z 是一个数组，其中数组的类型是 x 指针指向的类型。第三句声明 m 是一个指针数组，和 char*m[4]声明是一样的。

（2）零长数组

GNU C 语言允许使用变长数组，这在定义数据结构时非常有用。

```
<mm/percpu.c>

struct pcpu_chunk {
    struct list_head    list;
    unsigned long       populated[];    /* 变长数组 */
};
```

数据结构最后一个元素被定义为零长度数组，不占结构体空间。这样，我们可以根据对象大小动态地分配结构的大小。

```
struct line {
  int length;
  char contents[0];
};

struct line *thisline = malloc(sizeof(struct line) + this_length);
thisline->length = this_length;
```

如上例所示，struct line 数据结构定义了一个 int length 变量和一个变长数组 contents[0]，这个 struct line 数据结构的大小只包含 int 类型的大小，不包含 contents 的大小，也就是 sizeof(struct line) = sizeof (int)。创建结构体对象时，可根据实际的需要指定这个可变长数组的长度，并分配相应的空间，如上述实例代码分配了 this_length 字节的内存，并且可以通过 contents[index]来访问第 index 个地址的数据。

（3）case 范围

GNU C 语言支持指定一个 case 的范围作为一个标签，如：

```
case low ... high:
case 'A' ... 'Z':
```

这里 low 到 high 表示一个区间范围，在 ASCII 字符代码中也非常有用。下面是 Linux 内核中的代码例子。

```
<arch/x86/platform/uv/tlb_uv.c>

static int local_atoi(const char *name)
{
    int val = 0;

    for (;; name++) {
        switch (*name) {
        case '0' ... '9':
            val = 10*val+(*name-'0');
            break;
        default:
            return val;
        }
```

```
        }
    }
```

另外，还可以用整形数来表示范围，但是这里需要注意在 "…" 两边有空格，否则编译会出错。

```
<drivers/usb/gadget/udc/at91_udc.c>

static int at91sam9261_udc_init(struct at91_udc *udc)
{
    for (i = 0; i < NUM_ENDPOINTS; i++) {
        ep = &udc->ep[i];

        switch (i) {
        case 0:
            ep->maxpacket = 8;
            break;
        case 1 ... 3:
            ep->maxpacket = 64;
            break;
        case 4 ... 5:
            ep->maxpacket = 256;
            break;
        }
    }
}
```

（4）标号元素

标准 C 语言要求数组或结构体初始化值必须以固定顺序出现。但 GNU C 语言可以通过指定索引或结构体成员名来初始化，不必按照原来的固定顺序进行初始化。

结构体成员的初始化在 Linux 内核中经常使用，如在设备驱动中初始化 file_operations 数据结构。下面是 Linux 内核中的一个代码例子。

```
<drivers/char/mem.c>

static const struct file_operations zero_fops = {
    .llseek         = zero_lseek,
    .read           = new_sync_read,
    .write          = write_zero,
    .read_iter      = read_iter_zero,
    .aio_write      = aio_write_zero,
    .mmap           = mmap_zero,
};
```

如上述代码中的 zero_fops 的成员 llseek 初始化为 zero_lseek 函数，read 成员初始化为 new_sync_read 函数，依次类推。当 file_operations 数据结构的定义发生变化时，这种初始化方法依然能保证已知元素的正确性，对于未初始化成员的值为 0 或者 NULL。

（5）可变参数宏

在 GNU C 语言中，宏可以接受可变数目的参数，这主要运用在输出函数里。

```
<include/linux/printk.h>

#define pr_debug(fmt, ...) \
    dynamic_pr_debug(fmt, ##__VA_ARGS__)
```

"…"代表一个可以变化的参数表，"__VA_ARGS__"是编译器保留字段，预处理时把参数传递给宏。当宏的调用展开时，实际参数就传递给 dynamic_pr_debug 函数了。

（6）函数属性

GNU C 语言允许声明函数属性（Function Attribute）、变量属性（Variable Attribute）和类型属性（Type Attribute），以便编译器进行特定方面的优化和更仔细的代码检查。特殊属性语法格式为：

```
__attribute__ ((attribute-list))
```

GNU C 语言里定义的函数属性有很多，如 noreturn、format 以及 const 等。此外，还可以定义一些和处理器体系结构相关的函数属性，如 ARM 体系结构中可以定义 interrupt、isr 等属性，有兴趣的读者可以阅读 GCC 的相关文档。

下面是 Linux 内核中使用 format 属性的一个例子。

```
<drivers/staging/lustru/include/linux/libcfs/>

int libcfs_debug_msg(struct libcfs_debug_msg_data *msgdata,
            const char *format1, ...)
    __attribute__ ((format (printf, 2, 3)));
```

libcfs_debug_msg()函数里声明了一个 format 函数属性，它会告诉编译器按照 printf 的参数表的格式规则对该函数参数进行检查。数字 2 表示第二个参数为格式化字符串，数字 3 表示参数 "…" 里的第一个参数在函数参数总数中排在第几个。

noreturn 属性通知编译器，该函数从不返回值，这让编译器消除了不必要的警告信息。比如 die 函数，该函数不会返回。

```
void __attribute__((noreturn)) die(void);
```

const 属性会让编译器只调用该函数一次，以后再调用时只需要返回第一次结果即可，从而提高效率。

```
static inline u32 __attribute_const__ read_cpuid_cachetype(void)
{
    return read_cpuid(CTR_EL0);
}
```

Linux 还有一些其他的函数属性，被定义在 compiler-gcc.h 文件中。

```
#define __pure                 __attribute__((pure))
#define __aligned(x)           __attribute__((aligned(x)))
#define __printf(a, b)         __attribute__((format(printf, a, b)))
#define __scanf(a, b)          __attribute__((format(scanf, a, b)))
#define  noinline              __attribute__((noinline))
```

```
#define __attribute_const__        __attribute__((__const__))
#define __maybe_unused             __attribute__((unused))
#define __always_unused            __attribute__((unused))
```

（7）变量属性和类型属性

变量属性可以对变量或结构体成员进行属性设置。类型属性常见的属性有 alignment、packed 和 sections 等。

alignment 属性规定变量或者结构体成员的最小对齐格式，以字节为单位。

```
struct qib_user_info {
    __u32 spu_userversion;
    __u64 spu_base_info;
} __aligned(8);
```

在这个例子中，编译器以 8 字节对齐的方式来分配 qib_user_info 这个数据结构。

packed 属性可以使变量或者结构体成员使用最小的对齐方式，对变量是以字节对齐，对域是以位对齐。

```
struct test
{
    char a;
      int x[2] __attribute__ ((packed));
};
```

x 成员使用了 packed 属性，它会存储在变量 a 后面，所以这个结构体一共占用 9 字节。

（8）内建函数

GNU C 语言提供一系列内建函数进行优化，这些内建函数以“_builtin_”作为函数名前缀。下面介绍 Linux 内核常用的一些内建函数。

__builtin_constant_p(x)：判断 x 是否在编译时就可以被确定为常量。如果 x 为常量，该函数返回 1，否则返回 0。

```
#define __swab16(x)                     \
    (__builtin_constant_p((__u16)(x)) ?  \
    ___constant_swab16(x) :              \
    __fswab16(x))
```

__builtin_expect(exp, c)：这里的意思是 exp==c 的概率很大，用来引导 GCC 编译器进行条件分支预测。开发人员知道最可能执行哪个分支，并将最有可能执行的分支告诉编译器，让编译器优化指令序列，使指令尽可能地顺序执行，从而提高 CPU 预取指令的正确率。

```
#define LIKELY(x) __builtin_expect(!!(x), 1) //x很可能为真
#define UNLIKELY(x) __builtin_expect(!!(x), 0) //x很可能为假
```

__builtin_prefetch(const void *addr, int rw, int locality)：主动进行数据预取，在使用地址 addr 的值之前就把其值加载到 cache 中，减少读取的延迟，从而提高性能。该函数可以接受 3 个参数：第一个参数 addr 表示要预取数据的地址；第二个参数 rw 表示读写属性，1 表示

可写，0 表示只读；第三个参数 locality 表示数据在 cache 中的时间局部性，其中 0 表示读取完 addr 的之后不用保留在 cache 中，而 1~3 表示时间局部性逐渐增强。如下面的 prefetch() 和 prefetchw() 函数的实现。

```
<include/linux/prefetch.h>
#define prefetch(x) __builtin_prefetch(x)

#define prefetchw(x) __builtin_prefetch(x,1)
```

下面是使用 prefetch() 函数进行优化的一个例子。

```
<mm/page_alloc.c>
void __init __free_pages_bootmem(struct page *page, unsigned int order)
{
    unsigned int nr_pages = 1 << order;
    struct page *p = page;
    unsigned int loop;

    prefetchw(p);
    for (loop = 0; loop < (nr_pages - 1); loop++, p++) {
        prefetchw(p + 1);
        __ClearPageReserved(p);
        set_page_count(p, 0);
    }
...
}
```

在处理 struct page 数据之前通过 prefetchw() 预取到 cache 中，从而提升性能。

（9）asmlinkage

在标准 C 语言中，函数的形参在实际传入参数时会涉及参数存放问题。对于 x86 结构，函数参数和局部变量被一起分配到函数的局部堆栈里。

```
<arch/x86/include/asm/linkage.h>

#define asmlinkage CPP_ASMLINKAGE __attribute__((regparm(0)))
```

__attribute__((regparm(0)))：告诉编译器该函数不需要通过任何寄存器来传递参数，只通过堆栈来传递。

对于 ARM 来说，函数参数的传递有一套 ATPCS 标准，即通过寄存器来传递。ARM 中的 R0~R4 寄存器存放传入参数，当参数超过 5 个时，多余的参数被存放在局部堆栈中。所以，ARM 平台没有定义 asmlinkage。

```
<include/linux/linkage.h>

#define asmlinkage CPP_ASMLINKAGE
#define asmlinkage CPP_ASMLINKAGE
```

（10）UL

在 Linux 内核代码中，我们经常会看到一些数字的定义使用了 UL 后缀修饰。数字常量会被隐形定义为 int 类型，两个 int 类型相加的结果可能会发生溢出，因此使用 UL 强制把 int 类型数据转换为 unsigned long 类型，这是为了保证运算过程不会因为 int 的位数不同而导致溢出。

```
1  : 表示有符号整型数字1
1UL: 表示无符号长整型数字1
```

2.3　Linux 内核中常用的数据结构和算法

Linux 内核代码中广泛使用了数据结构和算法，其中最常用的两个是链表和红黑树。

2.3.1　链表

Linux 内核代码大量使用了链表这种数据结构。链表是在解决数组不能动态扩展这个缺陷而产生的一种数据结构。链表所包含的元素可以动态创建并插入和删除。链表的每个元素都是离散存放的，因此不需要占用连续的内存。链表通常由若干节点组成，每个节点的结构都是一样的，由有效数据区和指针区两部分组成。有效数据区用来存储有效数据信息，而指针区用来指向链表的前继节点或者后继节点。因此，链表就是利用指针将各个节点串联起来的一种存储结构。

（1）单向链表

单向链表的指针区只包含一个指向下一个节点的指针，因此会形成一个单一方向的链表，如下代码所示。

```
struct list {
    int data;   /*有效数据*/
    struct list *next; /*指向下一个元素的指针*/
};
```

如图 2.2 所示，单向链表具有单向移动性，也就是只能访问当前的节点的后继节点，而无法访问当前节点的前继节点，因此在实际项目中运用得比较少。

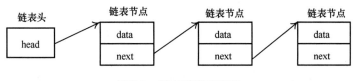

图2.2　单向链表示意图

（2）双向链表

如图 2.3 所示，双向链表和单向链表的区别是指针区包含了两个指针，一个指向前继节点，另一个指向后继节点，如下代码所示。

```
struct list {
    int data;   /*有效数据*/
    struct list *next; /*指向下一个元素的指针*/
    struct list *prev; /*指向上一个元素的指针*/
};
```

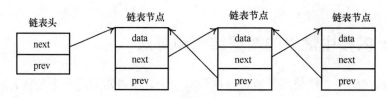

图2.3 双向链表示意图

（3）Linux 内核链表实现

单向链表和双向链表在实际使用中有一些局限性，如数据区必须是固定数据，而实际需求是多种多样的。这种方法无法构建一套通用的链表，因为每个不同的数据区需要一套链表。为此，Linux 内核把所有链表操作方法的共同部分提取出来，把不同的部分留给代码编程者自己去处理。Linux 内核实现了一套纯链表的封装，链表节点数据结构只有指针区而没有数据区，另外还封装了各种操作函数，如创建节点函数、插入节点函数、删除节点函数、遍历节点函数等。

Linux 内核链表使用 struct list_head 数据结构来描述。

```
<include/linux/types.h>
struct list_head {
    struct list_head *next, *prev;
};
```

struct list_head 数据结构不包含链表节点的数据区，通常是嵌入其他数据结构，如 struct page 数据结构中嵌入了一个 lru 链表节点，通常是把 page 数据结构挂入 LRU 链表。

```
<include/linux/mm_types.h>
struct page {
    ...
    struct list_head lru;
    ...
}
```

链表头的初始化有两种方法，一种是静态初始化，另一种动态初始化。把 next 和 prev 指针都初始化并指向自己，这样便初始化了一个带头节点的空链表。

```
<include/linux/list.h>

/*静态初始化*/
#define LIST_HEAD_INIT(name) { &(name), &(name) }
```

```
#define LIST_HEAD(name) \
    struct list_head name = LIST_HEAD_INIT(name)

/*动态初始化*/
static inline void INIT_LIST_HEAD(struct list_head *list)
{
    list->next = list;
    list->prev = list;
}
```

添加节点到一个链表中，内核提供了几个接口函数，如 list_add()是把一个节点添加到表头，list_add_tail()是插入表尾。

```
<include/linux/list.h>

void list_add(struct list_head *new, struct list_head *head)
list_add_tail(struct list_head *new, struct list_head *head)
```

遍历节点的接口函数。

```
#define list_for_each(pos, head) \
    for (pos = (head)->next; pos != (head); pos = pos->next)
```

这个宏只是遍历一个一个节点的当前位置，那么如何获取节点本身的数据结构呢？这里还需要使用 list_entry()宏。

```
#define list_entry(ptr, type, member) \
    container_of(ptr, type, member)
```
container_of()宏的定义在kernel.h头文件中。
```
#define container_of(ptr, type, member) ({              \
    const typeof( ((type *)0)->member ) *__mptr = (ptr);    \
    (type *)( (char *)__mptr - offsetof(type,member) );})
```

```
#define offsetof(TYPE, MEMBER) ((size_t) &((TYPE *)0)->MEMBER)
```

其中 offsetof()宏是通过把 0 地址转换为 type 类型的指针，然后去获取该结构体中 member 成员的指针，也就是获取了 member 在 type 结构体中的偏移量。最后用指针 ptr 减去 offset，就得到 type 结构体的真实地址了。

下面是遍历链表的一个例子。

```
<drivers/block/osdblk.c>

static ssize_t class_osdblk_list(struct class *c,
            struct class_attribute *attr,
            char *data)
{
    int n = 0;
    struct list_head *tmp;

    list_for_each(tmp, &osdblkdev_list) {
        struct osdblk_device *osdev;
```

```
        osdev = list_entry(tmp, struct osdblk_device, node);

        n += sprintf(data+n, "%d %d %llu %llu %s\n",
            osdev->id,
            osdev->major,
            osdev->obj.partition,
            osdev->obj.id,
            osdev->osd_path);
    }
    return n;
}
```

2.3.2　红黑树

红黑树（Red Black Tree）被广泛应用在内核的内存管理和进程调度中，用于将排序的元素组织到树中。红黑树被广泛应用在计算机科学的各个领域中，它在速度和实现复杂度之间提供一个很好的平衡。

红黑树是具有以下特征的二叉树。

❑　每个节点或红或黑。

❑　每个叶节点是黑色的。

❑　如果结点都是红色，那么两个子结点都是黑色。

❑　从一个内部结点到叶结点的简单路径上，对所有叶节点来说，黑色结点的数目都是相同的。

红黑树的一个优点是，所有重要的操作（例如插入、删除、搜索）都可以在 $O(\log n)$ 时间内完成，n 为树中元素的数目。经典的算法教科书都会讲解红黑树的实现，这里只是列出一个内核中使用红黑树的例子，供读者在实际的驱动和内核编程中参考。这个例子可以在内核代码的 documentation/Rbtree.txt 文件中找到。

```
#include <linux/init.h>
#include <linux/list.h>
#include <linux/module.h>
#include <linux/kernel.h>
#include <linux/slab.h>
#include <linux/mm.h>
#include <linux/rbtree.h>

MODULE_AUTHOR("figo.zhang");
MODULE_DESCRIPTION(" ");
MODULE_LICENSE("GPL");

  struct mytype {
      struct rb_node node;
      int key;
};

/*红黑树根节点*/
```

```
  struct rb_root mytree = RB_ROOT;
/*根据key来查找节点*/
struct mytype *my_search(struct rb_root *root, int new)
  {
      struct rb_node *node = root->rb_node;

      while (node) {
          struct mytype *data = container_of(node, struct mytype, node);

          if (data->key > new)
              node = node->rb_left;
          else if (data->key < new)
              node = node->rb_right;
          else
              return data;
      }
      return NULL;
  }

/*插入一个元素到红黑树中*/
  int my_insert(struct rb_root *root, struct mytype *data)
  {
      struct rb_node **new = &(root->rb_node), *parent=NULL;

      /* 寻找可以添加新节点的地方 */
      while (*new) {
          struct mytype *this = container_of(*new, struct mytype, node);

          parent = *new;
          if (this->key > data->key)
              new = &((*new)->rb_left);
          else if (this->key < data->key) {
              new = &((*new)->rb_right);
          } else
              return -1;
      }

      /* 添加一个新节点 */
      rb_link_node(&data->node, parent, new);
      rb_insert_color(&data->node, root);

      return 0;
  }


static int __init my_init(void)
{
      int i;
      struct mytype *data;
      struct rb_node *node;

      /*插入元素*/
      for (i =0; i < 20; i+=2) {
          data = kmalloc(sizeof(struct mytype), GFP_KERNEL);
```

```
        data->key = i;
        my_insert(&mytree, data);
    }

    /*遍历红黑树，打印所有节点的key值*/
    for (node = rb_first(&mytree); node; node = rb_next(node))
        printk("key=%d\n", rb_entry(node, struct mytype, node)->key);

    return 0;
}
static void __exit my_exit(void)
{
    struct mytype *data;
    struct rb_node *node;
    for (node = rb_first(&mytree); node; node = rb_next(node)) {
        data = rb_entry(node, struct mytype, node);
        if (data) {
            rb_erase(&data->node, &mytree);
            kfree(data);
        }
    }
}
module_init(my_init);
module_exit(my_exit);
```

mytree 是红黑树的根节点，my_insert()实现插入一个元素到红黑树中，my_search()根据 key 来查找节点。内核大量使用红黑树，如虚拟地址空间 VMA 的管理。

2.3.3 无锁环形缓冲区

生产者和消费者模型是计算机编程中最常见的一种模型。生产者产生数据，而消费者消耗数据，如一个网络设备，硬件设备接收网络包，然后应用程序读取网络包。环形缓冲区是实现生产者和消费者模型的经典算法。环形缓冲区通常有一个读指针和一个写指针。读指针指向环形缓冲区中可读的数据，写指针指向环形缓冲区可写的数据。通过移动读指针和写指针实现缓冲区数据的读取和写入。

在 Linux 内核中，KFIFO 是采用无锁环形缓冲区的实现。FIFO 的全称是"First In First Out"，即先进先出的数据结构，它采用环形缓冲区的方法来实现，并提供一个无边界的字节流服务。采用环形缓冲区的好处是，当一个数据元素被消耗之后，其余数据元素不需要移动其存储位置，从而减少复制，提高效率。

（1）创建 KFIFO

在使用 KFIFO 之前需要进行初始化，这里有静态初始化和动态初始化两种方式。

```
<include/linux/kfifo.h>

int kfifo_alloc(fifo, size, gfp_mask)
```

该函数创建并分配一个大小为 size 的 KFIFO 环形缓冲区。第一个参数 fifo 是指向该环形缓冲区的 struct kfifo 数据结构；第二个参数 size 是指定缓冲区元素的数量；第三个参数 gfp_mask 表示分配 KFIFO 元素使用的分配掩码。

静态分配可以使用如下的宏。

```
#define DEFINE_KFIFO(fifo, type, size)
#define INIT_KFIFO(fifo)
```

（2）入列

把数据写入 KFIFO 环形缓冲区可以使用 kfifo_in()函数接口。

```
int kfifo_in(fifo, buf, n)
```

该函数把 buf 指针指向的 *n* 个数据复制到 KFIFO 环形缓冲区中。第一个参数 fifo 指的是 KFIFO 环形缓冲区；第二个参数 buf 指向要复制的数据的 buffer；第三个数据是要复制数据元素的数量。

（3）出列

从 KFIFO 环形缓冲区中列出或者摘取数据可以使用 kfifo_out()函数接口。

```
#define     kfifo_out(fifo, buf, n)
```

该函数是从 fifo 指向的环形缓冲区中复制 *n* 个数据元素到 buf 指向的缓冲区中。如果 KFIFO 环形缓冲区的数据元素小于 *n* 个，那么复制出去的数据元素小于 *n* 个。

（4）获取缓冲区大小

KFIFO 提供了几个接口函数来查询环形缓冲区的状态。

```
#define kfifo_size(fifo)
#define kfifo_len(fifo)
#define     kfifo_is_empty(fifo)
#define     kfifo_is_full(fifo)
```

kfifo_size()用来获取环形缓冲区的大小，也就是最大可以容纳多少个数据元素。kfifo_len()用来获取当前环形缓冲区中有多少个有效数据元素。kfifo_is_empty()判断环形缓冲区是否为空。kfifo_is_full()判断环形缓冲区是否为满。

（5）与用户空间数据交互

KFIFO 还封装了两个函数与用户空间数据交互。

```
#define     kfifo_from_user(fifo, from, len, copied)
#define     kfifo_to_user(fifo, to, len, copied)
```

kfifo_from_user()是把 from 指向的用户空间的 len 个数据元素复制到 KFIFO 中，最后一个参数 copied 表示成功复制了几个数据元素。kfifo_to_user()则相反，把 KFIFO 的数据元素复制到用户空间。这两个宏结合了 copy_to_user()、copy_from_user()以及 KFIFO 的机制，给驱动开发者提供了方便。在第 5 章中，虚拟 FIFO 设备的驱动程序会采用这两个接口函数来实现。

2.4　Vim 工具的使用

Linux 内核代码很庞大，而且数据结构错综复杂，如果你只使用文本工具来浏览代码会抓狂和崩溃。很多读者会使用 Windows 上的收费的代码浏览软件 Source Insight 来阅读内核源代码，但是我们使用 Vim 工具一样可以打造出比 Source Insight 还强大的功能。

Vim 是一个类似 Vi 的功能强大并且可以高度定制的文件编辑器，它在 Vi 的基础上改进和增加了很多特性。由于 Vim 的设计理念和 Windows 的 Source Insight 等编辑器很不一样，所以刚接触 Vim 的读者会或多或少地不适应，但了解了 Vim 的设计思路之后就会慢慢喜欢上 Vim。Vim 的设计理念是整个文本编辑器都用键盘来操作，而不需要使用鼠标，键盘上几乎每个键都有固定的用法，用户可以在普通模式下完成大部分编辑工作。

2.4.1　Vim 8 介绍

Vim 是 Linux 开源系统中最著名的代码编辑器之一，在国内外拥有众多的使用者，并且拥有众多的插件。在 20 世纪 80 年代，Bram Moolenaar 从开源的 Vi 工具开发了 Vim 的 1.0 版本。Vim 是 Vi IMproved 的意思。1994 年发布的 Vim 3.0 版本加入了多视窗编辑模式；1994 年发布的 Vim 4.0 版本加入了图形用户接口（GUI）；2006 年发布的 Vim 7.0 版本加入了拼写检查、上下文补全、标签页编辑等功能。经过长达 10 年的更新迭代之后，在 2016 年发布了跨时代的 Vim 8.0 版本。

Vim 8.0 版本拥有很多新特性，这让 Vim 编辑器变得更好用和更强大。

- ❏　异步 I/O 支持、通道（channel）
- ❏　多任务
- ❏　定时器
- ❏　GTK+ 3 的支持

Vim 8.0 最重要的一个新特性就是异步 I/O 支持。老版本的 Vim 调用一个外部的插件程序时，如编译、更新 tags 索引库、检查错误等，只能等待外部程序结束了才能返回 Vim 主程序。异步 I/O 的支持可以让外部插件程序在后台运行，不影响 Vim 主程序的代码编辑和浏览等，从而提升了 Vim 的用户体验。

本章介绍的 Vim 基于 8.0 版本，优麒麟 Linux 18.04 系统默认安装了该版本。

2.4.2　Vim 的基本模式

Vim 编辑器有 3 种工作模式，分别是命令模式（Command mode）、输入模式（Insert mode）和底行命令模式（Last line mode）。

　　❑　命令模式：用户打开 Vim 时便进入命令模式。在命令模式下输入的键盘动作会被 Vim 识别成命令，而非输入字符。比如这时输入 i，Vim 识别的是一个 i 命令。用户可以输入命令来控制屏幕光标的移动、文本的删除或者复制某段区域等，也可以进入底行模式或者插入模式。

　　❑　插入模式：在命令模式下输入 i 命令就可以进入插入模式，按 Esc 键可以回到命令行模式。要想在文本中输入字符，必须是在插入模式下。

　　❑　底行模式：在命令模式下按下“:”就进入底行模式。在底行模式下可以输入单个或者多个字符的命令。比如“:q”表示退出 Vim 编辑器。

2.4.3　Vim 中 3 种模式的切换

　　在 Linux 的终端输入 Vim 可以打开 Vim 编辑器，或者自动载入所要编辑的文件，比如“vim mm/memory.c”表示打开 Vim 时自动打开 memory.c 文件。

　　要退出 Vim，可以在底行模式下输入“:q”，这时不保存文件并且离开，输入“:wq”则是存档并且离开。

　　在 Vim 的实际使用过程中，3 种模式的切换是最常用的操作了。通常熟悉 Vim 的读者都会尽可能少地处于插入模式中，因为插入模式的功能有限。Vim 的强大之处在于它的命令模式。所以你越熟悉 Vim，就会在插入模式上花费越少的时间。

1．命令模式和底行模式转为插入模式

　　命令模式和底行模式转为插入模式是最常见的操作，因此使用频率最高的一个命令就是“i”，它表示从光标所在位置开始插入字符。另外一个使用频率比较高的命令是“o”，它表示在光标所在的行新增一行，并进入插入模式。常见的插入命令如表 2.2 所示。

表 2.2　常见的插入命令

功　　能	命　　令	描　　述	使用频率
插入字符	i	进入插入模式，并从光标所在处输入字符	常用
	I	进入插入模式，并从光标所在行的第一个非空格符处开始输入	不常用
	a	进入插入模式，并在光标所在的下一个字符处开始输入	不常用
	A	进入插入模式，并从光标所在行的最后一个字符处开始输入	不常用
新增一行	o	进入插入模式，并从光标所在行的下一行新增一行	常用
	O	进入插入模式，并从光标所在行的上一行新增一行	不常用

　　在输入上述命令之后，在 Vim 编辑器的左下角会出现 INSERT 字样，表示已经进入了插入模式。

2．插入模式转为命令模式或者底行模式

按 Esc 键可以退出插入模式，进入命令模式。

3．命令模式和底行模式的转换

在命令模式下输入 ":" 便进入了底行模式。

2.4.4　Vim 光标的移动

Vim 编辑器放弃使用键盘的箭头键，而使用 h、j、k、l 来实现左、下、上、右箭头的功能，这样就不用频繁地在箭头键和字母键之间来回移动，从而节省时间。另外，在 h、j、k、l 命令前面可以添加数字，比如 9j 表示向下移动 9 行。

常见的光标移动命令如表 2.3 所示。

表 2.3　常见的光标移动命令

命　　令	描　　述
w	正向移动到下一个单词的开头
b	反向移动到下一个单词的开头
f{char}	正向移动到下一个{char}字符所在之处
Ctrl + f	屏幕向下移动一页，相当于Page Down按键
Ctrl + b	屏幕向上移动一页，相当于Page Up按键
Ctrl + d	屏幕向下移动半页
Ctrl + u	屏幕向上移动半页
+	光标移动到非空格符的下一行
-	光标移动到非空格符的上一行
0（数字0）	移动到光标所在行的最前面的字符
$	移动到光标所在行的最后面的字符
H	移动到屏幕最上方那一行的第一个字符
L	移动到屏幕最下方那一行的第一个字符
G	移动到文件最后一行
nG	n为数字，表示移动到文件的第n行
gg	移动文件的第一行
nEnter	n为数字，光标向下移动n行

2.4.5 删除、复制和粘贴

常见的删除、复制和粘贴命令如表 2.4 所示。

表 2.4 常见的删除、复制和粘贴命令

命　　名	描　　述
x	删除光标所在的字符（相当于Del键）
X	删除光标所在的前一个字符（相当于Backspace键）
dd	删除光标所在的行
ndd	删除光标所在向下n行
yy	复制光标所在的那一行
nyy	n为数字，复制光标所在向下的n行
p	把已经复制的数据粘贴到光标的下一行
u	撤销前一个命令

在进行大段文本的复制时，我们可以输入命令“v”进入可视选择模式。

2.4.6 查找和替换

常见的查找和替换命令如表 2.5 所示。

表 2.5 常见的查找和替换命令

命　　令	描　　述
/<要查找的字符>	向下查找
?<要查找的字符>	向上查找

2.4.7 文件相关

和文件相关的操作都需要在底行模式下进行，也就是在命令模式下输入“:”。常见的文件相关命令如表 2.6 所示。

表 2.6　常见的文件相关命令

命　　令	描　　述
:q	退出Vim
:q!	强制退出Vim，修改过的文件不会被保存
:w	保存修改过的文件
:w!	强制保存修改过的文件
:wq	保存文件后退出Vim
:wq!	强制保存文件后退出Vim

2.5　git 工具的使用

2005 年，Linus Torvalds 不满足于当时任何一个可用的开源版本控制系统，于是就亲手开发了一个全新的版本控制软件——git。git 发展到今天，已经成为全世界最流行的代码版本管理软件之一，微软公司的开发工具也支持 git。

早年，Linus Torvalds 选择了一个商业版本的代码控制系统 BitKeeper 来管理 Linux 内核代码。BitKeeper 是由 BitMover 公司开发的，授权 Linux 社区免费使用。到了 2005 年，Linux 社区中有人试图破解 BitKeeper 协议时被 BitMover 公司发现，因此 BitMover 公司收回了 BitKeeper 的授权，于是 Linus 花了两周时间用 C 语言写了一个分布式版本控制系统，git 就这样诞生了。

在学习 git 这个工具之前，有必要了解一下集中式版本控制系统和分布式版本控制系统。

集中式版本控制系统是把版本库集中存放在中央服务器里，当我们需要编辑代码时，从中央服务器中获取最新的版本，然后编写或者修改代码。代码修改和测试完成之后，需要把修改的东西推送到中央服务器中。集中式版本控制系统需要每次都连接中央服务器，如果有很多人协同工作，网络带宽是一个瓶颈。

和集中式版本控制系统相比，分布式版本控制系统没有中央服务器的概念，每个人的电脑就是一个完整的版本库，这样工作时就不需要联网，和网络带宽无关。分布式版本便于多人协同工作，比如 A 修改了文件 1，B 也修改了文件 1，那么 A 和 B 只需要把各自的修改推送给对方，就可以相互看到对方的修改内容了。

使用 git 进行开源工作的流程一般如下。

❑　复制项目 git 仓库到本地工作目录。

❑　在本地工作目录里添加或者修改文件。

❑　提交修改之前检查补丁格式等。

❑　提交修改。

- ❑ 生成补丁发给评审，等待评审意见。
- ❑ 评审发送修改意见，再次修改并提交。
- ❑ 直到评审同意该补丁并且合并到主干分支上。

2.5.1 安装 git

下面介绍一下 git 常用的命令。

在优麒麟 Linux 中使用 apt-get 工具来安装 git。

```
$ sudo apt-get install git
```

在使用 git 之前需要配置用户信息，如用户名和邮箱信息。

```
$ git config --global user.name "xxx"
$ git config --global user.email xxx@xxx.com
```

设置 git 默认使用的文本编辑器，一般使用 Vi 或者 Vim，当然，也可以设置为 Emacs。

```
$ git config --global core.editor emacs
```

要检查已有的配置信息，可以使用 git config --list 命令。

```
$ git config --list
```

2.5.2 git 基本操作

1. 下载 git 仓库

版本库又名仓库，英文是 repository，可以简单理解成一个目录。这个目录中所有的文件都由 git 来管理，每个文件的修改、删除都可以被 git 跟踪，并且可以追踪提交的历史和详细信息，还可以还原到历史中某个提交，以便做回归测试。

git clone 命令可以从现有的 git 仓库中下载代码到本地，类似 svn 工具的 checkout 功能。如果你需要参与开源项目或者查看开源项目代码，就需要 git clone 这个项目的仓库到本地进行浏览或者修改。

我们以 Linux 内核官方的 git 仓库为例，通过下面的命令可以把 Linux 官方内核的代码仓库下载到本地。

```
$ git clone
https://git.kernel.org/pub/scm/linux/kernel/git/torvalds/linux.git
```

上述命令执行完成之后，会在本地当前目录创建一个名为 linux 的目录，其中包含一个.git 目录，用来保存该仓库的版本记录。

Linux 内核的官方 git 仓库以 Linus Torvalds 创建的 git 仓库为准。每隔 2~3 个月, Linus 就会在自己的 git 仓库中发布新的 Linux 内核版本, 读者也可以到网页版本上浏览。

本书配套的代码仓库已上传到 GitHub 上。GitHub 是一个面向开源以及私有软件项目的托管平台, 因为只支持 git 作为唯一的版本库格式进行托管, 所以名为 GitHub。

```
$ git clone https://github.com/figozhang/runninglinuxkernel_4.0.git
```

该代码仓库最大的特点是支持 GCC 的 "O0" 的方式编译内核, 即去掉 GCC 编译优化选项。因为内核编译的默认优化选项是 O2, 在使用 gdb 进行单步调试内核时会出现光标乱跳并且无法打印有些变量的值(例如出现<optimized out>)等问题, 使用 "O0" 来编译内核可以解决这些问题, 很方便 Linux 内核初学者进行内核调试和学习。

2. 查看 git commit

通过 git clone 下载代码仓库到本地之后, 就可以通过 git log 命令来查看提交(commit)的历史。

```
$ git log

commit d081107867b85cc7454b9d4f5aea47f65bcf06d1
Author: Michael S. Tsirkin <mst@redhat.com>
Date:   Fri Apr 13 15:35:23 2018 -0700

    mm/gup.c: document return value

    __get_user_pages_fast handles errors differently from
    get_user_pages_fast: the former always returns the number of pages
    pinned, the later might return a negative error code.

    Link: http://lkml.kernel.org/r/1522962072-182137-6-git-send-email-
mst@redhat. com
    Signed-off-by: Michael S. Tsirkin <mst@redhat.com>
    Reviewed-by: Andrew Morton <akpm@linux-foundation.org>
    Cc: Kirill A. Shutemov <kirill.shutemov@linux.intel.com>
    Signed-off-by: Andrew Morton <akpm@linux-foundation.org>
    Signed-off-by: Linus Torvalds <torvalds@linux-foundation.org>
```

比如上面的 git log 命令, 显示了一条 git 提交的相关信息。

一条 git 提交的信息包含如下。

- ❑ commit id: 由 git 生成唯一的散列值。
- ❑ Author: 提交的作者。
- ❑ Date: 提交的日期。
- ❑ Message: 提交的日志, 比如代码修改的原因, Message 中包含标题和日志正文。
- ❑ Signed-off-by: 对这个补丁的修改有贡献的人。
- ❑ Reviewed-by: 对这个补丁进行维护的人。
- ❑ cc: 一般需要把补丁发送给代码的维护者。

可以使用--oneline 的选项来查看简洁的信息。

```
$ git log --oneline
d081107 mm/gup.c: document return value
c61611f get_user_pages_fast(): return -EFAULT on access_ok failure
09e35a4 mm/gup_benchmark: handle gup failures
60bb83b resource: fix integer overflow at reallocation
16e205c Merge tag 'drm-fixes-for-v4.17-rc1' of
git://people.freedesktop.org/~airlied/linux
```

如果只想查找指定用户提交的日志，可以使用命令 git log --author 。例如我们要找 Linux
内核源码中 Linus 的提交，可以使用如下命令。

```
$ git log --author=Linus --oneline

16e205c Merge tag 'drm-fixes-for-v4.17-rc1' of
git://people.freedesktop.org/~airlied/linux
affb028 Merge tag 'trace-v4.17-2' of
git://git.kernel.org/pub/scm/linux/kernel/git/rostedt/linux-trace
0c314a9 Merge tag 'pci-v4.17-changes-2' of
git://git.kernel.org/pub/scm/linux/kernel/git/helgaas/pci
681857e Merge branch 'parisc-4.17-2' of
git://git.kernel.org/pub/scm/linux/kernel/git/deller/parisc-linux
```

git log 还有一个参数 "--patch-with-stat"，可以显示提交代码的差异、增改文件以及行数
等信息。

```
$ git log --patch-with-stat

commit d081107867b85cc7454b9d4f5aea47f65bcf06d1
Author: Michael S. Tsirkin <mst@redhat.com>
Date:    Fri Apr 13 15:35:23 2018 -0700

    mm/gup.c: document return value

    __get_user_pages_fast handles errors differently from
    get_user_pages_fast: the former always returns the number of pages
    pinned, the later might return a negative error code.

    Signed-off-by: Michael S. Tsirkin <mst@redhat.com>
    Reviewed-by: Andrew Morton <akpm@linux-foundation.org>
    Signed-off-by: Linus Torvalds <torvalds@linux-foundation.org>
---
 arch/mips/mm/gup.c  | 2 ++
 arch/s390/mm/gup.c  | 2 ++
 arch/sh/mm/gup.c    | 2 ++
 arch/sparc/mm/gup.c | 4 ++++
 mm/gup.c            | 4 +++-
 mm/util.c           | 6 ++++--
 6 files changed, 17 insertions(+), 3 deletions(-)

diff --git a/arch/mips/mm/gup.c b/arch/mips/mm/gup.c
index 1e4658e..5a4875ca 100644
--- a/arch/mips/mm/gup.c
+++ b/arch/mips/mm/gup.c
…
```

45

对某个提交进行查看，可以使用 git show 命令。git show 命令后面需要添加某个提交的 commit id，可以是缩减版本的 id，如下面的例子所示。

```
$ git show d0811078
```

3．修改和提交

使用 git 进行提交的流程如下。

- ❑　修改、增加或者删除一个或者多个文件。
- ❑　使用 git diff 查看当前修改。
- ❑　使用 git status 查看当前工作目录的状态。
- ❑　使用 git add 把修改、增加或者删除的文件添加到本地版本库。
- ❑　使用 git commit 命令生成一个提交。

git diff 命令可以显示在缓存中或者未在缓存中的改动，常用的选项如下。

- ❑　显示尚未缓存的改动：git diff。
- ❑　查看已经缓存的改动：git diff --cached。
- ❑　查看所有的改动：git diff HEAD。
- ❑　显示摘要：git diff --stat。

git add 命令可以把修改的文件添加到缓存中。

git rm 命令删除本地仓库的某个文件。不建议直接使用 rm 命令。同样，需要移动一个文件或者目录，使用 git mv 命令。

git status 命令查看当前本地仓库的状态，会显示工作目录和缓存区的状态，也会显示被缓存的修改文件以及还没有被 git 跟踪到的文件或者目录。

git commit 命令用来将更改记录提交到本地仓库中。提交一个 commit 通常需要编写一个简短的日志信息，告诉其他人为什么要做这个修改。

git commit 命令添加"-s"会在该提交中自动添加"Signed-off-by:"的签名。

如果需要对提交内容做修改，可以使用"git commit --amend"命令。

2.5.3　分支管理

分支的英文名叫作 branch，意味着可以从开发主线中分离出一个分支，然后在不影响主线的同时继续开发工作。分支管理在实际项目开发中非常有用，比如你要开发某个功能 A，预计需要一个月时间才能完成编码和测试工作。假设你在完成编码工作时把补丁提交到主干上，没经过测试代码可能会影响项目中的其他模块，这时通常的做法是在本地建一个属于自己的分支，然后把补丁提交到这个分支上，等完成了最后的测试验证工作之后，再把补丁合并到主干上。

1. 创建分支

在管理分支之前，先要使用 git branch 命令查看当前 git 仓库里有哪些分支。

```
$ git branch
*master
```

比如 Linux 内核官方仓库显示只有一个分支，叫作"master"（主分支），该分支也是当前分支。当创建一个新的 git 仓库时，在缺省情况下 git 会创建"master"分支。

下面我们创建使用 git branch branchname 一个属于自己的分支，名为 linux-benshushu。

```
$ git branch linux-benshushu
$ git branch
 linux-benshushu
* master
```

"*"表示当前的分支，我们创建了一个名为 linux-benshushu 的分支，但是当前分支还是在 master 分支上。

2. 切换分支

我们可以使用 git checkout branchname 命令来切换分支。

```
$ git checkout linux-benshushu
Switched to branch 'linux-benshushu'
$ git branch
* linux-benshushu
  master
```

另外，我们可以使用 git checkout -b branchname 命令来合并上述两个步骤，也就是创建新的分支并立即切换到该分支上。

3. 删除分支

如果想删除一个分支，可以使用 git branch -d branchname 命令。

```
$ git branch -d linux-benshushu
error: Cannot delete the branch 'linux-benshushu' which you are currently on.
```

这里显示不能删除当前的分支，所以需要切换到其他分支上才能删除该分支。

```
$ git checkout master
Switched to branch 'master'

$ git branch -d linux-benshushu
Deleted branch linux-benshushu (was d081107).
```

4. 合并分支

git merge 命令用来合并指定分支到当前分支，如有一个 linux-benshushu 的分支，我们通过下面命令把该分支合并到主分支上。

```
$ git checkout master
$ git branch
  linux-benshushu
* master

$ git merge linux-benshushu
Updating 60cc43f..6e82d42
Fast-forward
 Makefile | 1 +
 1 file changed, 1 insertion(+)
```

5．推送分支

推送分支就是把本地创建的新分支上的提交推送到远程仓库中。在推送过程中，需要指定本地分支，这样才能把本地分支上的提交推送到远程仓库里对应的远程分支上。推送分支的命令格式如下。

```
git push <远程主机名> <本地分支名>: <远程分支名>
```

首先查看远程有哪些分支。

```
$ git branch -a
 linux-benshushu
* master
 remotes/origin/HEAD -> origin/master
 remotes/origin/master
```

远程分支是以 remotes 开头的，可以看到远程分支只有一个，也就是 origin 仓库的主分支。通过下面命令可以把本地的主分支的改动推送到远程仓库的主分支上。本地分支名和远程分支名同名，因此可以忽略远程分支名。

```
$ git push origin master
```

当本地分支名和远程分支名不相同时，需要明确指出远程的分支名。如下这条命令可把本地的主分支推送到远程的 dev 分支上。

```
$ git push origin master:dev
```

2.6　实验

2.6.1　实验 1：GCC 编译

1．实验目的

1）熟悉 GCC 的编译过程，学会使用 ARM GCC 交叉工具链编译应用程序并放入 QEMU 上运行。

2）学会写简单的 Makefile。

2．实验详解

本实验通过一个简单的 C 语言程序代码演示 GCC 的编译过程。下面是一个简单的 test.c 的程序代码。

```
#include <stdio.h>
#include <stdlib.h>
#include <string.h>

#define PAGE_SIZE 4096
#define MAX_SIZE 100*PAGE_SIZE

int main()
{
    char *buf = (char *)malloc(MAX_SIZE);

    memset(buf, 0, MAX_SIZE);

    printf("buffer address=0x%p\n", buf);

    free(buf);
        return 0;
}
```

1）预处理。

GCC 的"-E"选项可以让编译器在预处理阶段就结束，选项"-o"可以指定输出的文件格式。

```
arm-linux-gnueabi-gcc -E test.c -o test.i
```

预处理阶段会把 C 标准库的头文件中的代码包含到这段程序中。test.i 文件的内容如下所示。

```
extern void *malloc (size_t __size) __attribute__ ((__nothrow__ , __leaf__))
__attribute__ ((__malloc__)) ;

…

int main()
{
 char *buf = (char *)malloc(100*4096);

 memset(buf, 0, 100*4096);

 printf("buffer address=0x%p\n", buf);

 free(buf);
        return 0;
}
```

2）编译。

编译阶段主要是对预处理好的.i 文件进行编译，并生成汇编代码。GCC 首先检查代码是否有语法错误等，然后把代码编译成汇编代码。我们这里使用 "-S" 选项来编译。

```
$ arm-linux-gnueabi-gcc -S test.i -o test.s
```

编译阶段生成的汇编代码如下。

```
.LC0:
    .ascii      "buffer address=0x%p\012\000"
    .text
    .align    2
    .global   main
    .thumb
    .thumb_func
    .type     main, %function
main:
    @ args = 0, pretend = 0, frame = 8
    @ frame_needed = 1, uses_anonymous_args = 0
    push    {r7, lr}
    sub     sp, sp, #8
    add     r7, sp, #0
    mov     r0, #409600
    bl      malloc
    mov     r3, r0
    str     r3, [r7, #4]
    ldr     r3, [r7, #4]
    mov     r2, r3
    mov     r3, #409600
    mov     r0, r2
    mov     r1, #0
    mov     r2, r3
    bl      memset
    movw    r3, #:lower16:.LC0
    movt    r3, #:upper16:.LC0
    mov     r0, r3
    ldr     r1, [r7, #4]
    bl      printf
    ldr     r0, [r7, #4]
    bl      free
    mov     r3, #0
    mov     r0, r3
    add     r7, r7, #8
    mov     sp, r7
    pop     {r7, pc}
    .size   main, .-main
    .ident    "GCC: (Ubuntu/Linaro 4.6.3-1ubuntu5) 4.6.3"
    .section  .note.GNU-stack,"",%progbits
```

3）汇编。

汇编阶段是将汇编文件转化成二进制文件，利用 "-c" 选项就可以生成二进制文件。

```
$ arm-linux-gnueabi-gcc -c test.s -o test.o
```

4）链接。

链接阶段会对编译好的二进制文件进行链接，这里会默认链接 C 语言标准库（libc）。我们的代码里调用的 malloc()、memset()以及 printf()等函数都由 C 语言标准库提供，链接过程会把程序的目标文件和所需的库文件链接起来，最终生成可执行文件。

Linux 的库文件分成两大类：一类是动态链接库（通常以.so 结尾），另一类是静态链接库（通常以.a 结尾）。在默认情况下，GCC 在链接时优先使用动态链接库，只有当动态链接库不存在时才使用静态链接库。下面使用"--static"来让 test 程序静态链接 C 语言标准库，原因是交叉工具链使用的 libc 的动态库和 QEMU 中使用的库可能不一样。如果使用动态链接，可能导致运行报错。

```
$ arm-linux-gnueabi-gcc test.o -o test --static
```

以 ARM GCC 交叉工具链为例，C 函数库动态库的目录在/usr/arm-linux-gnueabi/lib 里，最终的库文件是 libc-2.23.so 文件。

```
$ ls -l /usr/arm-linux-gnueabi/lib/libc.so.6
lrwxrwxrwx 1 root root 12 Apr 16  2016 /usr/arm-linux-gnueabi/lib/libc.so.6
-> libc-2.23.so
```

C 语言标准库的静态库地址如下。

```
$ ls -l /usr/arm-linux-gnueabi/lib/libc.a
-rw-r--r-- 1 root root 3175586 Apr 16  2016 /usr/arm-linux-gnueabi/lib/libc.a
```

5）放到 QEMU 上运行。

把 test 程序放入 runninglinuxkernel-4.0/kmodules 目录里，启动 QEMU 并运行 test 程序。

```
/ # ./mnt/test
buffer address=0x0xb6f73008
/ #
```

6）编写一个简单的 Makefile 文件来编译。

```
cc = arm-linux-gnueabi-gcc
prom = test
obj = test.o
CFLAGS = -static

$(prom): $(obj)
    $(cc) -o $(prom) $(obj) $(CFLAGS)

%.o: %.c
    $(cc) -c $< -o $@

clean:
    rm -rf $(obj) $(prom)
```

2.6.2　实验 2：内核链表

1. 实验目的

1）学会和研究 Linux 内核提供的链表机制。

2）编写一个应用程序，利用内核提供的链表机制创建一个链表，把 100 个数字添加到链表中，循环该链表输出所有成员的数值。

2．实验详解

Linux 内核链表提供的函数接口定义在 include/linux/list.h 文件中。本实验把这些接口函数移植到用户空间中，并使用它们完成链表的操作。

2.6.3　实验 3：红黑树

1．实验目的

1）学习和研究 Linux 内核提供的红黑树机制。

2）编写一个应用程序，利用内核提供的红黑树机制创建一棵树，把 10 000 个随机数添加到红黑树中。

3）实现一个查找函数，快速在这棵红黑树中查找到相应的数字。

2．实验详解

Linux 内核提供的红黑树机制实现在 lib/rbtree.c 和 include/linux/rbtree.h 文件中。本实验要求把 Linux 内核实现的红黑树机制移植到用户空间，并且实现 10 000 个随机数的插入和查找功能。

2.6.4　实验 4：使用 Vim 工具

1．实验目的

熟悉 Vim 工具的基本操作。

2．实验详解

Vim 的操作需要一定的练习量才能达到熟练，读者可以使用优麒麟 Linux 18.04 系统中 Vim 程序进行编辑代码的练习。

2.6.5　实验 5：把 Vim 打造成一个强大的 IDE 编辑工具

1．实验目的

通过配置把 Vim 打造成一个和 Source Insight 相媲美的 IDE 工具。

2．实验步骤

Vim 工具可以支持很多个性化的特性，并使用插件来完成代码浏览和编辑的功能。使用过 Source Insight 的读者也许会对如下功能赞叹有加。

❑　自动列出一个文件的函数和变量的列表。

❑　查找函数和变量的定义。

❑　查找哪些函数调用了该函数和变量。

❑　高亮显示。

❑　自动补全。

这些功能在 Vim 里都可以实现，而且比 Source Insight 高效和好用。本实验将带领读者着手打造一个属于自己的 IDE 编辑工具。

在打造之前先安装 git 工具。

```
$ sudo apt-get install git
```

（1）插件管理工具 Vundle

Vim 支持很多插件，早期需要到每个插件网站上下载后复制到 home 主目录的.vim 目录中才能使用。现在 Vim 社区有多个插件管理工具，其中 Vundle 就是很出色的一个，它可以在.vimrc 中跟踪、管理和自动更新插件等。

安装 Vundle 需要使用 git 工具，通过如下命令来下载 Vundle 工具。

```
$ git clone https://github.com/VundleVim/Vundle.vim.git
~/.vim/bundle/Vundle.vim
```

接下来需要在 home 主目录下面的.vimrc 配置文件中配置 Vundle。

```
<.vimrc文件中添加如下配置>

" Vundle manage
set nocompatible              " be iMproved, required
filetype off                  " required

" set the runtime path to include Vundle and initialize
set rtp+=~/.vim/bundle/Vundle.vim
call vundle#begin()

" let Vundle manage Vundle, required
Plugin 'VundleVim/Vundle.vim'

" All of your Plugins must be added before the following line
call vundle#end()            " required
filetype plugin indent on    " required
```

只需要在该配置文件中添加"Plugin xxx"，即安装名为"xxx"的插件。

接下来就是在线安装插件。启动 Vim，然后运行命令":PluginInstall"，就会从网络上下载插件并安装。

（2）ctags 工具

ctags 工具全称 Generate tag files for source code。它扫描指定的源文件，找出其中包含的语法元素，并把找到的相关内容记录下来，这样在代码浏览和查找时就可以利用这些记录实现查找和跳转功能。ctags 工具已经被集成到各大 Linux 发行版中。在优麒麟 Linux 中使用如下命令安装 ctags 工具。

```
$ sudo apt-get install ctags
```

在使用 ctags 之前需要手工生成索引文件。

```
$ ctags -R .              //递归扫描源代码根目录和所有子目录的文件并生成索引文件
```

上述命令会在当前目录下面生成一个 tags 文件。启动 Vim 之后需要加载这个 tags 文件，可以通过如下命令实现这个加载动作。

```
:set tags=tags
```

ctags 常用的快捷键如表 2.7 所示。

表 2.7　常用的快捷键

快　捷　键	用　　法
Ctrl +]	跳转到光标处的函数或者变量的定义所在的地方
Ctrl + T	返回到跳转之前的地方

（3）cscope 工具

刚才介绍的 ctags 工具可以跳转到标签定义的地方，但是如果想查找函数在哪里被调用过或者标签在哪些地方出现过，那么 ctags 就无能为力了。cscope 工具可以实现上述功能，这也是 Source Insight 强大的功能之一。

cscope 最早由贝尔实验室开发，后来由 SCO 公司以 BSD 协议公开发布。我们可以在优麒麟 Linux 发行版中安装它。

```
$ sudo apt-get install cscope
```

在使用 cscope 之前需要对源代码生成索引库，可以使用如下命令来实现。

```
$ cscope -Rbq
```

上述命令会生成 3 个文件：cscope.cout、cscope.in.out 和 cscope.po.out。其中 cscope.out 是基本符合的索引，后面两个文件是使用 "-q" 选项生成的，用于加快 cscope 索引的速度。

在 Vim 中使用 cscope 非常简单，首先调用 "cscope add" 命令添加一个 cscope 数据库，然后调用 "cscope find" 命令进行查找。Vim 支持 8 种 cscope 的查询功能。

- ❑　s：查找 C 语言符号，即查找函数名、宏、枚举值等出现的地方。
- ❑　g：查找函数、宏、枚举等定义的位置，类似 ctags 所提供的功能。
- ❑　d：查找本函数调用的函数。
- ❑　c：查找调用本函数的函数。

- ❑ t：查找指定的字符串。
- ❑ e：查找 egrep 模式，相当于 egrep 功能，但查找速度快多了。
- ❑ f：查找并打开文件，类似 Vim 的 find 功能。
- ❑ i：查找包含本文件的文件。

为了方便使用，我们可以在.vimrc 配置文件中添加如下快捷键。

```
"----------------------------------------------------------
" cscope:建立数据库: cscope -Rbq;   F5 查找c符号;  F6 查找字符串;   F7 查找函数定义;
F8 查找函数谁调用了
"----------------------------------------------------------
if has("cscope")
  set csprg=/usr/bin/cscope
  set csto=1
  set cst
  set nocsverb
  " add any database in current directory
  if filereadable("cscope.out")
     cs add cscope.out
  endif
  set csverb
endif

:set cscopequickfix=s-,c-,d-,i-,t-,e-

"nmap <C-_>s :cs find s <C-R>=expand("<cword>")<CR><CR>
"F5 查找c符号;  F6 查找字符串;  F7 查找函数谁调用了
nmap <silent> <F5> :cs find s <C-R>=expand("<cword>")<CR><CR>
nmap <silent> <F6> :cs find t <C-R>=expand("<cword>")<CR><CR>
nmap <silent> <F7> :cs find c <C-R>=expand("<cword>")<CR><CR>
```

上述定义的快捷键如下。

- ❑ F5：查找 C 语言符号，即查找函数名、宏、枚举值等出现的地方。
- ❑ F6：查找指定的字符串。
- ❑ F7：查找调用本函数的函数。

（4）Tagbar 插件

Tagbar 插件可以把源代码文件生成一个大纲，包括类、方法、变量以及函数名等，可以选中并快速跳转到目标位置。

安装 Tagbar 插件，在.vimrc 文件中添加：

```
Plugin 'majutsushi/tagbar' " Tag bar"
```

然后重启 Vim，输入并运行命令"：:PluginInstall"完成安装。

配置 Tagbar 插件，可以在.vimrc 文件中添加如下配置。

```
" Tagbar
let g:tagbar_width=25
autocmd BufReadPost *.cpp,*.c,*.h,*.cc,*.cxx call tagbar#autoopen()
```

上述配置可让打开常见的源代码文件时会自动打开 Tagbar 插件。

（5）文件浏览插件 NerdTree

NerdTree 插件可以显示树形目录。

安装 NerdTree 插件，在.vimrc 文件中添加：

```
Plugin 'scrooloose/nerdtree'
```

然后重启 Vim，输入并运行命令"：PluginInstall"完成安装。

配置 NerdTree 插件。

```
" NetRedTree
autocmd StdinReadPre * let s:std_in=1
autocmd VimEnter * if argc() == 0 && !exists("s:std_in") | NERDTree | endif
let NERDTreeWinSize=15
let NERDTreeShowLineNumbers=1
let NERDTreeAutoCenter=1
let NERDTreeShowBookmarks=1
```

（6）动态语法检测工具

动态语法检测工具可以在编写代码的过程中检测出语法错误，不用等到编译或者运行，这个工具对编写代码者非常有用。本实验安装的是被称为 ALE（Asynchronization Lint Engine）的一款实时代码检测工具。ALE 工具在发现有错误的地方会实时提醒，在 Vim 的侧边会标注哪一行有错误，光标移动到这一行时下面会显示错误的原因。ALE 工具支持多种语言的代码分析器，比如 C 语言可以支持 gcc、clang 等。

安装 ALE 工具，在.vimrc 文件中添加：

```
Plugin 'w0rp/ale'
```

然后重启 Vim，输入并运行命令"：PluginInstall"完成安装。这个过程需要从网络上下载代码。

插件安装完成之后，做一些简单的配置，增加如下配置到.vimrc 文件中。

```
let g:ale_sign_column_always = 1
let g:ale_sign_error = 'X'
let g:ale_sign_warning = 'w'
let g:ale_statusline_format = ['X %d', '⚡ %d', '✔ OK']
let g:ale_echo_msg_format = '[%linter%] %code: %%s'
let g:ale_lint_on_text_changed = 'normal'
let g:ale_lint_on_insert_leave = 1
let g:ale_c_gcc_options = '-Wall -O2 -std=c99'
let g:ale_cpp_gcc_options = '-Wall -O2 -std=c++14'
let g:ale_c_cppcheck_options = ''
let g:ale_cpp_cppcheck_options = ''
```

我们用 ALE 工具编写一个简单的 C 程序，如图 2.4 所示。

Vim 左边会显示错误或者警告的提示，其中"w"表示警告，"x"表示错误。图 2.4 所示的第 3 行出现了一个警告，这是 gcc 编译器发现变量 i 定义了但并没有使用。

（7）自动补全插件 YouCompleteMe

代码补全功能在 Vim 发展历史中是一个比较弱的功能，因此一直被使用 Source Insight 的人诟病。早些年出现的自动补全插件如 AutoComplPop、Omnicppcomplete、Neocomplcache 等在效率上低得惊人，特别是把整个 Linux 内核代码添加到工程时，要使用这些代码补全功能，每次都要等待 1~2 分钟的时间，简直让人抓狂。

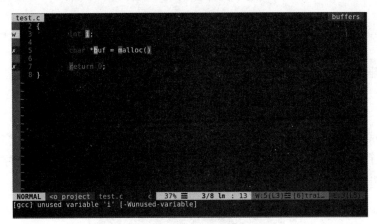

图2.4 ALE工具

YouCompleteMe 插件是最近几年才出现的新插件，它利用 clang 为 C/C++代码提供代码提示和补全功能。借助 clang 的强大功能，YouCompleteMe 的补全效率和准确性极高，可以和 Source Insight 一比高下。因此，Linux 开发人员在 Vim 上配备了 YouCompleteMe 插件之后完全可以抛弃 Source Insight。

在安装 YouCompleteMe 插件之前，需要保证 Vim 的版本必须高于 7.4.1578，并且支持 Python 2 或者 Python 3。优麒麟 Linux 16.04 的版本中的 Vim 满足这个要求，使用其他发行版的读者可以用如下命令来检查。

```
$ vim -version
```

安装 YouCompleteMe 插件，可在.vimrc 文件中添加：

```
Plugin 'Valloric/YouCompleteMe'
```

然后重启 Vim，输入并运行命令 ":PluginInstall" 完成安装。这个过程从网络中下载代码，需要等待一段时间。

插件安装完成之后，需要重新编译它，所以在编译之前需要保证已经安装如下软件包。

```
$ sudo apt-get install build-essential cmake python-dev python3-dev
```

接下来进入 YouCompleteMe 插件代码进行编译。

```
$ cd ~/.vim/bundle/YouCompleteMe
$ ./install.py --clang-completer
```

--clang-completer 表示对 C/C++的支持。

编译完成之后，还需要做一些配置工作，把~/.vim/bundle/YouCompleteMe/third_party/ ycmd/examples/.ycm_extra_conf.py 这个文件复制到~/.vim 目录下面。

```
$ cp
~/.vim/bundle/YouCompleteMe/third_party/ycmd/examples/.ycm_extra_ conf.py
~/.vim
```

在.vimrc 配置文件中还需要添加如下配置。

```
let g:ycm_server_python_interpreter='/usr/bin/python'
let g:ycm_global_ycm_extra_conf='~/.vim/.ycm_extra_conf.py'
```

这样就完成了 YouCompleteMe 插件的安装和配置。

下面做一个简单测试。首先启动 Vim，输入"#include <stdio>"检查是否会出现提示补全，如图 2.5 所示。

图2.5　代码补全测试

（8）自动索引

在旧版本的 Vim 中是不支持异步模式的，因此每次写一部分代码需要手动运行 ctags 命令来生成索引，这是 Vim 的一大痛点。这个问题在 Vim 8 之后得到了改善。下面推荐一个可以异步生成 tags 索引的插件，这个插件称为 vim-gutentags。

安装 vim-gutentags 插件。

```
Plugin 'ludovicchabant/vim-gutentags'
```

重启 Vim，输入命令":PluginInstall"完成安装，这个过程需要从网络中下载代码。

对插件进行一些简单配置，将以下内容添加到.vimrc 文件中。

```
" 搜索工程目录的标志，碰到这些文件/目录名就停止向上一级目录递归
let g:gutentags_project_root = ['.root', '.svn', '.git', '.hg', '.project']

" 配置 ctags 的参数
let g:gutentags_ctags_extra_args = ['--fields=+niazS', '--extra=+q']
let g:gutentags_ctags_extra_args += ['--c++-kinds=+px']
let g:gutentags_ctags_extra_args += ['--c-kinds=+px']
```

当我们修改了一个文件时，vim-gutentags 会在后台默默帮助我们更新 tags 数据索引库。

（9）vimrc 的其他一些配置

vimrc 还有一些其他常用的配置，如显示行号等。

```
set nu!                    " 显示行号

syntax enable
syntax on
colorscheme desert

:set autowrite    " 自动保存
```

（10）使用 Vim 来阅读 Linux 内核源代码

我们已经把 Vim 打造成一个媲美 Source Insight 的 IDE 工具了。下面介绍如何阅读 Linux 内核源代码。

下载 Linux 内核官方源代码或者 runninglinuxkernel 的源代码。

```
git clone https://github.com/figozhang/runninglinuxkernel_4.0.git
```

Linux 内核已经支持 ctags 和 cscope 来生成索引文件，而且会根据编译的 config 文件选择需要扫描的文件。我们使用 make 命令来生成 ctags 和 cscope，下面以 ARM vexpress 平台为例进行介绍。

```
$ export ARCH=arm
$ export SUBARCH=arm
$ export CROSS_COMPILE=arm-linux-gnueabi-
$ make vexpress_defconfig
$ make tags cscope TAGS  //生成tags,cscope, TAGS等索引文件
```

启动 Vim，通过“:e mm/memory.c”命令打开 memory.c 源文件，然后在 do_anonymous_page()函数即在第 2563 行上输入“vma->”，会发现 Vim 自动出现了 struct vm_area_struct 数据结构的成员供你选择，而且速度快得惊人，如图 2.6 所示。

图2.6　在Linux内核代码中尝试代码补全

另外，我们在 do_anonymous_page()函数的第 2605 行的 page_add_new_anon_rmap()上按 F7 快捷键，会发现很快查找到了 Linux 内核中所有调用该函数的地方，如图 2.7 所示。

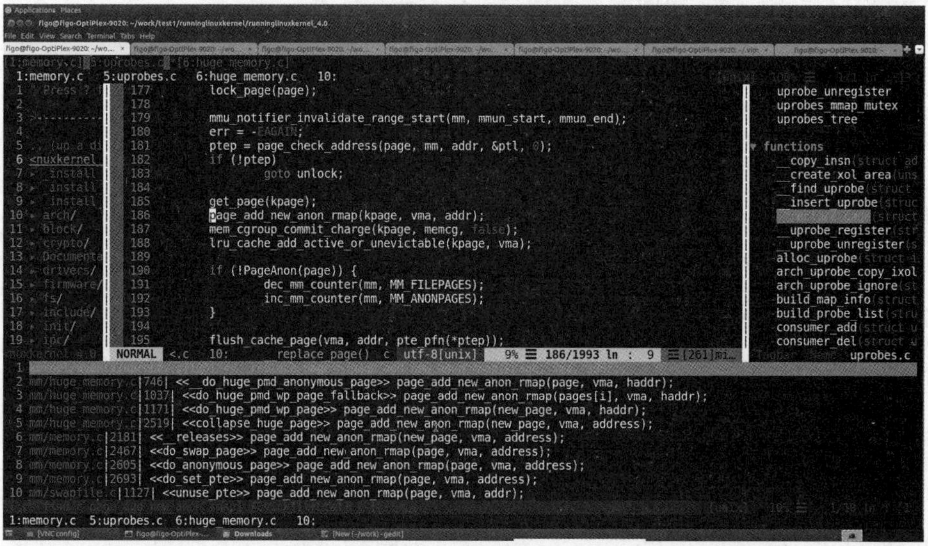

图2.7　查找哪些函数调用了page_add_new_anon_rmap()

2.6.6　实验 6：建立一个 git 本地仓库

1. 实验目的

学会如何快速创建一个 git 本地仓库，并将其运用到实际工作中。

2. 实验步骤

通常实际项目中会使用一台独立的机器作为 git 服务器，然后在 git 服务器中建立一个远程的仓库，这样项目中所有的人都可以通过局域网来访问这个 git 服务器。当然，我们在本实验中可以使用同一台机器来模拟这个 git 服务器。

（1）git 服务器端的操作

首先需要在服务器端建立一个目录，然后初始化这个 git 仓库。假设我们在"/opt/git/"目录下面来创建。

```
$ cd /opt/git/
$ mkdir test.git
$ cd test.git/
$ git --bare init
Initialized empty Git repository in /opt/git/test.git/
```

通过 git --bare init 命令创建了一个空的远程仓库。

（2）客户端的操作

打开另外一个终端，然后在本地工作目录中编辑代码，比如在 home 目录下。

```
$ cd /home/ben/
$ mkdir test
```

编辑一个 test.c 文件，添加简单的打印"hello world"的语句。

```
$ vim test.c
```

初始化本地的 git 仓库。

```
$ git init
Initialized empty Git repository in /home/figo/work/test/.git/
```

查看当前工作区的状态。

```
$ git status
On branch master

Initial commit

Untracked files:
  (use "git add <file>..." to include in what will be committed)

    test.c

nothing added to commit but untracked files present (use "git add" to track)
```

可以看到工作区里有一个 test.c 文件，然后通过 git add 命令来添加 test.c 文件到缓存区中。

```
$ git add test.c
```

用 git commit 生成一个新的提交。

```
$ git commit -s

test: add init code for xxx project

Signed-off-by: Ben Shushu <runninglinuxkernel@126.com>

# Please enter the commit message for your changes. Lines starting
# with '#' will be ignored, and an empty message aborts the commit.
# On branch master
#
# Initial commit
#
# Changes to be committed:
#       new file:   test.c
#
```

在上述代码中添加对这个新提交的描述，保存之后自动生成一个新的提交。

```
$ git commit -s
```

```
[master (root-commit) ea92c29] test: add init code for xxx project
 1 file changed, 8 insertions(+)
 create mode 100644 test.c
```

接下来需要把本地的 git 仓库推送到远程仓库中。

首先需要通过 git remote add 命令添加刚才远程仓库的地址。

```
$ git remote add origin ssh://ben@192.168.0.1:/opt/git/test.git
```

其中 "192.168.0.1" 是服务器端的 IP 地址，"ben" 是服务器端的登录名。最后用 git push 命令来推送。

```
$ git push origin master
figo@192.168.0.1's password:
Counting objects: 3, done.
Delta compression using up to 8 threads.
Compressing objects: 100% (2/2), done.
Writing objects: 100% (3/3), 320 bytes | 0 bytes/s, done.
Total 3 (delta 0), reused 0 (delta 0)
To ssh://figo@10.239.76.39:/opt/git/test.git
 * [new branch]      master -> master
```

（3）复制远端仓库

这时我们就可以在局域网内通过 git clone 复制这个远程仓库到本地了。

```
$ git clone ssh://ben@192.168.0.1:/opt/git/test.git
Cloning into 'test'...
ben@192.168.0.1's password:
remote: Counting objects: 3, done.
remote: Compressing objects: 100% (2/2), done.
remote: Total 3 (delta 0), reused 0 (delta 0)
Receiving objects: 100% (3/3), done.
Checking connectivity... done.
$ cd test/
$ git log
commit ea92c29d88ba9e58960ec13911616f2c2068b3e6
Author: Ben Shushu <runninglinuxkernel@126.com>
Date:   Mon Apr 16 23:13:32 2018 +0800

    test: add init code for xxx project

    Signed-off-by: Ben Shushu <runninglinuxkernel@126.com>
```

2.6.7　实验 7：解决合并分支冲突

1. 实验目的

了解和学会如何解决合并分支时遇到的冲突。

2. 实验详解

首先创建分支合并冲突的环境，可以通过如下步骤实现。

1）创建一个本地分支。创建一个主分支和 dev 分支。

```
$ git init
```

2）在主分支上新建一个 test.c 的文件。输入简单的"hello world"程序，然后创建一个提交。

```
#include <stdio.h>

int main()
{
        int i;

        printf("hello word\n");

        return 0;
}
```

3）基于主分支创建一个新的 dev 分支。

```
$ git checkout -b dev
```

4）在 dev 分支上做如下改动，并生成一个提交。

```
diff --git a/test.c b/test.c
index 39ee70f..ed431cc 100644
--- a/test.c
+++ b/test.c
@@ -2,7 +2,10 @@

 int main()
 {
-        int i;
+        int i = 10;
+        char *buf;
+
+        buf = malloc(100);

        printf("hello word\n");
```

5）切换到主分支，然后继续修改 test.c 文件，并生成一个提交。

```
diff --git a/test.c b/test.c
index 39ee70f..e0ccfb9 100644
--- a/test.c
+++ b/test.c
@@ -3,6 +3,7 @@
 int main()
 {
        int i;
+        int j = 5;

        printf("hello word\n");
```

6）这样我们的实验环境就搭建好了。在这个 git 仓库里有两个分支，一个是主分支，另一个是 dev 分支，它们同时修改了相同的文件，如图 2.8 所示。

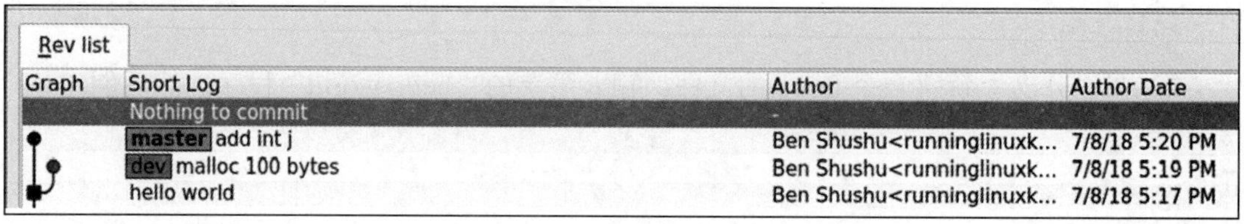

图2.8　主分支和git分支

7）使用如下命令把 dev 分支上的提交合并到主分支上，如果遇到了冲突，请解决。

```
$ git branch  //先确认当前分支是master分支
$ git merge dev //把dev分支合并到master分支
```

下面简单介绍一下如何解决合并分支冲突。当合并分支遇到冲突时会显示如下提示，其中明确告诉我们是在合并哪个文件时发生了冲突。

```
$ git merge dev
Auto-merging test.c
CONFLICT (content): Merge conflict in test.c
Automatic merge failed; fix conflicts and then commit the result.
```

接下来要做的工作就是手工修改冲突了。打开 test.c 文件，会看到 "<<<<<<<" 和 ">>>>>>>" 符号包括的区域就是发生冲突的地方。至于如何修改冲突，git 工具是没有办法做判断的，只能读者自己判断，前提条件是要对代码有深刻的理解。

```
#include <stdio.h>

int main()
{
<<<<<<< HEAD
        int i;
        int j = 5;
=======
        int i = 10;
        char *buf;

        buf = malloc(100);
>>>>>>> dev

        printf("hello word\n");

        return 0;
}
```

冲突修改完成之后，可以通过 git add 命令添加到 git 仓库中。

```
$git add test.c
```

然后使用 git merge –continue 命令继续合并工作，直到合并完成为止。

```
$ git merge --continue
[master 9ad3b85] Merge branch 'dev'
```

读者可以重复该实验步骤，重建一个本地 git 仓库，使用变基命令合并 dev 分支到主分支上，遇到冲突并尝试解决。

2.6.8　实验 8：利用 git 来管理 Linux 内核开发

1．实验目的

本实验通过模拟一个项目的实际操作来演示如何利用 git 进行 Linux 内核开发和管理。该项目的需求如下。

1）该项目需要基于 Linux 4.0 内核进行二次开发。

2）在本地建立一个名为"ben-linux-test"的项目，上传的内容要包含 Linux-4.0 中所有的 commit。

2．实验步骤

1）参考实验 6，在本地建立一个名为"ben-linux-test"的空仓库。

2）下载 Linux 官方仓库代码。

接下来的工作就是在这个本地的 git 仓库里下载官方 Linux 4.0 的代码，那应该怎么做呢？首先我们需要添加 Linux 官方的 git 仓库。这里可以使用"git remote add"命令来添加一个远程仓库地址，如下所示。

```
$ git remote add linux
https://git.kernel.org/pub/scm/linux/kernel/git/torvalds/linux.git
```

git remote -v 命令把 Linux 内核官方的远程仓库添加到本地了，并且起了一个别名——linux。

```
$ git remote -v
linux
https://git.kernel.org/pub/scm/linux/kernel/git/torvalds/linux.git (fetch)
linux
https://git.kernel.org/pub/scm/linux/kernel/git/torvalds/linux.git (push)
origin    https://github.com/figozhang/ben-linux-test.git (fetch)
origin    https://github.com/figozhang/ben-linux-test.git (push)
```

git fetch 命令可以把新添加的远程仓库代码下载到本地。

```
$ git fetch linux
remote: Counting objects: 6000860, done.
remote: Compressing objects: 100% (912432/912432), done.
Rceiving objects:  1% (76970/6000860), 37.25 MiB | 694.00 KiB/s
```

下载完成后，用 git branch -a 命令查看分支情况。

```
$ git branch -a
* master
  remotes/linux/master
  remotes/origin/master
```

看到远程仓库有两个：一个是我们刚才在 Gitee 上创建的仓库（remotes/origin/master），另一个是 Linux 内核官方的远程仓库（remotes/linux/master）。

3）创建 Linux 4.0 分支。

接下来需要把官方仓库中 Linux 4.0 标签的所有提交添加到 Gitee 中的主分支上。首先需要从 remotes/linux/master 分支上检查一个名为 linux-4.0 的本地分支。

```
$ git checkout -b linux-4.0 linux/master
Checking out files: 100% (61345/61345), done.
Branch linux-4.0 set up to track remote branch master from linux.
Switched to a new branch 'linux-4.0'

$ git branch -a
* linux-4.0
  master
  remotes/linux/master
  remotes/origin/master
```

因为项目需要在 Linux 4.0 上工作，所以把该分支重新放到 Linux 4.0 的标签上，这时可以使用 git reset 命令。

```
$ git reset v4.0 --hard
Checking out files: 100% (61074/61074), done.
HEAD is now at 39a8804 Linux 4.0
```

这样本地 linux-4.0 分支就是真正基于 Linux 4.0 的内核，并且包含了 Linux 4.0 上所有的提交的信息。

4）合并本地修改到 Linux 4.0 上。

接下来的工作就是把本地 linux-4.0 的分支上的提交都合并到本地的主分支上。

首先需要切换到本地的主分支上。

```
$ git checkout master
```

然后使用 git merge 命令把本地 linux-4.0 分支上所有的提交都合并到主分支上。

```
$ git merge linux-4.0 --allow-unrelated-histories
```

这个合并会生成一个叫作 merge branch 的提交，如下所示。

```
Merge branch 'linux-4.0'

# Please enter a commit message to explain why this merge is necessary,
# especially if it merges an updated upstream into a topic branch.
#
```

```
# Lines starting with '#' will be ignored, and an empty message aborts
# the commit.
```

最后，这个本地的主分支的提交就变成这样：

```
$ git log --oneline
c67cf17 Merge branch 'linux-4.0'
f85279c first commit
39a8804 Linux 4.0
6a23b45 Merge branch 'for-linus' of
git://git.kernel.org/pub/scm/linux/kernel/git/viro/vfs
54d8ccc Merge branch 'fixes' of
git://git.kernel.org/pub/scm/linux/kernel/git/evalenti/linux-soc-thermal
56fd85b Merge tag 'asoc-fix-v4.0-rc7' of
git://git.kernel.org/pub/scm/linux/kernel/git/broonie/sound
14f0413c ASoC: pcm512x: Remove hardcoding of pll-lock to GPIO4
```

这样本地主分支上就包含了所有 linux 4.0 内核的 git log 信息。最后一步只需要把这个主分支推送到 Gitee 中的远程仓库即可。

```
$ git push origin master
```

现在这个仓库的主分支已经包含了 Linux 4.0 内核的所有提交了，在这个基础上可以建立属于该项目的自己的分支，比如 dev-linux-4.0 分支、feature_a_v0 分支等。

```
$ git branch -a
  dev-linux-4.0
* feature_a_v0
  master
  remotes/linux/master
  remotes/origin/master
```

2.6.9 实验 9：利用 git 来管理项目代码

1. 实验目的

1）在 Linux 4.0 上做开发。为了简化开发，我们假设只需要修改 Linux 4.0 根目录下面的 Makefile，如下所示。

```
VERSION = 4
PATCHLEVEL = 0
SUBLEVEL = 0
EXTRAVERSION =
NAME = Hurr durr I'ma sheep //修改这里，改成 benshushu
```

2）把修改推送到 Gitee 上。

3）过了几个月，这个项目需要变基（rebase）到 Linux 4.15 的内核，并且把之前做的工作也变基到 Linux 4.15 内核，并且更新到 Gitee 上。如果变基时遇到冲突，需要修复。

4）在这个实验里，会学习到如何合并一个分支以及如何变基到最新的主分支上。

5）在合并分支和变基分支的过程中，可能会遇到冲突，在本实验中可以学会如何修复冲突。

2. 实验步骤

在实际项目开发过程中，分支的管理是很重要的。以现在这个项目为例，项目开始时，我们会选择一个内核版本进行开发，比如选择 Linux 4.0 内核。等到项目开发到一定的阶段，比如 Beta 阶段，其需求发生变化。这时需要基于最新的内核进行开发，如基于 Linux 4.15。那么就要把开发工作变基到 Linux 4.15 上了。这种情形在实际开源项目中是很常见的。

因此，分支管理显得很重要。master 分支通常是用来与开源项目同步的，dev 分支是我们平常开发用的主分支。另外，每个开发人员在本地可以建立属于自己的分支，如 feature_a_v0 分支，表示开发者甲在本地创建的用来开发 feature a 的分支，版本是 v0。

```
$ git branch -a
* dev-linux-4.0
  feature_a_v0
  master
  remotes/linux/master
  remotes/origin/master
remotes/origin/dev-linux-4.0
```

（1）把开发工作推送到 dev-linux-4.0 分支

下面就是基于 dev-linux-4.0 分支进行工作了，比如这里实验中要求修改 Makefile，然后生成一个提交并且将其推送到 dev-linux-4.0 分支上。

首先修改 Makefile。

修改的内容如下：

```
diff --git a/Makefile b/Makefile
index fbd43bf..2c48222 100644
--- a/Makefile
+++ b/Makefile
@@ -2,7 +2,7 @@ VERSION = 4
 PATCHLEVEL = 0
 SUBLEVEL = 0
 EXTRAVERSION =
-NAME = Hurr durr I'ma sheep
+NAME = benshushu

 # *DOCUMENTATION*
 # To see a list of typical targets execute "make help"
@@ -1598,3 +1598,5 @@ FORCE:
 # Declare the contents of the .PHONY variable as phony.  We keep that
 # information in a variable so we can use it in if_changed and friends.
 .PHONY: $(PHONY)
+
+#demo for rebase by benshush //在最后一行添加，为了将来变基制造冲突
```

生成一个提交。

```
$ git add Makefile
$ git commit -s
```

```
demo: modify Makefile

modify Makefile for demo

v1: do it base on linux-4.0
```

把这个修改推送到远程仓库。

```
$ git push origin dev-linux-4.0
Counting objects: 3, done.
Delta compression using up to 8 threads.
Compressing objects: 100% (3/3), done.
Writing objects: 100% (3/3), 341 bytes | 0 bytes/s, done.
Total 3 (delta 2), reused 0 (delta 0)
remote: Resolving deltas: 100% (2/2), completed with 2 local objects.
remote: Checking connectivity: 3, done.
To https://gitee.com/benshushu/ben-linux-test.git
  c67cf17..f35ab68  dev-linux-4.0 -> dev-linux-4.0
```

（2）新建 dev-linux-4.15 分支

首先从远程仓库（remotes/linux/master）分支上新建一个名为 linux-4.15-org 的分支。

```
$ git checkout -b linux-4.15-org linux/master
```

然后把这个 linux-4.15-org 分支重新放到 v4.15 的标签上。

```
$ git reset v4.15 --hard
Checking out files: 100% (21363/21363), done.
HEAD is now at d8a5b80 Linux 4.15
```

接着切换到主分支。

```
$ git checkout master
Checking out files: 100% (57663/57663), done.
Switched to branch 'master'
Your branch is up-to-date with 'origin/master'.
```

然后把 linux-4.15-org 分支上所有的提交都合并到主分支上。

```
figo@figo:~ben-linux-test$ git merge linux-4.15-org
```

合并完成之后，查看主分支的日志信息，如下所示。

```
figo@figo ~ben-linux-test$ git log --oneline
749d619 Merge branch 'linux-4.15-org'
c67cf17 Merge branch 'linux-4.0'
f85279c first commit
d8a5b80 Linux 4.15
```

最后，把主分支的更新推送到远程仓库，这样我们的远程仓库的主分支就是基于 Linux 4.15 内核了。

```
figo@figo:~ben-linux-test$ git push origin master
```

（3）变基到 Linux 4.15 上

首先基于 dev-linux-4.0 分支创建一个 dev-linux-4.15 分支。

```
figo@figo:~ben-linux-test$ git checkout dev-linux-4.0
figo@figo:~ben-linux-test$ git checkout -b dev-linux-4.15
```

因为我们已经把远程仓库主分支更新到 Linux 4.15，所以接下来把主分支上所有的提交都变基到 dev-linux-4.15 分支上。这个过程可能有冲突。

```
$ git rebase master
First, rewinding head to replay your work on top of it...
Applying: demo: modify Makefile
Using index info to reconstruct a base tree...
M    Makefile
Falling back to patching base and 3-way merge...
Auto-merging Makefile
CONFLICT (content): Merge conflict in Makefile
error: Failed to merge in the changes.
Patch failed at 0001 demo: modify Makefile
The copy of the patch that failed is found in: .git/rebase-apply/patch

When you have resolved this problem, run "git rebase --continue".
If you prefer to skip this patch, run "git rebase --skip" instead.
To check out the original branch and stop rebasing, run "git rebase --abort".
```

这里显示在合并 "demo: modify Makefile" 这个补丁时发生了冲突，并且告诉你冲突的文件是 Makefile。接下来就可以手工修改 Makefile 文件并处理冲突。

```
# SPDX-License-Identifier: GPL-2.0
VERSION = 4
PATCHLEVEL = 15
SUBLEVEL = 0
EXTRAVERSION =
<<<<<<< 749d619c8c85ab54387669ea206cddbaf01d0772
NAME = Fearless Coyote
=======
NAME = benshushu
>>>>>>> demo: modify Makefile
```

手工修改冲突之后，可以通过 git diff 命令看一下变化，通过 git add 命令添加修改的文件，然后通过 git rebase --continue 命令继续做变基。当后续遇到冲突时还会停下来，让你手工修改，继续通过 git add 来添加修改后的文件，直到所有冲突被修改完成。

```
$ git add Makefile
$ git rebase --continue
Applying: demo: modify Makefile
```

当变基完成之后，我们通过 git log --oneline 命令查看 dev-linux-4.15 分支的状况。

```
figo@figo:~ben-linux-test$ git log --oneline
344e37a demo: modify Makefile
749d619 Merge branch 'linux-4.15-org'
c67cf17 Merge branch 'linux-4.0'
```

```
f85279c first commit
d8a5b80 Linux 4.15
```

最后我们把 dev-linux-4.15 分支推送到远程仓库来完成本次项目。

```
figo@figo:~ben-linux-test$ git push origin dev-linux-4.15
```

（4）合并（merge）和变基（rebase）分支的区别

在本实验中使用了 merge 和 rebase 来合并分支，有些读者可能有些迷惑。

```
$ git merge master
$ git rebase master
```

上述两个命令都是将主分支合并到当前分支，结果有什么不同呢？

我们假设一个 git 仓库里有一个主分支，还有一个 dev 分支，如图 2.9 所示。

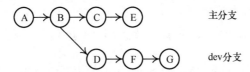

图2.9 执行合并分支之前

每个节点的提交时间如表 2.8 所示。

表 2.8 节点提交时间表

节 点	提 交 时 间
A	1号
B	2号
C	3号
D	4号
E	5号
F	6号
G	7号

在执行 git merge master 命令之后，dev 分支变成图 2.10 所示的结果。

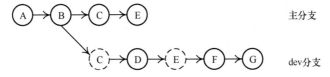

图2.10 执行git merge master合并之后的结果

71

我们可以看到执行 git merge master 命令之后，dev 分支上的提交都是基于时间轴来合并的。执行 git rebase master 命令之后，dev 分支变成图 2.11 所示的结果。

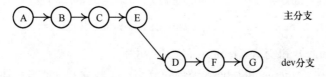

图2.11　执行git rebase master合并之后的结果

git rebase 命令用来改变一串提交基于哪个分支，如 git rebase master 就是把 dev 分支的 D、F 和 G 这 3 个提交基于最新的主分支上，也就是基于 E 这个提交之上。git rebase 的一个常见用途是保持你正在开发的分支（如 dev 分支）相对于另一个分支（如主分支）是最新的。

merge 和 rebase 命令都是用来合并分支，那分别在什么时候用呢？

❑　当你需要合并别人的修改，可以考虑使用 merge 命令，如项目管理上需要合并其他开发者的分支。

❑　当你的开发工作或者提交的补丁需要基于某个分支之上，就用 rebase 命令，如给 Linux 内核社区提交补丁。

第**3**章
内核编译和调试

在学习内核之前，我们很有必要去搭建一个内核编译和调试的环境，并掌握内核开发的基本工具和流程。

在很多嵌入式开发的书籍中，都会以某一款嵌入式开发板为蓝本来介绍嵌入式 Linux 内核和驱动开发的工具和流程。嵌入式开发板通常需要用户额外付费，从几百元到几千元不等。作为 Linux 的初学者，是否需要一款开发板才能开始学习呢？答案是否定的。我们可以利用开源社区开发的模拟器来模拟开发板的功能，而且这是免费的，可以减少学习者的经济负担。

那么什么时候才真正需要一款开发板呢？当你在实际的项目开发中需要做一些原型验证时，就需要根据项目的实际需求来选择合适的 CPU 和外围硬件，这就是选型。在项目初期，大部分精力都集中在项目的可行性论证上，而不是去做一款硬件板子，所以这时就体现出开发板的作用了。

本章将在优麒麟 Linux 18.04 上使用 QEMU 模拟器来介绍如何搭建内核编译和调试的环境。

3.1 内核配置

3.1.1 内核配置工具

做内核开发的第一步是配置和编译内核，Linux 内核提供几种图形化的配置方式。

（1）make config

这是基于文本的一种传统的配置方式。它会为内核支持的每一个特性向用户提问，如果用户输入"y"，则把该特性编译进内核；如果输入"m"，则把该特性变成以模块；如果输入为"n"，则表示不编译该特性，如图 3.1 所示。

（2）make oldconfig

make oldconfig 和 make config 很类似，也是基于文本的配置工具，只不过它是在现有的内核配置文件的基础上建立一个新的配置文件，在有新的配置选项时会向用户提问。

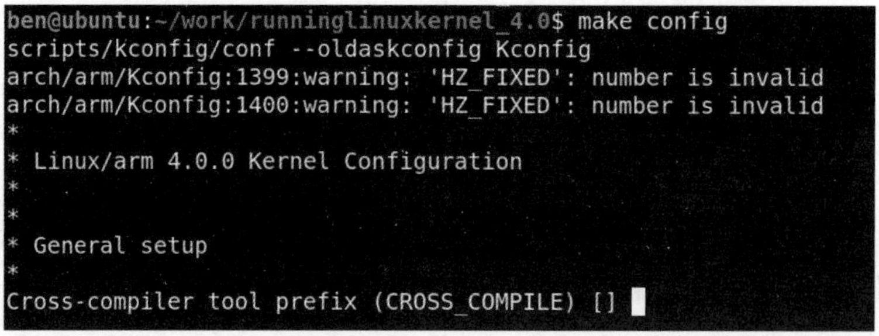

```
ben@ubuntu:~/work/runninglinuxkernel_4.0$ make config
scripts/kconfig/conf --oldaskconfig Kconfig
arch/arm/Kconfig:1399:warning: 'HZ_FIXED': number is invalid
arch/arm/Kconfig:1400:warning: 'HZ_FIXED': number is invalid
*
* Linux/arm 4.0.0 Kernel Configuration
*
*
* General setup
*
Cross-compiler tool prefix (CROSS_COMPILE) []
```

图3.1 make config

（3）make menuconfig

make menuconfig 是一种基于文本模式的图形用户界面，用户可以通过移动光标来浏览内核支持的特性，如图 3.2 所示。

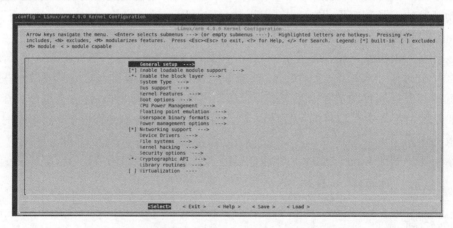

图3.2 make menuconfig

3.1.2 .config 文件

上述几种内核内置工具最终会在 Linux 内核源代码的根目录下生成一个隐藏文件，即.config 文件，这个文件包含了内核的所有配置信息。下面是一个.config 文件的例子。

```
#
# Automatically generated file; DO NOT EDIT.
# Linux/arm 4.0.0 Kernel Configuration
#
CONFIG_ARM=y
CONFIG_ARM_HAS_SG_CHAIN=y
CONFIG_MIGHT_HAVE_PCI=y
CONFIG_SYS_SUPPORTS_APM_EMULATION=y
CONFIG_HAVE_PROC_CPU=y
```

```
CONFIG_NO_IOPORT_MAP=y
CONFIG_STACKTRACE_SUPPORT=y
CONFIG_LOCKDEP_SUPPORT=y
# CONFIG_CGROUP_FREEZER is not set
```

.config 文件的每个配置选项都以"CONFIG_"字段开始，后面的 y 表示内核会把这个特性静态编译进内核，m 表示这个特性会被编译成内核模块。如果不需要编译到内核中，就要在前面使用"#"注释，并在后面用"is not set"来标识。

.config 文件通常有几千行，每一行都通过手工输入显得不现实。那么实际项目中如何生成这个.config 文件呢？

（1）使用板级的配置文件

一些芯片公司通常会提供基于某款 SoC 芯片的开发板，读者可以基于此开发板来快速开发产品原型。芯片公司同时会提供板级开发板包，其中包含移植好的 Linux 内核。以 ARM 公司的 Vexpress 板子为例，该板子对应 Linux 内核的配置文件被放在 arch/arm/configs 目录中。如图 3.3 所示，arch/arm/configs 目录下包含了众多的 ARM 板子的配置文件。

图3.3 config文件

ARM Vexpress 板子对应的 config 配置文件是 vexpress_defconfig 文件，可以通过下面命令来配置内核。

```
$ export ARCH=arm
$ export CROSS_COMPILE=arm-linux-gnueabi-
$ make vexpress_defconfig
```

（2）使用系统的配置文件

当我们需要编译电脑中的 Linux 系统内核时，可以使用系统自带的 config 文件。以优麒麟 18.04 系统为例，boot 目录下面有一个 config-4.15.0-22-generic 文件，如图 3.4 所示。

当我们想编译一个新内核（如 Linux 4.17 内核）时，可以通过如下命令来生成一个新的.config 文件。

```
$ cd linux-4.17
$ cp /boot/config-4.15.0-22-generic ./.config
```

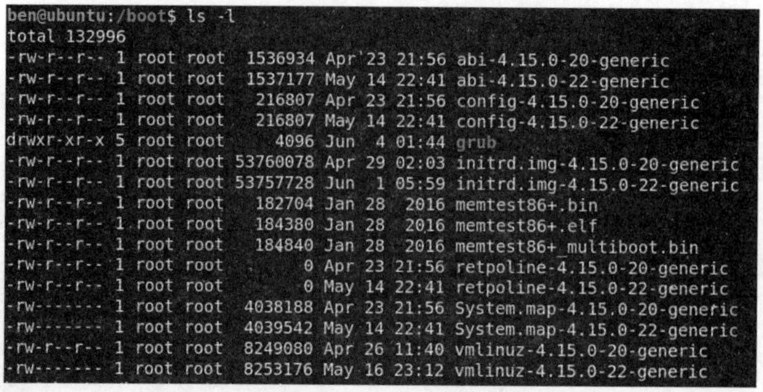
```
ben@ubuntu:/boot$ ls -l
total 132996
-rw-r--r-- 1 root root  1536934 Apr 23 21:56 abi-4.15.0-20-generic
-rw-r--r-- 1 root root  1537177 May 14 22:41 abi-4.15.0-22-generic
-rw-r--r-- 1 root root   216807 Apr 23 21:56 config-4.15.0-20-generic
-rw-r--r-- 1 root root   216807 May 14 22:41 config-4.15.0-22-generic
drwxr-xr-x 5 root root     4096 Jun  4 01:44 grub
-rw-r--r-- 1 root root 53760078 Apr 29 02:03 initrd.img-4.15.0-20-generic
-rw-r--r-- 1 root root 53757728 Jun  1 05:59 initrd.img-4.15.0-22-generic
-rw-r--r-- 1 root root   182704 Jan 28  2016 memtest86+.bin
-rw-r--r-- 1 root root   184380 Jan 28  2016 memtest86+.elf
-rw-r--r-- 1 root root   184840 Jan 28  2016 memtest86+_multiboot.bin
-rw-r--r-- 1 root root        0 Apr 23 21:56 retpoline-4.15.0-20-generic
-rw-r--r-- 1 root root        0 May 14 22:41 retpoline-4.15.0-22-generic
-rw------- 1 root root  4038188 Apr 23 21:56 System.map-4.15.0-20-generic
-rw------- 1 root root  4039542 May 14 22:41 System.map-4.15.0-22-generic
-rw-r--r-- 1 root root  8249080 Apr 26 11:40 vmlinuz-4.15.0-20-generic
-rw------- 1 root root  8253176 May 16 23:12 vmlinuz-4.15.0-22-generic
```

图3.4　boot目录

3.2　实验 1：通过 QEMU 调试 ARM Linux 内核

1．实验目的

熟悉如何使用 QEMU 调试 Linux 内核。

2．实验详解

（1）内核调试

在做本实验之前，请完成第 1 章中实验 4 的内容。

安装 gdb-multiarch 工具，顾名思义，它是支持多种硬件体系架构的 GDB 版本。

```
$ sudo apt-get install gdb-multiarch
```

首先要确保编译的内核包含调试信息。

```
Kernel hacking --->
Compile-time checks and compiler options --->
 [*] Compile the kernel with debug info
```

重新编译内核，在超级终端中输入如下内容。

```
$ qemu-system-arm -nographic -M vexpress-a9  -m 1024M -kernel arch/arm/boot/
zImage  -append "rdinit=/linuxrc console=ttyAMA0 loglevel=8" -dtb arch/arm/
boot/dts/vexpress-v2p-ca9.dtb -S -s
```

- -S：表示 QEMU 虚拟机会冻结 CPU，直到远程的 GDB 输入相应的控制命令。
- -s：表示在 1234 端口接受 GDB 的调试连接。

然后在另一个超级终端中启动 GDB。

```
$ cd linux-4.0
$ gdb-multiarch --tui vmlinux
(gdb) set architecture arm                <= 设置GDB为ARM架构
(gdb) target remote localhost:1234        <= 通过1234端口远程连接到QEMU平台
```

```
(gdb) b start_kernel                    <= 在内核的start_kernel处设置断点
(gdb) c
```

如图 3.5 所示，GDB 开始接管 ARM-Linux 内核运行，并且到断点处暂停，这时即可使用 GDB 命令来调试内核。

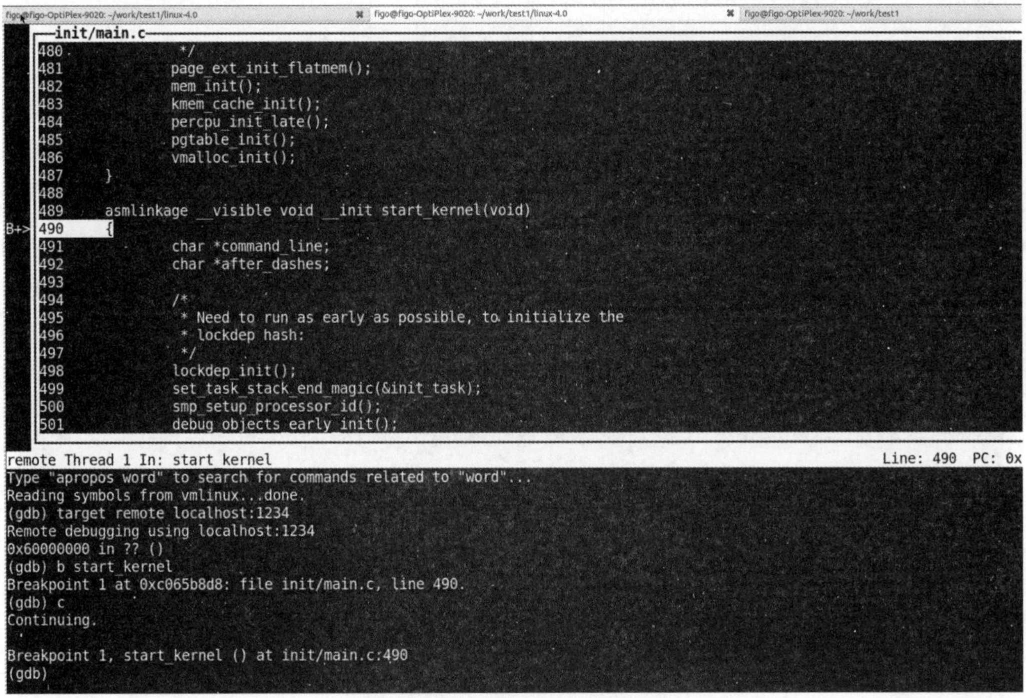

图3.5　GDB调试内核

（2）基于 runninglinuxkernel 的内核

读者可能发现，GDB 在单步调试内核时会出现光标乱跳，并且无法打印有些变量的值（例如出现<optimized out>）等问题，其实这不是 GDB 或 QEMU 的问题。这是因为内核编译的默认优化选项是 O2，因此如果不希望光标乱跳，可以尝试 runninglinuxkernel 的内核，该内核提供基于 O0 来编译内核，也就是关闭了 GCC 的所有优化选项。

下面的内容是基于第 1 章中实验 3 的，请先完成上述实验。使用 runninglinuxkernel 的内核可以通过 run.sh 脚本来启动 QEMU 的调试功能。

```
$ ./run.sh arm32 debug
```

接下来在另一个超级终端中启动 GDB 来进行内核调试。

3.3　实验 2：通过 QEMU 调试 ARMv8 的 Linux 内核

1. 实验目的

熟悉如何使用 QEMU 调试 ARMv8 的 Linux 内核。

2. 实验详解

优麒麟 Linux 系统的 QEMU 工具包里包含了 qemu-system-aarch64 工具。安装如下工具包。

```
$sudo apt-get install gcc-aarch64-linux-gnu gcc-5-aarch64-linux-gnu
```

在优麒麟 Linux 系统中默认安装的 ARM64 版本 GCC 工具是 7.x 版本的，但是编译 Linux 4.0 内核需要使用 5.x 版本的 GCC 工具。因此，这里我们使用 update-alternatives 工具来切换 GCC 的版本，具体方法如下所示。

```
1) 设置gcc-5版本
$ sudo update-alternatives --install /usr/bin/aarch64-linux-gnu-gcc
aarch64-linux-gnu-gcc /usr/bin/ aarch64-linux-gnu-gcc-5 5

2) 设置gcc-7版本
$ sudo update-alternatives --install /usr/bin/aarch64-linux-gnu-gcc
aarch64-linux-gnu-gcc /usr/bin/ aarch64-linux-gnu-gcc-7 7

3) 选择使用gcc-5版本
$ sudo update-alternatives --config aarch64-linux-gnu-gcc
```

检查 aarch64-linux-gnu-gcc 版本是否为 gcc-5 版本。

```
$ aarch64-linux-gnu-gcc -v
Using built-in specs.
COLLECT_GCC=aarch64-linux-gnu-gcc
COLLECT_LTO_WRAPPER=/usr/lib/gcc-cross/aarch64-linux-gnu/5/lto-wrapper
Target: aarch64-linux-gnu
Configured with: ../src/configure -v --with-pkgversion='Ubuntu/Linaro
5.5.0-12ubuntu1' --with-bugurl=file:///usr/share/doc/gcc-5/README.Bugs
--enable-languages=c,ada,c++,go,d,fortran,objc,obj-c++ --prefix=/usr
--program-suffix=-5 --enable-shared --enable-linker-build-id
--libexecdir=/usr/lib --without-included-gettext --enable-threads=posix
--libdir=/usr/lib --enable-nls --with-sysroot=/ --enable-clocale=gnu
--enable-libstdcxx-debug --enable-libstdcxx-time=yes
--with-default-libstdcxx-abi=new --enable-gnu-unique-object
--disable-libquadmath --enable-plugin --enable-default-pie
--with-system-zlib --enable-multiarch --enable-fix-cortex-a53-843419
--disable-werror --enable-checking=release --build=x86_64-linux-gnu
--host=x86_64-linux-gnu --target=aarch64-linux-gnu
--program-prefix=aarch64-linux-gnu-
--includedir=/usr/aarch64-linux-gnu/include
Thread model: posix
gcc version 5.5.0 20171010 (Ubuntu/Linaro 5.5.0-12ubuntu1)
```

同样需要编译和制作一个基于 aarch64 架构的最小文件系统，可以参照第 1 章中实验 3 的做法，只是编译环境变量不同。

```
$ export ARCH=arm64
$ export CROSS_COMPILE=aarch64-linux-gnu-
```

下面开始编译内核，依然采用 linux-4.0 内核。

```
$ cd linux-4.0
$ export ARCH=arm64
$ export CROSS_COMPILE= aarch64-linux-gnu-
$ make menuconfig
```

依然采用 initramfs 方式来加载最小文件系统。假设编译的最小文件系统放在 Linux 4.0 根目录下，文件目录为_install_arm64，以区别之前编译的 arm32 的最小文件系统。设置页的大小为 4KB，系统的总线位宽为 48bit。

```
General setup  --->
    [*] Initial RAM filesystem and RAM disk (initramfs/initrd) support
        (_install_arm64) Initramfs source file(s)

Boot options  -->
    ()Default kernel command string

Kernel Features  --->
    Page size (4KB)  --->
        Virtual address space size (48-bit)  --->
```

输入 make –j4 开始编译内核。

运行 QEMU 来模拟 2 核 Cortex-A57 开发平台。

```
$ qemu-system-aarch64 -machine virt -cpu cortex-a57 -machine type=virt
-nographic -m 2048 -smp 2 -kernel arch/arm64/boot/Image --append "rdinit=/
linuxrc console=ttyAMA0"
```

运行结果如下（删掉部分信息）。

```
Booting Linux on physical CPU 0x0
Initializing cgroup subsys cpu
Linux version 4.0.0 (figo@figo-OptiPlex-9020) (gcc version 4.9.1 20140529
(prerelease) (crosstool-NG linaro-1.13.1-4.9-2014.08 - Linaro GCC
4.9-2014.08) ) #3 SMP PREEMPT Mon Jun 27 02:44:27 CST 2016
CPU: AArch64 Processor [411fd070] revision 0
Detected PIPT I-cache on CPU0
efi: Getting EFI parameters from FDT:
efi: UEFI not found.
cma: Reserved 16 MiB at 0x00000000bf000000
On node 0 totalpages: 524288
  DMA zone: 8192 pages used for memmap
  DMA zone: 0 pages reserved
  DMA zone: 524288 pages, LIFO batch:31
psci: probing for conduit method from DT.
psci: PSCIv0.2 detected in firmware.
```

```
psci: Using standard PSCI v0.2 function IDs
PERCPU: Embedded 14 pages/cpu @ffff80007efcb000 s19456 r8192 d29696 u57344
pcpu-alloc: s19456 r8192 d29696 u57344 alloc=14*4096
pcpu-alloc: [0] 0 [0] 1
Built 1 zonelists in Zone order, mobility grouping on.  Total pages: 516096
Kernel command line: rdinit=/linuxrc console=ttyAMA0 debug
PID hash table entries: 4096 (order: 3, 32768 bytes)
Dentry cache hash table entries: 262144 (order: 9, 2097152 bytes)
Inode-cache hash table entries: 131072 (order: 8, 1048576 bytes)
software IO TLB [mem 0xb8a00000-0xbca00000] (64MB) mapped at
[ffff800078a00000-ffff80007c9fffff]
Memory: 1969604K/2097152K available (5125K kernel code, 381K rwdata, 1984K
rodata, 1312K init, 205K bss, 111164K reserved, 16384K cma-reserved)
Virtual kernel memory layout:
    vmalloc : 0xffff000000000000 - 0xffff7bffbfff0000   (126974 GB)
    vmemmap : 0xffff7bffc0000000 - 0xffff7fffc0000000   (  4096 GB maximum)
          0xffff7bffc1000000 - 0xffff7bffc3000000   (    32 MB actual)
    fixed   : 0xffff7ffffabfe000 - 0xffff7ffffac00000   (     8 KB)
    PCI I/O : 0xffff7ffffae00000 - 0xffff7ffffbe00000   (    16 MB)
    modules : 0xffff7ffffc000000 - 0xffff800000000000   (    64 MB)
    memory  : 0xffff800000000000 - 0xffff800080000000   (  2048 MB)
    .init   : 0xffff800000774000 - 0xffff8000008bc000   (  1312 KB)
    .text   : 0xffff800000080000 - 0xffff8000007734e4   (  7118 KB)
    .data   : 0xffff8000008c0000 - 0xffff80000091f400   (   381 KB)
SLUB: HWalign=64, Order=0-3, MinObjects=0, CPUs=2, Nodes=1
Preemptible hierarchical RCU implementation.
    Additional per-CPU info printed with stalls.
    RCU restricting CPUs from NR_CPUS=64 to nr_cpu_ids=2.
RCU: Adjusting geometry for rcu_fanout_leaf=16, nr_cpu_ids=2
NR_IRQS:64 nr_irqs:64 0
GICv2m: Node v2m: range[0x8020000:0x8020fff], SPI[80:144]
Architected cp15 timer(s) running at 62.50MHz (virt).
sched_clock: 56 bits at 62MHz, resolution 16ns, wraps every 2199023255552ns
Console: colour dummy device 80x25
Calibrating delay loop (skipped), value calculated using timer frequency..
125.00 BogoMIPS (lpj=625000)
pid_max: default: 32768 minimum: 301
Security Framework initialized
Mount-cache hash table entries: 4096 (order: 3, 32768 bytes)
Mountpoint-cache hash table entries: 4096 (order: 3, 32768 bytes)
Initializing cgroup subsys memory
Initializing cgroup subsys hugetlb
hw perfevents: no hardware support available
EFI services will not be available.
CPU1: Booted secondary processor
Detected PIPT I-cache on CPU1
Brought up 2 CPUs
SMP: Total of 2 processors activated.
devtmpfs: initialized
DMI not present or invalid.
NET: Registered protocol family 16
cpuidle: using governor ladder
cpuidle: using governor menu
vdso: 2 pages (1 code @ ffff8000008c5000, 1 data @ ffff8000008c4000)
hw-breakpoint: found 6 breakpoint and 4 watchpoint registers.
DMA: preallocated 256 KiB pool for atomic allocations
Freeing unused kernel memory: 1312K (ffff800000774000 - ffff8000008bc000)
Freeing alternatives memory: 8K (ffff8000008bc000 - ffff8000008be000)
```

```
Please press Enter to activate this console.
/ #
```

3.4 实验3：通过 Eclipse+QEMU 单步调试内核

1．实验目的
熟悉如何使用 Eclipse+QEMU 以图形方式单步调试 Linux 内核。

2．实验详解
本章实验 1 介绍了如何使用 GDB 和 QEMU 调试 Linux 内核源代码。由于 GDB 是命令行的方式，可能有些读者希望在 Linux 中能有类似 Virtual C++图形化的开发工具。这里介绍使用 Eclipse 工具来调试内核。Eclipse 是著名的跨平台的开源集成开发环境（IDE），最初主要用于 JAVA 语言开发，目前可以支持 C/C++、Python 等多种开发语言。Eclipse 最初由 IBM 公司开发，2001 年被贡献给开源社区，目前很多集成开发环境都是基于 Eclipse 完成的。

（1）安装 Eclipse-CDT 软件

Eclipse-CDT 是 Eclipse 的一个插件，可以提供强大的 C/C++编译和编辑功能。

```
$ sudo apt install eclipse-cdt①
```

打开 Eclipse 菜单，选择"Help"→"About Eclipse"，可以看到当前软件的版本，如图 3.6 所示。

图3.6　Eclipse CDT版本

---

① 截至 2018 年 6 月，Ubuntu 18.04 系统默认安装的 Eclipse CDT 工具不能运行，读者可以到 Eclipse CDT 官网上直接下载 Oxygen.3 版本 x86_64 的 Linux 版本压缩包，解压并打开二进制文件即可。

（2）创建工程

打开 Eclipse 菜单，选择"Window"→"Open Perspective"→"C/C++"。新建一个 C/C++ 的 Makefile 工程，在"File"→"New"→"Project"中选择"Makefile Project with Exiting Code"，创建一个新的工程，如图 3.7 所示。

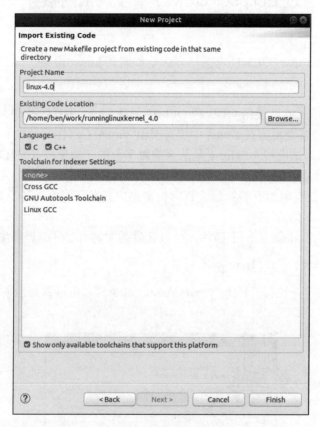

图3.7 创建工程

接下来配置调试选项。选择 Eclipse 菜单中的"Run"→"Debug Configurations"选项，创建一个"C/C++ Attach to Application"调试选项。

- ❑ Project：选择刚才创建的工程。
- ❑ C/C++ Appliction：选择编译 Linux 内核带符号表信息的 vmlinux。
- ❑ Build befor launching：选择"Disable auto build"，如图 3.8 所示。
- ❑ Debugger：选择 gdbserver。
- ❑ GDB debugger：填入 gdb-multiarch，如图 3.9 所示。
- ❑ Host name or IP addrss：填入 localhost。
- ❑ Port number：填入 1234。

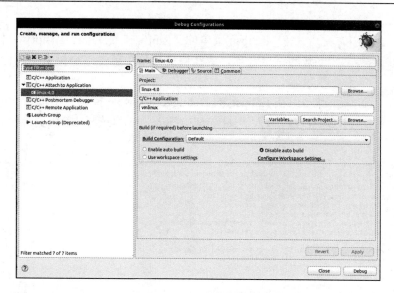

图3.8 debug配置选项

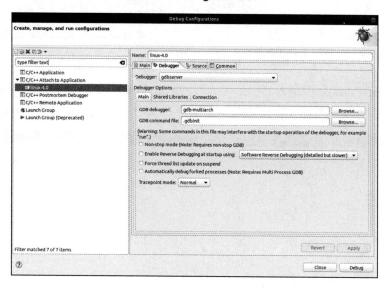

图3.9 debugger配置

调试选项设置完成后，单击"Debug"按钮。

在优麒麟 Linux 的一个终端中先打开 QEMU。为了调试方便，这里没有指定多个 CPU，而是单个 CPU。

```
$ qemu-system-arm -nographic -M vexpress-a9  -m 1024M -kernel
arch/arm/boot/zImage  -append "rdinit=/linuxrc console=ttyAMA0 loglevel=8"
-dtb arch/arm/boot/dts/vexpress-v2p-ca9.dtb -S -s
```

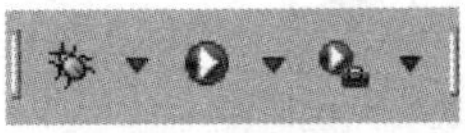

图3.10　“小昆虫”图标

在 Eclipse 菜单的“Run”→“Debug History”中选择刚才创建的调试选项，或在快捷菜单中单击“小昆虫”图标，如图 3.10 所示。

在 Eclipse 的 Debugger Console 控制台中输入“file vmlinux”命令，导入调试文件的符号表；输入“set architecture arm”选择 GDB 支持的 ARM 架构，如图 3.11 所示。

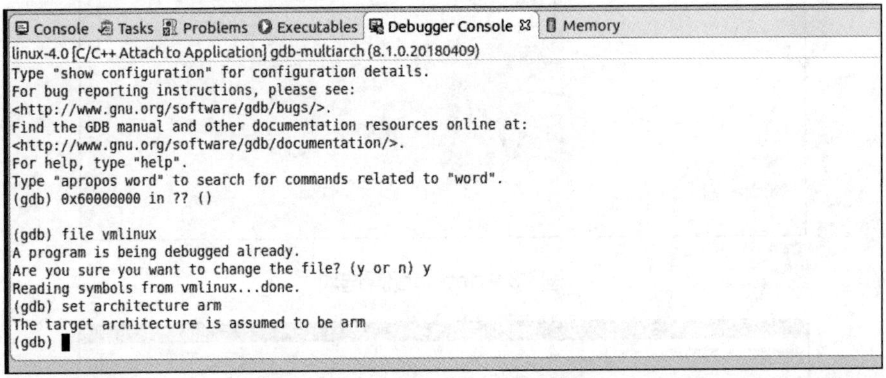

Console
Tasks
Problems
Executables
Debugger Console
Memory
linux-4.0 [C/C++ Attach to Application] gdb-multiarch (8.1.0.20180409)
Type "show configuration" for configuration details.
For bug reporting instructions, please see:
<http://www.gnu.org/software/gdb/bugs/>.
Find the GDB manual and other documentation resources online at:
<http://www.gnu.org/software/gdb/documentation/>.
For help, type "help".
Type "apropos word" to search for commands related to "word".
(gdb) 0x60000000 in ?? ()
(gdb) file vmlinux
A program is being debugged already.
Are you sure you want to change the file? (y or n) y
Reading symbols from vmlinux...done.
(gdb) set architecture arm
The target architecture is assumed to be arm
(gdb)

图3.11　Debugger Console控制台

在 Debugger Console 中输入“b do_fork”，在 do_fork 函数中设置一个断点。输入“c”命令，开始运行 QEMU 中的 Linux 内核，它会停在 do_fork 函数中，如图 3.12 所示。

eclipse-workspace - linux-4.0/kernel/fork.c - Eclipse
(gdb) file vmlinux
A program is being debugged already.
Are you sure you want to change the file? (y or n) y
Reading symbols from vmlinux...done.
(gdb) set architecture arm
The target architecture is assumed to be arm
(gdb) b do_fork
Breakpoint 1 at 0xc0043ba0: file kernel/fork.c, line 1638.
(gdb) c
Continuing.

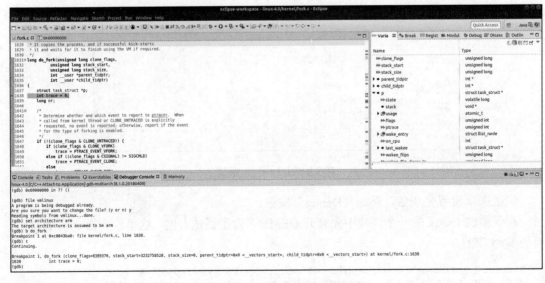

图3.12　Eclipse调试内核

　　Eclipse 调试内核比使用 GDB 命令要直观很多，例如参数、局部变量和数据结构的值都会自动显示在"Variables"标签卡上，不需要每次都使用 GDB 的打印命令才能看到变量的值。读者可以单步并且直观地调试内核。

3.5　实验 4：在 QEMU 中添加文件系统的支持

1．实验目的
熟悉如何在 QEMU 中添加文件系统的支持。

2．实验详解
在优麒麟 Linux 中创建一个 64MB 的镜像（image）。

```
$ dd if=/dev/zero of=swap.img bs=512 count=131072 <=这里使用dd命令
```

　　然后通过 SD 卡的方式加载 swap.img 到 QEMU 中。

```
$ qemu-system-arm -nographic -M vexpress-a9  -m 64M -kernel
arch/arm/boot/zImage  -append "rdinit=/linuxrc console=ttyAMA0 loglevel=8"
-dtb arch/arm/boot/dts/vexpress-v2p-ca9.dtb -sd swap.img
[…]
# mkswap /dev/mmcblk0   <=第一次需要格式化swap分区
# swapon /dev/mmcblk0    <= 使能swap分区
# free
             total       used        free       shared     buffers
Mem:       1026368        9844     1016524         1360           4
-/+ buffers:            9840     1016528
Swap:        65532           0        65532     <= 可以看到swap分区已经工作了
```

　　下面创建一个 ext4 文件系统分区。先在 Ubuntu 中创建一个 64MB 大小的镜像，方法同上。

```
$ dd if=/dev/zero of=ext4.img bs=512 count=131072 <=创建一个镜像
$ mkfs.ext4 ext4.img  <=格式化ext4.img成ext4格式
```

　　挂载 ext4 文件系统需要打开如下配置的选项。

```
[arch/arm/configs/vexpress_defconfig]
CONFIG_LBDAF=y
CONFIG_EXT4_FS=y
```

　　重新编译内核，make vexpress_defconfig && make。

```
$ qemu-system-arm -nographic -M vexpress-a9  -m 1024M -kernel
arch/arm/boot/zImage  -append "rdinit=/linuxrc console=ttyAMA0 loglevel=8"
-dtb arch/arm/boot/dts/vexpress-v2p-ca9.dtb -sd ext4.img
[…]
# mount -t ext4 /dev/mmcblk0 /mnt/  <=挂载SD卡到/mnt目录
```

第4章
内核模块

Linux 内核采用宏内核架构，即操作系统的大部分功能都在内核中实现，比如进程管理、内存管理、进程调度、设备管理等，并且都在特权模式下（内核空间）运行。而与之相反的另一种流行的架构是微内核架构，它把操作系统最基本的功能放入内核中，而其他大部分的功能（如设备驱动等）都放到非特权模式下，这种架构有天生优越的动态扩展性。Linux 的这种宏内核可以理解为一个完全静态的内核，那如何实现运行时内核的动态扩展呢？

其实 Linux 内核在发展过程中很早就引入了内核模块这个机制，内核模块全称 Loadable Kernel Module（LKM）。在内核运行时加载一组目标代码来实现某个特定的功能，这样在实际使用 Linux 的过程中可以不需要重新编译内核代码来实现动态扩展。

Linux 内核通过内核模块来实现动态添加和删除某个功能。我们从学习如何写内核模块开始，深入内核的学习。

4.1 从一个内核模块开始

类似很多语言类的教材都从一个 "Hello world" 示例开始，我们也从一个简单的内核模块的例子入手。

```
<hello world 内核模块代码>

0    #include <linux/init.h>
1    #include <linux/module.h>
2
3    static int __init my_test_init(void)
4    {
5        printk("my first kernel module init\n");
6        return 0;
7    }
8
9    static void __exit my_test_exit(void)
10   {
11       printk("goodbye\n");
12   }
13
14   module_init(my_test_init);
15   module_exit(my_test_exit);
```

```
16
17    MODULE_LICENSE("GPL");
18    MODULE_AUTHOR("Ben Shushu");
19    MODULE_DESCRIPTION("my test kernel module");
20    MODULE_ALIAS("mytest");
```

这个简单的内核模块只有两个函数，一个是 my_test_init()函数，输出一句话"my first kernel module init"；另一个是 my_test_exit()函数，输出"goodbye"。麻雀虽小，五脏俱全，这是一个可以运行的内核模块。

第 0 行和第 1 行包含了两个 Linux 内核的头文件，其中<linux/init.h>头文件对应的是内核源代码的 include/linux/init.h 文件，在这个头文件中包含了第 14 行和第 15 行中的 module_init()和 module_exit()函数的声明。<linux/module.h>头文件对应的是内核源代码的 include/linux/module.h 文件，包含了第 17~20 行的 MODULE_AUTHOR()这些宏的声明。

第 14 行的 module_init()告诉内核这是该模块的入口。内核在各个模块初始化时有一个优先级顺序。对于驱动模块来说，它的优先级不是特别高，而且内核把所有模块的初始化函数都存放在一个特别的段中来管理。

第 15 行的 module_exit()宏告诉内核这个模块的退出函数是 my_test_exit()。

第 3~7 行是该内核模块初始化函数，我们在这个例子中仅仅用 printk 输出函数往终端中输出一句话。printk 是类似 C 语言库中的 printf()输出函数，但是它增加了输出级别的支持。这个函数在内核模块被加载时运行，可以使用 insmod 命令来加载一个内核模块。

第 9~12 行是该内核模块的退出函数，在这个例子中我们也仅仅用 printk 输出一句话，标记卸载了该模块，可以使用 rmmod 命令卸载一个内核模块。

第 17~20 行，MODULE_LICENSE()表示这个模块代码接受的软件许可协议。Linux 内核是一个使用 GPL V2 的开源项目，这要求所有使用和修改了 Linux 内核源代码的个人或者公司都有义务把修改后的源代码公开，也就是一个强制的开源协议，因此一般我们编写的驱动代码中都需要显式地申明和遵循这个协议。

MODULE_AUTHOR()用来描述该模块的作者信息，可以包括作者的姓名和邮箱等。MODULE_DESCRIPTION()用来简单描述该模块的用途或者功能介绍。MODULE_ALIAS()为用户空间提供一个合适的别名。

下面我们来看如何编译这个内核模块。在优麒麟 Linux 上编译该内核模块，下面是编写内核模块的 Makefile 文件。

```
<Makefile文件>
0     BASEINCLUDE ?= /lib/modules/`uname -r`/build
1
2     mytest-objs := my_test.o
3     obj-m    :=   mytest.o
4
5     all :
6     $(MAKE) -C $(BASEINCLUDE) M=$(PWD) modules;
7
```

```
8     clean:
9     $(MAKE) -C $(BASEINCLUDE) SUBDIRS=$(PWD) clean;
10    rm -f *.ko;
```

第 0 行的 BASEINCLUDE 指向正在运行 Linux 的内核编译目录，对于编译优麒麟 Linux 中运行的内核模块，我们需要指定到当前系统对应的内核中。一般来说，Linux 系统的内核模块都会安装到/lib/modules 这个目录下，通过"uname -r"命令可以找到对应的内核版本。

```
$ uname -r
4.15.0-20-generic

$ cd /lib/modules/4.15.0-20-generic/
$ ls -l
total 5264
lrwxrwxrwx  1 root root      40 Apr 28 06:00 build ->
/usr/src/linux-headers-4.15.0-20-generic
drwxr-xr-x  2 root root    4096 Apr 23 21:56 initrd
drwxr-xr-x 15 root root    4096 Apr 26 11:22 kernel
-rw-r--r--  1 root root 1253762 Apr 28 20:49 modules.alias
-rw-r--r--  1 root root 1235639 Apr 28 20:49 modules.alias.bin
-rw-r--r--  1 root root    7594 Apr 23 21:56 modules.builtin
-rw-r--r--  1 root root    9600 Apr 28 20:49 modules.builtin.bin
-rw-r--r--  1 root root  552117 Apr 28 20:49 modules.dep
-rw-r--r--  1 root root  780401 Apr 28 20:49 modules.dep.bin
-rw-r--r--  1 root root     317 Apr 28 20:49 modules.devname
-rw-r--r--  1 root root  206162 Apr 23 21:56 modules.order
-rw-r--r--  1 root root     515 Apr 28 20:49 modules.softdep
-rw-r--r--  1 root root  589679 Apr 28 20:49 modules.symbols
-rw-r--r--  1 root root  719498 Apr 28 20:49 modules.symbols.bin
drwxr-xr-x  3 root root    4096 Apr 26 11:22 vdso
```

首先通过"uname -r"来查看当前系统的内核，比如我的系统里面装了 4.15.0-20-generic 的内核版本，这个内核版本的头文件放在/usr/src/linux-headers-4.15.0-20-generic 目录中。

第 2 行表示该内核模块需要哪些目标文件，格式是：

```
<模块名>-objs := <目标文件>.o
```

第 3 行表示要生成的模块。注意，模块名字不能和目标文件名相同。

```
格式是：obj-m :=<模块名>.o
```

第 5~6 行表示要编译执行的动作。
第 8~10 行表示执行 make clean 需要的动作。
然后在终端中输入 make 命令来执行编译。

```
$ make
```

编译完成之后会生成 mytest.ko 文件。

```
$ ls
Makefile modules.order Module.symvers my_test.c mytest.ko
```

```
mytest.mod.c  mytest.mod.o  my_test.o  mytest.o
```

我们可以通过 file 命令检查编译的模块是否正确，可以看到变成 x86-64 架构的 ELF 文件，说明已经编译成功了。

```
$file mytest.ko
mytest.ko: ELF 64-bit LSB relocatable, x86-64, version 1 (SYSV),
BuildID[sha1]=57aa8267c3049e08ac8f7e47b4e378c284c8d5c3, not stripped
```

另外，也可以通过 modinfo 命令进一步做检查。

```
$modinfo mytest.ko
filename:      /home/figo/work/
runninglinuxkernel_4.0/module_test/module_test_case/simple_module/mytest.ko
alias:         mytest
description:    my test kernel module
author:        Ben Shushu
license:       GPL
srcversion:    BE0A0951E6B195A8836CB99
depends:
retpoline:     Y
name:          mytest
vermagic:      4.15.0-20-generic SMP mod_unload modversions
```

接下来就可以在优麒麟 Linux 机器上验证我们的内核模块了。

```
$sudo insmod mytest.ko
```

你会发现没有输出，别着急，因为例子中的输出函数 printk()的默认输出等级，可以使用 dmesg 命令查看内核的打印信息。

```
$dmesg
…
[258.575353] my first kernel module init
```

另外，你可以通过 lsmod 命令查看当前 mytest 模块是否已经被加载到系统中，它会显示模块之间的依赖关系。

```
$ lsmod
Module              Size  Used by
mytest              16384  0
bnep                24576  2
xt_CHECKSUM         16384  1
```

加载模块之后，系统会在/sys/modules 目录下新建一个目录，比如对于 mytest 模块会建一个名为 mytest 的目录。

```
figo@figo-OptiPlex-9020:/sys/module/mytest$ tree  -a
.
├── coresize
├── holders
├── initsize
├── initstate
```

```
│   ├── notes
│   │   └── .note.gnu.build-id
│   ├── refcnt
│   ├── sections
│   │   ├── .exit.text
│   │   ├── .gnu.linkonce.this_module
│   │   ├── .init.text
│   │   ├── __mcount_loc
│   │   ├── .note.gnu.build-id
│   │   ├── .orc_unwind
│   │   ├── .orc_unwind_ip
│   │   ├── .rodata.str1.1
│   │   ├── .strtab
│   │   └── .symtab
│   ├── srcversion
│   ├── taint
│   └── uevent

3 directories, 18 files
figo@figo-OptiPlex-9020:/sys/module/mytest$
```

如果需要卸载模块，可以通过 rmmod 命令来实现。

最后总结一下 Linux 内核模块的结构。

❏　模块加载函数：加载模块时，该函数会被自动执行，通常做一些初始化工作。

❏　模块卸载函数：卸载模块时，该函数也会被自动执行，做一些清理工作。

❏　模块许可声明：内核模块必须声明许可证，否则内核会发出被污染的警告。

❏　模块参数：根据需求来添加，为可选项。

❏　模块作者和描述声明：一般都需要完善这些信息。

❏　模块导出符号：根据需求来添加，为可选项。

4.2　模块参数

内核模块作为一个可扩展的动态模块，为 Linux 内核提供了灵活性。但是有时我们需要根据不同的应用场景给内核模块传递不同的参数，Linux 内核提供一个宏来实现模块的参数传递。

```
#define module_param(name, type, perm)                    \
    module_param_named(name, name, type, perm)

#define MODULE_PARM_DESC(_parm, desc) \
    __MODULE_INFO(parm, _parm, #_parm ":" desc)
```

module_param()宏由 3 个参数组成，name 表示参数名，type 表示参数类型，perm 表示参数的读写等权限。MODULE_PARM_DESC()宏为这个参数的简单说明，参数类型可以是

byte、short、ushort、int、uint、long、ulong、char 和 bool 等类型。perm 指定在 sysfs 中相应文件的访问权限，如设置为 0 表示不会出现在 sysfs 文件系统中；如设置成 S_IRUGO（0444）可以被所有人读取，但是不能修改；如设置成 S_IRUGO|S_IWUSR（0644），说明可以让 root 权限的用户修改这个参数。

下面是 Linux 内核中的一个例子。

```
<driver/misc/altera-stapl/altera.c>

static int debug = 1;
module_param(debug, int, 0644);
MODULE_PARM_DESC(debug, "enable debugging information");

#define dprintk(args...) \
    if (debug) { \
        printk(KERN_DEBUG args); \
    }
```

这个例子定义了一个模块参数 debug，类型是 int，初始化值为 1，权限访问为 0644。也就是说 root 权限用户可以修改这个值，这个参数的用途是打开调试信息。其实这是一个比较常用的内核调试方法，可以通过模块参数使用调试功能。

下面这个例子定义了两个内核参数，一个是 debug，另一个是静态全局变量 mytest。

```
#include <linux/module.h>
#include <linux/init.h>

static int debug = 1;
module_param(debug, int, 0644);
MODULE_PARM_DESC(debug, "enable debugging information");

#define dprintk(args...) \
    if (debug) { \
        printk(KERN_DEBUG args); \
    }


static int mytest = 100;
module_param(mytest, int, 0644);
MODULE_PARM_DESC(mytest, "test for module parameter");

static int __init my_test_init(void)
{
    dprintk("my first kernel module init\n");
    dprintk("module parameter=%d\n", mytest);
    return 0;
}

static void __exit my_test_exit(void)
{
    printk("goodbye\n");
}

module_init(my_test_init);
module_exit(my_test_exit);
```

```
MODULE_LICENSE("GPL");
MODULE_AUTHOR("Ben Shushu");
MODULE_DESCRIPTION("kernel module parameter test");
MODULE_ALIAS("module paramter test");
```

编译和加载上面的模块之后，通过 dmesg 查看内核登录信息，会发现输出 mytest 的值为默认值。

```
$ dmesg

[554.418779] my first kernel module init
[554.418780] module parameter=100
```

当通过 "insmod mymodule.ko mytest=200" 命令来加载模块时，可以看到终端里输出为：

```
$dmesg

[559.093949] my first kernel module init
[559.093950] module parameter=200
```

还可以通过调试参数来关闭和打开调试信息。

在/sys/module/mymodule/parameters 目录下面可以看到新增的两个参数。

```
figo@figo-OptiPlex-9020:/sys/module/mymodule$ cd parameters/
figo@figo-OptiPlex-9020:/sys/module/mymodule/parameters$ ls
debug mytest
figo@figo-OptiPlex-9020:/sys/module/mymodule/parameters$ tree -a
.
├── debug
└── mytest

0 directories, 2 files
```

4.3 符号共享

我们在为一个设备编写驱动程序时，会把驱动按照功能分成好几个内核模块，这些内核模块之间有一些接口函数需要相互调用，这怎么实现呢？Linux 内核为我们提供两个宏来解决这个问题。

```
EXPORT_SYMBOL( )
EXPORT_SYMBOL_GPL( )
```

EXPORT_SYMBOL()把函数或者符号对全部内核代码公开，也就是将一个函数以符号的方式导出给内核中的其他模块使用。

其中，EXPORT_SYMBOL_GPL()只能包含 GPL 许可的模块，内核核心的大部分模块导出来的符号都是使用 GPL()这种形式的。如果要使用 EXPORT_SYMBOL_GPL()导出函数，那么需要显式地通过模块申明为 "GPL"，如 MODULE_LICENSE("GPL")。

内核导出的符号表可以通过/proc/kallsyms 来查看。

```
figo@figo-OptiPlex-9020:~$ cat /proc/kallsyms
ffffffffc03a5270 T acpi_video_get_edid  [video]
ffffffffc03a5810 T acpi_video_unregister    [video]
ffffffffc03a75a0 T acpi_video_get_backlight_type    [video]
ffffffffc03a7760 T acpi_video_set_dmi_backlight_type   [video]
ffffffffc03a7786 t acpi_video_detect_exit    [video]
ffffffffc03a5450 T acpi_video_register  [video]
```

其中，第 1 列显示的是该符号在内核地址空间的地址；第 2 列是符号属性，比如 T 表示该符号在 text 段中；第 3 列表示符号的字符串，也就是 EXPORT_SYMBOL()导出来的符号；第 4 列显示哪些内核模块在使用这些符号。

4.4 实验

4.4.1 实验 1：编写一个简单的内核模块

1. 实验目的
了解和熟悉编译一个基本的内核模块需要包含的元素。

2. 实验步骤
1）编写一个简单的内核模块程序。
2）编写对应的 Makefile 文件。
3）在优麒麟 Linux 机器上编译和加载运行该内核模块。
4）在 QEMU 上运行 ARM32 的 Linux 系统，编译该内核模块并运行。

编译一个在 ARM32 的 Linux 系统中运行的内核模块和之前我们介绍的 Ubuntu 的方法略有不同。Makefile 如下：

```
0    BASEINCLUDE ?= /home/ben/xxx/runninglinuxkernel-4.0
1
2    mytest-objs := my_test.o
3    obj-m   :=   mytest.o
4
5    all :
6    $(MAKE) -C $(BASEINCLUDE) M=$(PWD) modules;
7
8    clean:
9    $(MAKE) -C $(BASEINCLUDE) SUBDIRS=$(PWD) clean;
10   rm -f *.ko;
```

最大的不同就是第 0 行的 BASEINCLUDE 需要指定到编译 ARM32 的内核目录，并且该内核目录需要提前编译完成。以 vexpress 板子为例：

```
$ cd /home/ben/xxx/runninglinuxkernel-4.0 //进入runninglinuxkernel内核目录
$ export ARCH=arm
$ export CROSS_COMPILE=arm-linux-gnueabi-
$ make vexpress_defconfig
$ make -j4
```

内核编译完成支持就可以编译内核模块了，假设现在内核模块的目录叫作 simple_
module。

```
$ cd simple_module
$ make
make -C /home/ben/runninglinuxkernel_4.0 M=/home/ben/ simple_module modules;
make[1]: Entering directory '/home/ben/runninglinuxkernel_4.0'
  CC [M]  /home/ben/simple_module/my_test.o
  LD [M]  /home/ben/simple_module/mytest.o
  Building modules, stage 2.
  MODPOST 1 modules
  CC      /home/ben/simple_module/mytest.mod.o
  LD [M]  /home/ben/simple_module/mytest.ko
make[1]: Leaving directory '/home/ben/runninglinuxkernel_4.0'
$ ls
Makefile  modules.order  Module.symvers  my_test.c  mytest.ko
mytest.mod.c  mytest.mod.o  my_test.o  mytest.o
```

编译完成之后就看到 mytest.ko 文件。用 file 命令检查编译的结果是否为 ARM 架构的
格式。

```
$ file mytest.ko
mytest.ko: ELF 32-bit LSB relocatable, ARM, EABI5 version 1 (SYSV),
BuildID[sha1]=0c18be5a38637ba895b60487c805827233dceeaf, not stripped
```

这时可以把该 ko 文件复制到 runninglinuxkernel-4.0/kmodules 目录下。

```
$cp mytest.ko  runninglinuxkernel-4.0/kmodules
```

运行 run.sh 脚本。runninglinuxkernel 在这个版本中支持 Linux 主机和 QEMU 虚拟机的
文件共享。

```
$ ./run.sh arm32
```

启动 QEMU 虚拟机之后，首先检查/mnt 目录是否有 mytest.ko 文件。

```
/ # cd /mnt/
/mnt # ls
README     mytest.ko
/mnt #
```

使用 insmod 命令加载内核模块。

```
/mnt # insmod mytest.ko
my first kernel module init
/mnt #
```

4.4.2 实验 2：向内核模块传递参数

1. 实验目的
学会如何向内核模块传递参数。

2. 实验步骤
编写一个内核模块，通过模块参数的方式向内核模块传递参数。

4.4.3 实验 3：在模块之间导出符号

实验目的
1）学会如何在模块之间导出符号。
2）在设计模块时考虑其层次结构。

第 **5** 章

简单的字符设备驱动

在第 4 章，我们学习了如何编写一个简单的内核模块。学习 Linux 内核最好的入门方式之一就是从字符设备驱动开始模仿，Linux 的开源性可以让我们接触到很多高质量的设备驱动源代码。作者在十几年前刚开始学习 Linux 时，就是从一款简单的触摸屏的字符设备驱动源代码开始的。

在我们的日常生活中存在着大量的设备，以手机为例，触摸屏、摄像头、USB 充电器、振动器、话筒、Wi-Fi、蓝牙、指纹模组等都是我们能接触到的设备，还有一些不被我们感知的设备，如 CPU 调频调压、CPU 温度控制等。总之，这些设备在电气特性和实现原理上都不相同，对于 Linux 操作系统来说，如何去抽象和描述它们呢？Linux 很早就根据设备的共性特征将其划分为三大类型。

- ❏ 字符设备。
- ❏ 块设备。
- ❏ 网络设备。

Linux 内核设备驱动如图 5.1 所示。Linux 内核针对上述 3 类设备抽象出一套完整的驱动框架和 API 接口，以便驱动开发者在编写某类设备驱动程序时可重复使用。

字符设备是以字节为单位的 I/O 传输，这种字符流的传输率通常比较低，常见的字符设备有鼠标、键盘、触摸屏等，因此字符设备相对容易理解。

块设备是以块为单位传输的，常见的块设备是磁盘。

网络设备是一类比较特殊的设备，涉及网络协议层，因此单独把它分成一类设备。

从学习字符设备驱动的框架、API，到深入 API 的实现原理及 Linux 内核源代码实现，这是一个循序渐进的过程。

要写好一个设备驱动程序需要具备如下知识技能。

1）了解 Linux 内核字符设备驱动程序的架构。

2）了解 Linux 内核字符设备驱动相关的 API。

3）了解 Linux 内核内存管理的 API。

4）了解 Linux 内核中断管理的 API。

5）了解 Linux 内核中同步和锁等相关的 API。

6）了解你所要编写驱动的芯片原理。

对于技能 1，我们需要了解 Linux 字符设备驱动是如何组织的，应用程序是如何与一个驱动交互的。

对于技能 2，这里面涉及字符设备的相关的基础知识，如字符设备的描述、设备号的管理、file_operations 的实现、ioctl 交互的设计和 Linux 设备模型管理等。

对于技能 3，一个设备驱动程序不可避免地需要和内存打交道，如设备里的数据需要和用户程序交互、设备需要做 DMA 操作等。常见的应用场景有很多，如设备的内存需要映射到用户空间，然后和用户空间的程序做一个交互，这就会用到 mmap 这个 API。mmap 看似简单，实际却蕴藏了复杂的实现，而且很多 API 埋藏了不少"陷阱"。另外，DMA 操作也是一大难点，很多时候设备驱动程序需要分配和管理 DMA buffer，这些部分都和内存管理有很大关系。

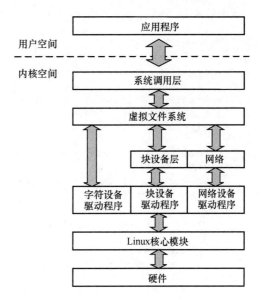

图5.1 Linux内核设备驱动

对于技能 4，因为几乎所有的设备都支持中断模式，所以中断程序是设备驱动中一个不可或缺的部分。我们需要了解和熟悉 Linux 内核提供的中断管理相关的接口函数，例如，如何注册中断、如何编写中断处理程序等。

对于技能 5，因为 Linux 是多进程、多用户的操作系统，而且支持内核抢占，进程间同步会变得很复杂，即使编写一个简单的字符设备驱动，也需要考虑同步和竞争的问题。

对于技能 6，设备驱动就是把设备运行起来，前面那些知识只不过是工具，真正让设备运行起来仍需要研究设备是如何工作的，这就需要驱动编写者认真地研究设备的芯片手册。

5.1 实验 1：从一个简单的字符设备开始

1. 实验目的
1）编写一个简单的字符设备驱动，实现基本的 open、read 和 write 方法。

2）编写相应的用户空间测试程序，要求测试程序调用 read()函数，并能看到对应的驱动程序执行了相应的 read 方法。

2．实验详解

在详细介绍字符设备驱动架构之前，我们先用一个简单的设备驱动来"热身"。

<一个简单的字符设备驱动例子 my_demodev.c>

```
0       #include <linux/module.h>
1       #include <linux/fs.h>
2       #include <linux/uaccess.h>
3       #include <linux/init.h>
4       #include <linux/cdev.h>
5
6       #define DEMO_NAME "my_demo_dev"
7       static dev_t dev;
8       static struct cdev *demo_cdev;
9       static signed count = 1;
10
11      static int demodrv_open(struct inode *inode, struct file *file)
12      {
13          int major = MAJOR(inode->i_rdev);
14          int minor = MINOR(inode->i_rdev);
15
16          printk("%s: major=%d, minor=%d\n", __func__, major, minor);
17
18          return 0;
19      }
20
21      static int demodrv_release(struct inode *inode, struct file *file)
22      {
23          return 0;
24      }
25
26      static ssize_t
27      demodrv_read(struct file *file, char __user *buf, size_t lbuf, loff_t *ppos)
28      {
29          printk("%s enter\n", __func__);
30          return 0;
31      }
32
33      static ssize_t
34      demodrv_write(struct file *file, const char __user *buf, size_t count,
        loff_t *f_pos)
35      {
36          printk("%s enter\n", __func__);
37          return 0;
38
39      }
40
41      static const struct file_operations demodrv_fops = {
42          .owner = THIS_MODULE,
43          .open = demodrv_open,
44          .release = demodrv_release,
45          .read = demodrv_read,
```

```
46          .write = demodrv_write
47      };
48
49
50      static int __init simple_char_init(void)
51      {
52          int ret;
53
54          ret = alloc_chrdev_region(&dev, 0, count, DEMO_NAME);
55          if (ret) {
56              printk("failed to allocate char device region");
57              return ret;
58          }
59
60          demo_cdev = cdev_alloc();
61          if (!demo_cdev) {
62              printk("cdev_alloc failed\n");
63              goto unregister_chrdev;
64          }
65
66          cdev_init(demo_cdev, &demodrv_fops);
67
68          ret = cdev_add(demo_cdev, dev, count);
69          if (ret) {
70              printk("cdev_add failed\n");
71              goto cdev_fail;
72          }
73
74          printk("succeeded register char device: %s\n", DEMO_NAME);
75          printk("Major number = %d, minor number = %d\n",
76                  MAJOR(dev), MINOR(dev));
77
78          return 0;
79
80      cdev_fail:
81          cdev_del(demo_cdev);
82      unregister_chrdev:
83          unregister_chrdev_region(dev, count);
84
85          return ret;
86      }
87
88      static void __exit simple_char_exit(void)
89      {
90          printk("removing device\n");
91
92          if (demo_cdev)
93              cdev_del(demo_cdev);
94
95          unregister_chrdev_region(dev, count);
96      }
97
98      module_init(simple_char_init);
99      module_exit(simple_char_exit);
```

```
100
101    MODULE_AUTHOR("Benshushu");
102    MODULE_LICENSE("GPL v2");
103    MODULE_DESCRIPTION("simpe character device");
```

上述内容是一个简单的字符设备驱动的例子，它只有字符设备驱动的框架，并没有什么实际的意义。但是对于刚入门的读者来说，这确实是一个很好的学习例子，因为字符设备驱动中绝大多数的 API 接口都呈现在了这个例子中。

下面先看如何编译它。

```
Makefile文件:

BASEINCLUDE ?= /home/ben/runninglinuxkernel_4.0
mydemo-objs := my_demodrv.o

obj-m    := mydemo.o
all :
    $(MAKE) -C $(BASEINCLUDE) M=$(PWD) modules;

clean:
    $(MAKE) -C $(BASEINCLUDE) SUBDIRS=$(PWD) clean;
    rm -f *.ko;
```

以 ARM Vexpress 平台为例。

```
$ export ARCH=arm
$ export CROSS_COMPILE=arm-linux-gnueabi-
$ make vexpress_defconfig
$ make -j4
$ cd my_modedrv
$ make
```

内核模块 mydemo.ko 生成之后，可以将其复制到 runninglinuxkernel-4.0/kmodules 目录下面，然后启动 QEMU 虚拟机。使用 insmod 命令来加载 mydemo.ko 内核模块。

```
/mnt # insmod mydemo.ko
succeeded register char device: my_demo_dev
Major number = 252, minor number = 0
```

可以看到，内核模块在初始化时输出了两行结果语句，这正是上述字符设备驱动例子中第 74~76 行的代码语句所要输出的。系统为这个设备分配了主设备号为 252，以及次设备号为 0。查看/proc/devices 这个 proc 虚拟文件系统中的 devices 节点信息，看到生成了名称为"my_demo_dev"的设备，主设备号为 252。

```
/mnt # cat /proc/devices
Character devices:
  1 mem
  2 pty
  3 ttyp
  4 /dev/vc/0
  4 tty
```

```
   5 /dev/tty
   5 /dev/console
   5 /dev/ptmx
   7 vcs
  10 misc
  13 input
  14 sound
  29 fb
  90 mtd
 116 alsa
 128 ptm
 136 pts
 180 usb
 189 usb_device
 204 ttyAMA
 252 my_demo_dev
 253 usbmon
 254 rtc
```

生成的设备需要在/dev/目录下面生成对应的节点，这只能手动生成了。

```
/ # mknod /dev/demo_drv c 252 0
```

生成之后可以通过 "ls -l" 命令查看/dev/目录的情况。

```
/dev # ls -l
total 0
crw-rw----    1 0         0           14,   4 May 18 11:34 audio
crw-rw----    1 0         0            5,   1 May 18 11:34 console
crw-rw----    1 0         0           10,  63 May 18 11:34 cpu_dma_latency
crw-r--r--    1 0         0          252,   0 May 18 14:14 demo_drv
crw-rw----    1 0         0           14,   3 May 18 11:34 dsp
crw-rw----    1 0         0           29,   0 May 18 11:34 fb0
crw-rw----    1 0         0           29,   1 May 18 11:34 fb1
crw-rw----    1 0         0            1,   7 May 18 11:34 full
```

上述内容已经完成了和内核相关的事情。接下来，设计一个用户空间的测试程序，实现操控这个字符设备驱动。

```
<简单测试程序 test.c>
#include <stdio.h>
#include <fcntl.h>
#include <unistd.h>

#define DEMO_DEV_NAME "/dev/demo_drv"

int main()
{
    char buffer[64];
    int fd;

    fd = open(DEMO_DEV_NAME, O_RDONLY);
    if (fd < 0) {
        printf("open device %s failded\n", DEMO_DEV_NAME);
        return -1;
    }
```

```
    read(fd, buffer, 64);
    close(fd);

    return 0;
}
```

test 测试程序很简单，打开这个"/dev/demo_drv"设备，调用一次读函数 read()，然后就关闭了设备。

接下来使用 arm-linux-gnueabi-gcc 交叉编译工具把它编译成 ARM32 架构的应用程序。注意，这里使用"--static"把程序进行静态编译和链接。

```
# arm-linux-gnueabi-gcc test.c -o test --static
```

把编译好的 test 程序复制到 kmodules 目录下，然后回到 QEMU 虚拟机，在/mnt 目录里已经可以看到 test 程序，现在可以运行该程序了。

```
/mnt # ./test
demodrv_open: major=252, minor=0
demodrv_read enter
```

可以看到，日志里有 demodrv_open()和 demodrv_read()函数的输出语句，和源代码里预取的是一样的，说明 test 应用程序已经成功操控了 mydemo 驱动程序，并完成了一次成功的交互。

5.2　字符设备驱动详解

我们通过一个简单的实验对字符设备驱动有了初步的认识，接下来详细分析 mydemo 的字符设备驱动的架构和它所使用的 API 接口函数。

5.2.1　字符设备驱动的抽象

字符设备驱动管理的核心对象是以字符为数据流的设备。从 Linux 内核设计的角度来看，需要有一个数据结构来对其进行抽象和描述，这就是 struct cdev 数据结构。

```
<include/linux/cdev.h>

struct cdev {
    struct kobject kobj;
    struct module *owner;
    const struct file_operations *ops;
    struct list_head list;
    dev_t dev;
    unsigned int count;
};
```

- kobj：用于 Linux 设备驱动模型。
- owner：字符设备驱动程序所在的内核模块对象指针。
- ops：字符设备驱动程序中最关键的一个操作函数，在和应用程序交互过程中起到桥梁枢纽的作用。
- list：用来将字符设备串成一个链表。
- dev：字符设备的设备号，由主设备号和次设备号组成。
- count：同属一个主设备号的次设备号的个数。

主设备号和次设备号通常可以通过如下宏来获取，也就是高 12 比特位是主设备号，低 20 比特位是次设备号。

```
#define MINORBITS    20
#define MINORMASK    ((1U << MINORBITS) - 1)

#define MAJOR(dev)    ((unsigned int) ((dev) >> MINORBITS))
#define MINOR(dev)    ((unsigned int) ((dev) & MINORMASK))
#define MKDEV(ma,mi)   (((ma) << MINORBITS) | (mi))
```

设备驱动程序可以由两种方式来产生 struct cdev，一种是使用全局静态变量，另一种是使用内核提供的 cdev_alloc() 接口函数。

```
static struct cdev mydemo_cdev;
或者
struct mydemo_cdev = cdev_alloc();
```

除此之外，Linux 内核还提供若干个与 cdev 相关的 API 函数。

1）cdev_init() 函数，初始化 cdev 数据结构，并且建立该设备与驱动操作方法集 file_operations 之间的连接关系。

```
void cdev_init(struct cdev *cdev, const struct file_operations *fops)
```

2）cdev_add() 函数，把一个字符设备添加到系统中，通常在驱动程序的 probe 函数里会调用该接口来注册一个字符设备。

```
int cdev_add(struct cdev *p, dev_t dev, unsigned count)
```

- p 表示一个设备的 cdev 数据结构。
- dev 表示设备的设备号。
- count 表示这个主设备号里可以有多少个次设备号。通常同一个主设备号可以有多个次设备号不相同的设备，如系统中同时有多个串口，它们都是名为 "tty" 的设备，主设备都是 4。

```
crw-rw----   1 0     0          4,   0 May 18 11:34 tty0
crw-rw----   1 0     0          4,   1 May 18 11:34 tty1
crw-rw----   1 0     0          4,  10 May 18 11:34 tty10
crw-rw----   1 0     0          4,  11 May 18 11:34 tty11
```

```
crw-rw----    1 0         0          4,  12 May 18 11:34 tty12
crw-rw----    1 0         0          4,  13 May 18 11:34 tty13
crw-rw----    1 0         0          4,  14 May 18 11:34 tty14
crw-rw----    1 0         0          4,  15 May 18 11:34 tty15
```

3）cdev_del()函数，从系统中删除一个 cdev，通常在驱动程序的卸载函数里会调用该接口。

```
void cdev_del(struct cdev *p)
```

5.2.2　设备号的管理

字符设备驱动的初始化函数（probe 函数）有一个很重要的工作，即为设备分配设备号。设备号是系统中珍贵的资源，内核必须避免发生两个设备驱动使用同一个主设备号的情况，因此在编写驱动程序时要格外小心。Linux 内核提供两个接口函数完成设备号的申请。

```
int register_chrdev_region(dev_t from, unsigned count, const char *name)
```

register_chrdev_region()函数需要指定主设备号，可以连续分配多个。也就是说，在使用该函数之前，驱动程序编写者必须保证要分配的主设备号在系统中没有被人使用。内核文档 documentation/devices.txt 文件描述了系统中已经分配出去的主设备号，因此使用该接口函数的程序员都应该事先约定该文档，避免使用已经被系统占用的主设备号。

Linux 内核还提供了另一个接口函数。

```
int alloc_chrdev_region(dev_t *dev, unsigned baseminor, unsigned count,
        const char *name)
```

alloc_chrdev_region()函数会自动分配一个主设备号，可以避免和系统占用的主设备号重复。建议驱动开发者使用这个接口函数来分配主设备号。

在驱动程序的卸载函数中需要把主设备号释放给系统，可以调用如下的接口函数。

```
void unregister_chrdev_region(dev_t from, unsigned count)
```

5.2.3　设备节点

在 Linux 系统中有一个原则，即万物皆文件。设备节点也算一个特殊的文件，称为设备文件，是连接内核空间驱动程序和用户空间应用程序的桥梁。如果应用程序想使用驱动程序提供的服务或者操作设备，那么需要通过访问该设备文件来完成。设备文件使得用户程序操作硬件设备就像操作普通文件一样方便。

了解清楚设备文件之后，还需要知道主设备号和次设备号这两个概念。主设备号代表一类设备，次设备号代表同一类设备的不同个体，每个次设备号都有一个不同的设备节点。

按照 Linux 的习惯，系统中所有的设备节点都存放在/dev/目录中。dev 目录是一个动态生成的、使用 devtmpfs 虚拟文件系统挂载的、基于 RAM 的虚拟文件系统。

```
$ ls -l /dev/
total 0
crw-r--r--  1 root root    10, 235 May 12 05:25 autofs
drwxr-xr-x 2 root root        640 May 12 05:24 block
drwxr-xr-x 2 root root         60 May 12 05:24 bsg
crw-------  1 root root    10, 234 May 12 05:25 btrfs-control
drwxr-xr-x 3 root root         60 May 12 05:24 bus
drwxr-xr-x 2 root root       3960 May 12 05:25 char
crw-------  1 root root     5,   1 May 12 05:25 console
```

第一列中的 c 表示字符设备，d 表示块设备。后面还会显示设备的主设备号和次设备号。

设备节点的生成有两种方式：一种是使用 mknod 命令手工生成，另一种是使用 udev 机制动态生成。

手工生成设备节点可以使用 mknod 命令，命令格式如下。

```
$mknod filename type major minor
```

udev 是一个工作在用户空间的工具，它能够根据系统中硬件设备的状态动态地更新设备节点，包括设备节点的创建、删除等。这个机制必须联合 sysfs 和 tmpfs 来实现，sysfs 为 udev 提供设备入口和 uevent 通道，tmpfs 为 udev 设备文件提供存放空间。

5.2.4　字符设备操作方法集

在 mydemo 例子中，实现了一个 demodrv_fops 的操作方法集，里面包含 open、release、read 和 write 等方法。从 C 语言的角度来看，就是抽象和定义了一堆函数指针，这些函数指针称为 file_operations 方法，是在 Linux 内核发展过程中不断扩充和壮大的。

```
static const struct file_operations demodrv_fops = {
    .owner = THIS_MODULE,
    .open = demodrv_open,
    .release = demodrv_release,
    .read = demodrv_read,
    .write = demodrv_write
};
```

这个方法集是通过 cdev_init()函数和设备建立的一个连接关系，因此在用户空间的 test 程序中，直接使用 open()函数打开这个设备节点。

```
#define DEMO_DEV_NAME "/dev/demo_drv"
fd = open(DEMO_DEV_NAME, O_RDONLY);
```

open()函数的第一个参数是设备文件名，第二个参数用来指定文件打开的属性。open()

函数执行成功会返回一个文件描述符（俗称文件句柄）否则返回-1。

　　应用程序的 open()函数执行时，会通过系统调用进入内核空间，在内核空间的虚拟文件系统层（VFS）经过复杂的转换，最后会调用设备驱动的 file_operations 方法集中的 open 方法。因此，驱动开发者有必要了解 file_operations 结构体的组成，该结构体定义在 include/linux/fs.h 头文件中。字符设备驱动程序的核心开发工作是实现 file_operations 方法集中的各类方法。虽然 file_operations 结构体定义了众多的方法，但是在实际设备驱动开发中，并不是每个方法都需要实现，而需要根据对设备的需求来选择合适的实现方法。下面列出 file_operations 结构体常见的成员。

```
<include/linux/fs.h>

struct file_operations {
    struct module *owner;
    loff_t (*llseek) (struct file *, loff_t, int);
    ssize_t (*read) (struct file *, char __user *, size_t, loff_t *);
    ssize_t (*write) (struct file *, const char __user *, size_t, loff_t *);
    ssize_t (*aio_read) (struct kiocb *, const struct iovec *, unsigned long, loff_t);
    ssize_t (*aio_write) (struct kiocb *, const struct iovec *, unsigned long, loff_t);
    ssize_t (*read_iter) (struct kiocb *, struct iov_iter *);
    ssize_t (*write_iter) (struct kiocb *, struct iov_iter *);
    int (*iterate) (struct file *, struct dir_context *);
    unsigned int (*poll) (struct file *, struct poll_table_struct *);
    long (*unlocked_ioctl) (struct file *, unsigned int, unsigned long);
    long (*compat_ioctl) (struct file *, unsigned int, unsigned long);
    int (*mmap) (struct file *, struct vm_area_struct *);
    int (*mremap)(struct file *, struct vm_area_struct *);
    int (*open) (struct inode *, struct file *);
    int (*flush) (struct file *, fl_owner_t id);
    int (*release) (struct inode *, struct file *);
    int (*fsync) (struct file *, loff_t, loff_t, int datasync);
    int (*aio_fsync) (struct kiocb *, int datasync);
    int (*fasync) (int, struct file *, int);
    int (*lock) (struct file *, int, struct file_lock *);
    ssize_t (*sendpage) (struct file *, struct page *, int, size_t, loff_t *, int);
    unsigned long (*get_unmapped_area)(struct file *, unsigned long, unsigned
long, unsigned long, unsigned long);
    int (*check_flags)(int);
    int (*flock) (struct file *, int, struct file_lock *);
    ssize_t (*splice_write)(struct pipe_inode_info *, struct file *, loff_t *,
size_t, unsigned int);
    ssize_t (*splice_read)(struct file *, loff_t *, struct pipe_inode_info *,
size_t, unsigned int);
    int (*setlease)(struct file *, long, struct file_lock **, void **);
    long (*fallocate)(struct file *file, int mode, loff_t offset,
            loff_t len);
    void (*show_fdinfo)(struct seq_file *m, struct file *f);
};
```

　　下面对一些常用的方法函数成员进行分析。

　　❑　llseek 方法用来修改文件的当前读写位置，并返回新位置。

- ❑ read 方法用来从设备驱动中读取数据到用户空间，函数返回成功读取的字节数，如返回负数，则说明读取失败。
- ❑ write 方法用来把用户空间的数据写入设备中，函数返回成功写入的字节数。
- ❑ poll 方法用来查询设备是否可以立即读写，该方法主要用于阻塞型 I/O 操作。
- ❑ unlocked_ioctl 和 compat_ioctl 方法用来提供与设备相关的控制命令的实现。
- ❑ mmap 方法将设备内存映射到进程的虚拟地址空间中。
- ❑ open 方法用来打开设备。
- ❑ release 方法用来关闭设备。
- ❑ aio_read 和 aio_write 方法是异步 I/O 的读写函数，所谓的异步 I/O 就是提交完 I/O 请求之后立即返回，不需要等到 I/O 操作完成再去做别的事情，因此具有非阻塞特性。设备驱动完成 I/O 操作之后，可以通过发送信号或者回调函数等方式来通知。
- ❑ fsync 方法实现一种称为异步通知的方法。

5.3 实验 2：使用 misc 机制来创建设备

1. 实验目的

学会使用 misc 机制创建设备驱动。

2. 实验详解

misc device 称为杂项设备，Linux 内核把一些不符合预先确定的字符设备划分为杂项设备，这类设备的主设备号是 10。Linux 内核使用 struct miscdevice 数据结构描述这类设备。

```
<include/linux/miscdevice.h>

struct miscdevice  {
    int minor;
    const char *name;
    const struct file_operations *fops;
    struct list_head list;
    struct device *parent;
    struct device *this_device;
    const char *nodename;
    umode_t mode;
};
```

内核提供了注册杂项设备的两个接口函数，驱动程序采用 misc_register()函数来注册。它会自动创建设备节点，不需要使用 mknod 命令手工创建设备节点，因此使用 misc 机制来创建字符设备驱动是比较方便、简捷的。

```
int misc_register(struct miscdevice *misc);
int misc_deregister(struct miscdevice *misc);
```

接下来把 5.1 节中实验 1 的代码修改成采用 misc 机制注册字符驱动。

```c
#include <linux/miscdevice.h>

#define DEMO_NAME "my_demo_dev"
static struct device *mydemodrv_device;

static struct miscdevice mydemodrv_misc_device = {
    .minor = MISC_DYNAMIC_MINOR,
    .name = DEMO_NAME,
    .fops = &demodrv_fops,
};

static int __init simple_char_init(void)
{
    int ret;

    ret = misc_register(&mydemodrv_misc_device);
    if (ret) {
        printk("failed register misc device\n");
        return ret;
    }

    mydemodrv_device = mydemodrv_misc_device.this_device;

    printk("succeeded register char device: %s\n", DEMO_NAME);

    return 0;
}
static void __exit simple_char_exit(void)
{
    printk("removing device\n");

    misc_deregister(&mydemodrv_misc_device);
}
```

编译成内核模块，并在 QEMU 虚拟机上装载。

```
/mnt # insmod mydemo_misc.ko
succeeded register char device: my_demo_dev
```

查看/dev 目录，发现设备节点已经创建好了，其中主设备号是 10，次设备号是动态分配的。

```
/mnt # ls -l /dev/
total 0
crw-rw----    1 0        0          14,   4 May 19 06:48 audio
crw-rw----    1 0        0          10,  58 May 19 06:48 my_demo_dev
```

运行测试程序。

```
/mnt # ./test
demodrv_open: major=10, minor=58
demodrv_read enter
```

5.4 一个简单的虚拟设备

在实际项目中，一些字符的硬件设备内部有一个缓冲区（buffer），在一些外设芯片资料中称为 FIFO。芯片内部提供了寄存器来访问这些 FIFO，可以通过读寄存器把 FIFO 的内容读取出来，或者通过写寄存器把数据写入 FIFO。为了提高效率，一般外设芯片支持中断模式，如 FIFO 有数据到达时，外设芯片通过中断线来告知 CPU。

在本章中，我们通过软件的方式来模拟上述场景。这个虚拟设备只有一个缓冲区或者 FIFO 的部件，实现了一个先进先出的缓冲区。用户程序可以通过 write()函数把用户数据写入这个虚拟设备的 FIFO 中，还可以通过 read()函数把虚拟设备上的 FIFO 数据读出到用户空间的缓冲区里面，如图 5.2 所示。

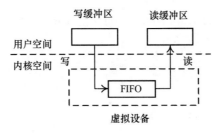

图5.2　简单的虚拟设备

5.4.1 实验 3：为虚拟设备编写驱动

1. 实验目的

1）通过一个虚拟设备，学习如何实现一个字符设备驱动程序的读写函数。

2）在用户空间编写测试程序来检验读写函数是否成功。

2. 实验详解

根据这个虚拟设备的需求，给实验 2 的代码添加 read()和 write()函数的实现，代码片段如下。

```
虚拟FIFO设备的缓冲区 */
static char *device_buffer;
#define MAX_DEVICE_BUFFER_SIZE 64

static ssize_t
demodrv_read(struct file *file, char __user *buf, size_t count, loff_t *ppos)
{
    int actual_readed;
    int max_free;
    int need_read;
    int ret;
```

```
    max_free = MAX_DEVICE_BUFFER_SIZE - *ppos;
    need_read = max_free > count ? lbuf : max_free;
    if (need_read == 0)
        dev_warn(mydemodrv_device, "no space for read");

    ret = copy_to_user(buf, device_buffer + *ppos, need_read);
    if (ret == need_read)
        return -EFAULT;

    actual_readed = need_read - ret;
    *ppos += actual_readed;

    printk("%s, actual_readed=%d, pos=%d\n",__func__, actual_readed, *ppos);
    return actual_readed;
}
static ssize_t
demodrv_write(struct file *file, const char __user *buf, size_t count, loff_t *ppos)
{
    int actual_write;
    int free;
    int need_write;
    int ret;

    free = MAX_DEVICE_BUFFER_SIZE - *ppos;
    need_write = free > count ? count : free;
    if (need_write == 0)
        dev_warn(mydemodrv_device, "no space for write");

    ret = copy_from_user(device_buffer + *ppos, buf, need_write);
    if (ret == need_write)
        return -EFAULT;

    actual_write = need_write - ret;
    *ppos += actual_write;
    printk("%s: actual_write =%d, ppos=%d\n", __func__, actual_write, *ppos);

    return actual_write;
}
```

demodrv_read()函数有 4 个参数。file 表示打开的设备文件；buf 表示用户空间的内存起始地址，注意这里使用 __user 来提醒驱动开发者这个地址空间是属于用户空间的；count 表示用户想读取多少字节的数据；ppos 表示文件的位置指针。

max_free 表示当前设备的 FIFO 还剩下多少空间，need_read 根据 max_free 和 count 两个值做判断，防止数据溢出。接下来，通过 copy_to_user()函数把设备 FIFO 的内容复制到用户进程的缓冲区中，注意这里是从设备 FIFO（device_buffer）的 ppos 开始的地方复制数据的。copy_to_user()函数返回 0 表示复制成功，返回 need_read 表示复制失败。最后，需要更新 ppos 指针，然后返回实际复制的字节数到用户空间。

demodrv_write()函数实现写功能，原理和上述 demodrv_read()函数类似，只不过其中使用了 copy_from_user()函数。

接下来写一个测试程序来检验上述驱动程序是否工作正常。

```
0       #include <stdio.h>
1       #include <fcntl.h>
2       #include <unistd.h>
3
4       #define DEMO_DEV_NAME "/dev/my_demo_dev"
5
6       int main()
7       {
8           char buffer[64];
9           int fd;
10          int ret;
11          size_t len;
12          char message[] = "Testing the virtual FIFO device";
13          char *read_buffer;
14
15          len = sizeof(message);
16
17          fd = open(DEMO_DEV_NAME, O_RDWR);
18          if (fd < 0) {
19              printf("open device %s failded\n", DEMO_DEV_NAME);
20              return -1;
21          }
22
23          /*1. write the message to device*/
24          ret = write(fd, message, len);
25          if (ret != len) {
26              printf("canot write on device %d, ret=%d", fd, ret);
27              return -1;
28          }
29
30          read_buffer = malloc(2*len);
31          memset(read_buffer, 0, 2*len);
32
33          /*close the fd, and reopen it*/
34          close(fd);
35
36          fd = open(DEMO_DEV_NAME, O_RDWR);
37          if (fd < 0) {
38              printf("open device %s failded\n", DEMO_DEV_NAME);
39              return -1;
40          }
41
42          ret = read(fd, read_buffer, 2*len);
43          printf("read %d bytes\n", ret);
44          printf("read buffer=%s\n", read_buffer);
45
46          close(fd);
47
48          return 0;
49      }
```

测试程序逻辑很简单。首先使用 open 方法打开这个设备驱动，向设备里写入 message 字符串，然后关闭这个设备并重新打开这个设备，最后通过 read()函数把 message 字符串读出来。

```
/mnt # ./test
demodrv_open: major=10, minor=58
demodrv_write: actual_write =32, ppos=0

demodrv_open: major=10, minor=58
demodrv_read, actual_readed=64, pos=0
read 64 bytes
read buffer=Testing the virtual FIFO device
/mnt #
```

读者可以思考一下，为什么这里需要关闭设备后重新打开一次设备？如果不进行这样的操作，是否可以呢？

5.4.2　实验 4：使用 KFIFO 改进设备驱动

1. 实验目的

学会使用内核的 KFIFO 的环形缓冲区实现虚拟字符设备的读写函数。

2. 实验详解

我们在 5.4.1 节中实验 3 中的驱动代码里只是简单地把用户数据复制到设备的缓冲区中，并没有考虑到读和写的并行管理问题。因此在对应的测试程序中，需要重启设备后才能正确地将数据读出来。

这实际上是一个典型的"生产者和消费者"的问题，我们可以设计和实现一个环形缓冲区来解决这个问题。环形缓冲区通常有一个读指针和一个写指针，读指针指向环形缓冲区可读的数据，写指针指向环形缓冲区可写的数据。通过移动读指针和写指针来实现缓冲区的数据读取和写入。

Linux 内核实现了一个称为 KFIFO 的环形缓冲区的机制，它可以在一个读者线程和一个写者线程并发执行的场景下，无须使用额外的加锁来保证环形缓冲区的数据安全。KFIFO 提供的接口函数定义在 include/linux/kfifo.h 文件中。

```
#define DEFINE_KFIFO(fifo, type, size)
#define     kfifo_from_user(fifo, from, len, copied)
#define     kfifo_to_user(fifo, to, len, copied)
```

DEFINE_KFIFO()宏用来初始化一个环形缓冲区，其中参数 fifo 表示环形缓冲区的名字；type 表示缓冲区中数据的类型；size 表示缓冲区有多少个元素，元素的个数必须是 2 的整数次幂。

kfifo_from_user()宏用来将用户空间的数据写入环形缓冲区中，其中参数 fifo 表示使用哪个环形缓冲区；from 表示用户空间缓冲区的起始地址；len 表示要复制多少个元素；copied 保存了成功复制元素的数量，通常用作返回值。

kfifo_to_user()宏用来读出环形缓冲区的数据并且复制到用户空间中，参数作用和

kfifo_from_user()宏类似。

下面是使用 KFIFO 机制实现该字符设备驱动的 read 和 write 函数的代码片段。

```
#include <linux/kfifo.h>

DEFINE_KFIFO(mydemo_fifo, char, 64);

static ssize_t
demodrv_read(struct file *file, char __user *buf, size_t count, loff_t *ppos)
{
    int actual_readed;
    int ret;

    ret = kfifo_to_user(&mydemo_fifo, buf, count, &actual_readed);
    if (ret)
        return -EIO;

    printk("%s, actual_readed=%d, pos=%lld\n",__func__, actual_readed,
*ppos);
    return actual_readed;
}

static ssize_t
demodrv_write(struct file *file, const char __user *buf, size_t count, loff_t
*ppos)
{
    unsigned int actual_write;
    int ret;

    ret = kfifo_from_user(&mydemo_fifo, buf, count, &actual_write);
    if (ret)
        return -EIO;

    printk("%s: actual_write =%d, ppos=%lld\n", __func__, actual_write,
*ppos);

    return actual_write;
}
```

测试示例和 5.4.1 节中的实验 3 类似，只不过这里不需要关闭和重新打开设备。

```
#include <stdio.h>
#include <fcntl.h>
#include <unistd.h>

#define DEMO_DEV_NAME "/dev/my_demo_dev"

int main()
{
    char buffer[64];
    int fd;
    int ret;
    size_t len;
    char message[] = "Testing the virtual FIFO device";
    char *read_buffer;

    len = sizeof(message);

    fd = open(DEMO_DEV_NAME, O_RDWR);
```

```
    if (fd < 0) {
        printf("open device %s failded\n", DEMO_DEV_NAME);
        return -1;
    }

    /*1. write the message to device*/
    ret = write(fd, message, len);
    if (ret != len) {
        printf("canot write on device %d, ret=%d", fd, ret);
        return -1;
    }

    read_buffer = malloc(2*len);
    memset(read_buffer, 0, 2*len);

    ret = read(fd, read_buffer, 2*len);
    printf("read %d bytes\n", ret);
    printf("read buffer=%s\n", read_buffer);

    close(fd);

    return 0;
}
```

编译好内核模块和测试程序，然后将它们放到 QEMU 虚拟机上运行。

```
/mnt # ./test
demodrv_open: major=10, minor=58
demodrv_write: actual_write =32, ppos=0
demodrv_read, actual_readed=32, pos=0
read 32 bytes
read buffer=Testing the virtual FIFO device
/mnt #
```

还有一种更简便的方法来测试，即使用 echo 和 cat 命令直接操作设备文件。

```
/mnt # echo  "i am living at shanghai" > /dev/my_demo_dev
demodrv_open: major=10, minor=58
/mnt #
/mnt #
/mnt # cat /dev/my_demo_dev
demodrv_open: major=10, minor=58
```

细心的读者可能会发现，这个设备驱动的 KFIFO 环形缓存区的大小为 64 字节。如果使用 echo 命令发送一个长度大于 64 字节的字符串到这个设备，我们会发现终端中一直输出如下语句。

```
demodrv_write: actual_write =0, ppos=0
demodrv_write: actual_write =0, ppos=0
demodrv_write: actual_write =0, ppos=0
demodrv_write: actual_write =0, ppos=0
demodrv_write: actual_write =0, ppos=0
```

请读者思考一下如何解决这个问题。

5.5　阻塞 I/O 和非阻塞 I/O

I/O 这个词指的是 Input 和 Output，也就是数据的读取（接收）或者写入（发送）操作。如前面实验看到的，一个用户进程要完成一次 I/O 操作，需要经历两个阶段。

❑　用户空间 <=> 内核空间。

❑　内核空间 <=> 设备 FIFO。

因为 Linux 的用户进程无法直接操作 I/O 设备（通过 UIO 或者 VFIO 机制透传的方式除外），所以必须通过系统调用来请求内核协助完成 I/O 操作。设备驱动程序为了提高效率会采用缓冲技术来协助 I/O 操作，也就是实验中使用的环形缓冲区。

典型的读 I/O 操作流程如下。

❑　用户空间进程调用 read() 函数。

❑　通过系统调用进入驱动程序的 read() 函数。

❑　若缓冲区有数据，则把数据复制到用户空间的缓冲区中。

❑　若缓冲区没有数据，那么需要从设备中读取数据。硬件设备 I/O 是慢速设备，不知道什么时候能把数据准备好，因此进程需要睡眠等待。

❑　当硬件数据准备好时，唤醒正在等待数据的进程来取数据。

I/O 操作可以分成非阻塞 I/O 类型和阻塞 I/O 类型。

❑　非阻塞：进程发起 I/O 系统调用后，如果设备驱动的缓冲区没有数据，那么进程返回一个错误而不会被阻塞。如果驱动缓冲区中有数据，那么设备驱动把数据直接返回给用户进程。

❑　阻塞：进程发起 I/O 系统调用后，如果设备的缓冲区没有数据，那么需要到硬件 I/O 中重新获取新数据，进程会被阻塞，也就是睡眠等待。直到数据准备好，进程才会被唤醒，并重新把数据返回给用户空间。

5.5.1　实验 5：把虚拟设备驱动改成非阻塞模式

1．实验目的

学习如何在字符设备驱动中添加非阻塞 I/O 操作。

2．实验详解

open() 函数有一个 flags 参数，这些标志位通常用来表示文件打开的属性。

❑　O_RDONLY：只读打开。

❑　O_WRONLY：只写打开。

❑　O_RDWR：读写打开。

❑　**O_CREAT**：若文件不存在，则创建它。

除此之外，还有一个称为 O_NONBLOCK 的标志位，用来设置访问文件的方式为非阻塞模式。

下面把 5.4.2 节中的实验 4 修改为非阻塞模式。

```
static ssize_t
demodrv_read(struct file *file, char __user *buf, size_t count, loff_t *ppos)
{
    int actual_readed;
    int ret;

    if (kfifo_is_empty(&mydemo_fifo)) {
        if (file->f_flags & O_NONBLOCK)
            return -EAGAIN;
    }

    ret = kfifo_to_user(&mydemo_fifo, buf, count, &actual_readed);
    if (ret)
        return -EIO;

    printk("%s, actual_readed=%d, pos=%lld\n",__func__, actual_readed,
*ppos);
    return actual_readed;
}

static ssize_t
demodrv_write(struct file *file, const char __user *buf, size_t count, loff_t
*ppos)
{
    unsigned int actual_write;
    int ret;

    if (kfifo_is_full(&mydemo_fifo)){
        if (file->f_flags & O_NONBLOCK)
            return -EAGAIN;
    }

    ret = kfifo_from_user(&mydemo_fifo, buf, count, &actual_write);
    if (ret)
        return -EIO;

    printk("%s: actual_write =%d, ppos=%lld, ret=%d\n", __func__, actual_write,
*ppos, ret);

    return actual_write;
}
```

下面是对应的测试程序。

```
#include <stdio.h>
#include <fcntl.h>
#include <unistd.h>

#define DEMO_DEV_NAME "/dev/my_demo_dev"

int main()
```

```
{
    int fd;
    int ret;
    size_t len;
    char message[80] = "Testing the virtual FIFO device";
    char *read_buffer;

    len = sizeof(message);

    read_buffer = malloc(2*len);
    memset(read_buffer, 0, 2*len);

    fd = open(DEMO_DEV_NAME, O_RDWR | O_NONBLOCK);
    if (fd < 0) {
        printf("open device %s failded\n", DEMO_DEV_NAME);
        return -1;
    }


    /*1. 先读取数据*/
    ret = read(fd, read_buffer, 2*len);
    printf("read %d bytes\n", ret);
    printf("read buffer=%s\n", read_buffer);

    /*2. 将信息写入设备*/
    ret = write(fd, message, len);
    if (ret != len)
        printf("have write %d bytes\n", ret);

    /*3. 再写入*/
    ret = write(fd, message, len);
    if (ret != len)
        printf("have write %d bytes\n", ret);

    /*4. 最后读取*/
    ret = read(fd, read_buffer, 2*len);
    printf("read %d bytes\n", ret);
    printf("read buffer=%s\n", read_buffer);

    close(fd);
    return 0;
}
```

这次测试程序有如下的不同之处。

❑ 在打开设备之后，马上进行读操作，请读者想想结果如何？

❑ message 的大小设置为 80，比设备驱动里的环形缓冲区的大小要大，写操作会发生什么事情？

❑ 再写一次会发生什么情况？

下面是测试程序的运行结果。

```
/mnt # ./test
demodrv_open: major=10, minor=58
read -1 bytes
```

```
read buffer=

demodrv_write: actual_write =64, ppos=0, ret=0
have write 64 bytes
have write -1 bytes

demodrv_read, actual_readed=64, pos=0
read 64 bytes
read buffer=Testing the virtual FIFO device
```

从运行结果可以看出，打开设备后马上进行读操作，结果是什么也读不到，read()函数返回-1，说明读操作发生了错误。当第二次进行写操作时，write()函数返回-1，说明写操作发生了错误。

5.5.2　实验 6：把虚拟设备驱动改成阻塞模式

1．实验目的
学习如何在字符设备驱动中添加阻塞 I/O 操作。

2．实验详解
当用户进程通过 read()或者 write()函数去读写设备时，如果驱动程序无法立刻满足请求的资源，那么应该怎么响应呢？在 5.5.1 节中的实验 5 中，驱动程序返回-EAGAIN，这是非阻塞模式的行为。

但是，非阻塞模式对于大部分应用场景来说不太合适，因此大部分用户进程通过 read()或者 write()函数进行 I/O 操作时希望能返回有效数据或者把数据写入设备中，而不是返回一个错误值。这该怎么办？

1）在非阻塞模式下，采用轮询的方式来不断读写数据。

2）采用阻塞模式，当请求数据无法立刻满足时，让该进程睡眠直到数据准备好为止。

上面提到的进程睡眠是什么意思呢？进程在运行生命周期里有不同的状态。

❑　TASK_RUNNING（可运行态或者就绪态）。

❑　TASK_INTERRUPTIBLE（可中断睡眠态）。

❑　TASK_UNINTERRUPTIBLE（不可中断睡眠态）。

❑　__TASK_STOPPED（终止态）。

❑　EXIT_ZOMBIE（"僵尸"态）。

把一个进程设置成睡眠状态，那么就是把这个进程从 TASK_RUNNING 状态设置为 TASK_INTERRUPTIBLE 或者 TASK_UNINTERRUPTIBLE 状态，并且从进程调度器的运行队列中移走，我们称这个点为"睡眠点"。当请求的资源或者数据到达时，进程会被唤醒，然后从睡眠点重新执行。

在 Linux 内核中，采用一个称为等待队列（wait queue）的机制来实现进程阻塞操作。

（1）等待队列头

等待队列定义了一个被称为等待队列头（wait_queue_head_t）的数据结构，定义在 <linux/wait.h>中。

```
struct __wait_queue_head {
    spinlock_t        lock;
    struct list_head  task_list;
};
typedef struct __wait_queue_head wait_queue_head_t;
```

可以通过如下方法静态定义并初始化一个等待队列头。

```
DECLARE_WAIT_QUEUE_HEAD(name)
```

或者使用动态的方式来初始化。

```
wait_queue_head_t my_queue;
init_waitqueue_head(&my_queue);
```

（2）等待队列元素 wait_queue_t

```
struct __wait_queue {
    unsigned int       flags;
    void             *private;
    wait_queue_func_t  func;
    struct list_head   task_list;
};
typedef struct __wait_queue wait_queue_t;
```

等待队列元素使用 wait_queue_t 数据结构来描述。

（3）睡眠等待

Linux 内核提供了简单的睡眠方式，并封装成 wait_event()的宏以及其他几个扩展宏，主要功能是在让进程睡眠时也检查进程的唤醒条件。

```
wait_event(wq, condition)
wait_event_interruptible(wq, condition)
wait_event_timeout(wq, condition, timeout)
wait_event_interruptible_timeout(wq, condition, timeout)
```

wq 表示等待队列头。condition 是一个布尔表达式，在 condition 变为真之前，进程会保持睡眠状态。timeout 表示当 timeout 时间到达之后，进程会被唤醒，因此它只会等待限定的时间。当给定的时间到了之后，wait_event_timeout()和 wait_event_interruptible_timeout()这两个宏无论 condition 是否为真，都会返回 0。

wait_event_interruptible()会让进程进入可中断睡眠状态，而 wait_event()会让进程进入不可中断睡眠态，也就是说不受干扰，对信号不做任何反应，不可能发送 SIGKILL 信号使它停止，因为它们不响应信号。因此，一般驱动程序不会采用这个睡眠模式。

（4）唤醒

```
wake_up(x)
```

wake_up_interruptible(x)

　　wake_up() 会唤醒等待队列中所有的进程。wake_up() 应该和 wait_event() 或者 wait_event_timeout() 配对使用，而 wake_up_interruptible() 应该和 wait_event_interruptible() 和 wait_event_interruptible_timeout() 配对使用。

　　本实验运用等待队列来完善虚拟设备的读写函数。

```c
struct mydemo_device {
    const char *name;
    struct device *dev;
    struct miscdevice *miscdev;
    wait_queue_head_t read_queue;
    wait_queue_head_t write_queue;
};

static int __init simple_char_init(void)
{
    int ret;

        …
    init_waitqueue_head(&device->read_queue);
    init_waitqueue_head(&device->write_queue);

    return 0;
}

static ssize_t
demodrv_read(struct file *file, char __user *buf, size_t count, loff_t *ppos)
{
    struct mydemo_private_data *data = file->private_data;
    struct mydemo_device *device = data->device;
    int actual_readed;
    int ret;

    if (kfifo_is_empty(&mydemo_fifo)) {
        if (file->f_flags & O_NONBLOCK)
            return -EAGAIN;

        printk("%s: pid=%d, going to sleep\n", __func__, current->pid);
        ret = wait_event_interruptible(device->read_queue,
                !kfifo_is_empty(&mydemo_fifo));
        if (ret)
            return ret;
    }

    ret = kfifo_to_user(&mydemo_fifo, buf, count, &actual_readed);
    if (ret)
        return -EIO;

    if (!kfifo_is_full(&mydemo_fifo))
        wake_up_interruptible(&device->write_queue);

    printk("%s, pid=%d, actual_readed=%d, pos=%lld\n",__func__,
            current->pid, actual_readed, *ppos);
    return actual_readed;
```

```
}

static ssize_t
demodrv_write(struct file *file, const char __user *buf, size_t count, loff_t
*ppos)
{
    struct mydemo_private_data *data = file->private_data;
    struct mydemo_device *device = data->device;

    unsigned int actual_write;
    int ret;

    if (kfifo_is_full(&mydemo_fifo)){
        if (file->f_flags & O_NONBLOCK)
            return -EAGAIN;

        printk("%s: pid=%d, going to sleep\n", __func__, current->pid);
        ret = wait_event_interruptible(device->write_queue,
                !kfifo_is_full(&mydemo_fifo));
        if (ret)
            return ret;
    }

    ret = kfifo_from_user(&mydemo_fifo, buf, count, &actual_write);
    if (ret)
        return -EIO;

    if (!kfifo_is_empty(&mydemo_fifo))
        wake_up_interruptible(&device->read_queue);

    printk("%s: pid=%d, actual_write =%d, ppos=%lld, ret=%d\n", __func__,
            current->pid, actual_write, *ppos, ret);

    return actual_write;
}
```

主要的改动见上面代码加粗字体部分。

1）定义两个等待队列，其中 read_queue 为读操作的等待队列，write_queue 为写操作的等待队列。

2）在 demodrv_read()读函数中，当 KFIFO 环形缓冲区为空时，说明没有数据可以读，调用 wait_event_interruptible()函数让用户进程进入睡眠状态，因此这个位置就是所谓的"睡眠点"了。那什么时候进程会被唤醒呢？当 KFIFO 环形缓冲区有数据可读时就会被唤醒。

3）在 demodrv_read()读函数中，当把数据从设备驱动的 KFIFO 读到用户空间的缓冲区之后，KFIFO 有剩余的空间可以让写者进程写数据到 KFIFO，因此调用 wake_up_interruptible() 去唤醒 write_queue 中所有睡眠等待的写者进程。

4）写函数和读函数很类似，只是判断进程是否进入睡眠的条件不一样。对于读操作，当 KFIFO 没有数据时，进入睡眠；对于写操作，当 KFIFO 满了，则进入睡眠。

下面使用 echo 和 cat 命令来验证驱动程序。

首先用 cat 命令打开这个设备，然后让其在后台运行，"&"符号表示让其在后台运行。

```
/mnt # cat /dev/my_demo_dev &
demodrv_open: major=10, minor=58
demodrv_read: pid=730, going to sleep
```

从日志中可以看到出，cat 命令会先打开设备，然后进入 demodrv_read()函数，因为这时 KFIFO 里面没有可读数据，所以读者进程（pid 为 730）进入睡眠状态。

使用 echo 命令写数据。

```
/mnt # echo "i am study linux now" > /dev/my_demo_dev
demodrv_open: major=10, minor=58
demodrv_write: pid=703, actual_write =21, ppos=0, ret=0
demodrv_read, pid=730, actual_readed=21, pos=0
i am study linux now
demodrv_read: pid=730, going to sleep
```

从日志中可以看出，当输出一个字符串到设备时，首先执行打开函数，然后执行写入操作，写入了 21 字节，写者进程的 pid 是 703。然后，写者进程马上唤醒了读者进程，读者进程把刚才写入的数据读到用户空间，也就是把 KFIFO 的数据读空了，导致读者进程又进入了睡眠状态。

5.6　I/O 多路复用

在之前两个实验中，我们分别把虚拟设备改造成了支持非阻塞模式和阻塞模式的操作。非阻塞模式和阻塞模式各有各的特点，但是在下面的场景里，就显得有点为难了。一个用户进程要监控多个 I/O 设备，那在访问一个 I/O 设备进入睡眠之后，就不能做其他操作了。例如一个应用程序既要监控鼠标事件，又要监控键盘事件和读取摄像头数据，那么之前介绍的方法就无能为力了。如果采用多线程的方式或者多进程的方式，这种方法当然可行，缺点是在大量 I/O 多路复用场景下需要创建大量的线程或者进程，造成资源浪费和进程间通信。本节将介绍 Linux 中的多路复用的方法。

5.6.1　Linux 的 I/O 多路复用

Linux 内核提供 poll、select 及 epoll 这 3 种 I/O 多路复用的机制。I/O 多路复用其实就是一个进程可以同时监视多个打开的文件描述符，一旦某个文件描述符就绪，就立即通知程序进行相应的读写操作。因此，它们经常应用在那些需要使用多个输入或输出数据流而不会阻塞在其中一个数据流的应用中，如网络应用等。

poll 和 select 方法在 Linux 用户空间的 API 接口函数定义如下。

```
int poll(struct pollfd *fds, nfds_t nfds, int timeout);
```

poll()函数的第一个参数 fds 是要监听的文件描述符集合，类型为指向 struct pollfd 的指针。struct pollfd 数据结构定义如下。

```
struct pollfd {
    int    fd;
    short events;
    short revents;
};
```

fd 表示要监听的文件描述符，events 表示监听的事件，revents 表示返回的时间。

常用的监听的事件有如下类型（掩码）。

❑ POLLIN：数据可以立即被读取。

❑ POLLRDNORM：等同于 POLLIN，表示数据可以立即被读取。

❑ POLLERR：设备发生了错误。

❑ POLLOUT：设备可以立即写入数据。

poll()函数的第二个参数 nfds 是要监听的文件描述符的个数；第三个参数 timeout 是单位为 ms 的超时，负数表示一直监听，直到被监听的文件描述符集合中有设备发生了事件。

Linux 内核的 file_operations 方法集提供了 poll 方法的实现。

```
<include/linux/fs.h>

struct file_operations {
    …
    unsigned int (*poll) (struct file *, struct poll_table_struct *);
    …
}
```

当用户程序打开设备文件后执行 poll 或者 select 系统调用时，驱动程序的 poll 方法就会被调用。设备驱动程序的 poll 方法会执行如下步骤。

1）在一个或者多个等待队列中调用 poll_wait()函数。poll_wait()函数会把当前进程添加到指定的等待列表（poll_table）中，当请求数据准备好之后，会唤醒这些睡眠的进程。

2）返回监听事件，也就是 POLLIN 或者 POLLOUT 等掩码。

因此，poll 方法的作用就是让应用程序同时等待多个数据流。

5.6.2 实验 7：向虚拟设备中添加 I/O 多路复用支持

1．实验目的

1）对虚拟设备的字符驱动添加 I/O 多路复用的支持。

2）编写应用程序对 I/O 多路复用进行测试。

2．实验详解

我们对虚拟设备驱动做了修改，让这个驱动可以支持多个设备。

```
struct mydemo_device {
    char name[64];
    struct device *dev;
    wait_queue_head_t read_queue;
    wait_queue_head_t write_queue;
    struct kfifo mydemo_fifo;
};

struct mydemo_private_data {
    struct mydemo_device *device;
    char name[64];
};
```

我们对这个虚拟设备采用 mydemo_device 数据结构进行抽象，这个结构体里包含了 KFIFO 的环形缓冲区，还包含读和写的等待队列头。

另外，我们还抽象了一个 mydemo_private_data 的数据结构，这个数据结构主要包含一些驱动的私有数据。在这个简单的设备驱动程序里暂时只包含了 name 名字和指向 struct mydemo_device 的指针，等以后这个驱动程序实现功能变多之后，再添加很多其他的成员，如锁、设备打开计数器等。

接下来看驱动的初始化函数是如何支持多个设备的。

```
#define MYDEMO_MAX_DEVICES  8
static struct mydemo_device *mydemo_device[MYDEMO_MAX_DEVICES];

static int __init simple_char_init(void)
{
    int ret;
    int i;
    struct mydemo_device *device;

    ret = alloc_chrdev_region(&dev, 0, MYDEMO_MAX_DEVICES, DEMO_NAME);
    if (ret) {
        printk("failed to allocate char device region");
        return ret;
    }

    demo_cdev = cdev_alloc();
    if (!demo_cdev) {
        printk("cdev_alloc failed\n");
        goto unregister_chrdev;
    }

    cdev_init(demo_cdev, &demodrv_fops);

    ret = cdev_add(demo_cdev, dev, MYDEMO_MAX_DEVICES);
    if (ret) {
        printk("cdev_add failed\n");
        goto cdev_fail;
    }

    for (i = 0; i < MYDEMO_MAX_DEVICES; i++) {
        device = kmalloc(sizeof(struct mydemo_device), GFP_KERNEL);
        if (!device) {
            ret = -ENOMEM;
```

```
            goto free_device;
        }

        sprintf(device->name, "%s%d", DEMO_NAME, i);
        mydemo_device[i] = device;
        init_waitqueue_head(&device->read_queue);
        init_waitqueue_head(&device->write_queue);

        ret = kfifo_alloc(&device->mydemo_fifo,
                MYDEMO_FIFO_SIZE,
                GFP_KERNEL);
        if (ret) {
            ret = -ENOMEM;
            goto free_kfifo;
        }

        printk("mydemo_fifo=%p\n", &device->mydemo_fifo);

    }

    printk("succeeded register char device: %s\n", DEMO_NAME);

    return 0;

free_kfifo:
    for (i =0; i < MYDEMO_MAX_DEVICES; i++)
        if (&device->mydemo_fifo)
            kfifo_free(&device->mydemo_fifo);
free_device:
    for (i =0; i < MYDEMO_MAX_DEVICES; i++)
        if (mydemo_device[i])
            kfree(mydemo_device[i]);
cdev_fail:
    cdev_del(demo_cdev);
unregister_chrdev:
    unregister_chrdev_region(dev, MYDEMO_MAX_DEVICES);
    return ret;
}
```

MYDEMO_MAX_DEVICES 表示设备驱动最多支持 8 个设备。在模块加载函数 simple_char_init()里使用 alloc_chrdev_region()函数去申请 8 个次设备号，然后通过 cdev_add() 函数把这 8 个次设备都注册到系统里。

然后为每一个设备都分配一个 mydemo_device 数据结构，并且初始化其等待队列头和 KFIFO 环形缓冲区。

接下来看 open 方法的实现和之前有何不同。

```
static int demodrv_open(struct inode *inode, struct file *file)
{
    unsigned int minor = iminor(inode);
    struct mydemo_private_data *data;
    struct mydemo_device *device = mydemo_device[minor];
    int ret;

    printk("%s: major=%d, minor=%d, device=%s\n", __func__,
```

```
            MAJOR(inode->i_rdev), MINOR(inode->i_rdev), device->name);

    data = kmalloc(sizeof(struct mydemo_private_data), GFP_KERNEL);
    if (!data)
        return -ENOMEM;

    sprintf(data->name, "private_data_%d", minor);

    data->device = device;
    file->private_data = data;

    return 0;
}
```

加粗部分就是和之前 open 方法的不同之处。这里首先会通过次设备号找到对应的 mydemo_device 数据结构，然后分配一个私有的 mydemo_private_data 的数据结构，最后把这个私有数据的地址存放在 file->private_data 指针里。

接下来看 poll 方法的实现。

```
static const struct file_operations demodrv_fops = {
    .owner = THIS_MODULE,
    .open = demodrv_open,
    .release = demodrv_release,
    .read = demodrv_read,
    .write = demodrv_write,
    .poll = demodrv_poll,
};
static unsigned int demodrv_poll(struct file *file, poll_table *wait)
{
    int mask = 0;
    struct mydemo_private_data *data = file->private_data;
    struct mydemo_device *device = data->device;

    poll_wait(file, &device->read_queue, wait);
        poll_wait(file, &device->write_queue, wait);

    if (!kfifo_is_empty(&device->mydemo_fifo))
        mask |= POLLIN | POLLRDNORM;
    if (!kfifo_is_full(&device->mydemo_fifo))
        mask |= POLLOUT | POLLWRNORM;

    return mask;
}
```

本实验需要写一个应用程序来测试这个 poll 方法是否工作。

```
#include <stdio.h>
#include <stdlib.h>
#include <string.h>
#include <sys/types.h>
#include <sys/stat.h>
#include <sys/ioctl.h>
#include <fcntl.h>
#include <errno.h>
#include <poll.h>
#include <linux/input.h>

int main(int argc, char *argv[])
```

```
{
    int ret;
    struct pollfd fds[2];
    char buffer0[64];
    char buffer1[64];

    fds[0].fd = open("/dev/mydemo0", O_RDWR);
    if (fds[0].fd == -1)
        goto fail;
    fds[0].events = POLLIN;
    fds[0].revents = 0;

    fds[1].fd = open("/dev/mydemo1", O_RDWR);
    if (fds[1].fd == -1)
        goto fail;
    fds[1].events = POLLIN;
    fds[1].revents = 0;

    while (1) {
        ret = poll(fds, 2, -1);
        if (ret == -1)
            goto fail;

        if (fds[0].revents & POLLIN) {
            ret = read(fds[0].fd, buffer0, 64);
            if (ret < 0)
                goto fail;
            printf("%s\n", buffer0);
        }

        if (fds[1].revents & POLLIN) {
            ret = read(fds[1].fd, buffer1, 64);
            if (ret < 0)
                goto fail;

            printf("%s\n", buffer1);
        }
    }

fail:
    perror("poll test");
    exit(EXIT_FAILURE);
}
```

在这个测试程序中，我们打开两个设备，然后分别进行监听。如果其中一个设备的 KFIFO 有数据，就把它读出来，并且输出。

设备驱动和应用程序编译好之后，将其复制到 kmodules 目录，运行 QEMU 虚拟机。

```
1. 先装载驱动和生成设备节点
#cd /mnt
#insmod mydemo_poll.ko
#mknod /dev/mydemo0 c 252 0
#mkno /dev/mydemo1 c 252 1
2. 运行test程序
/mnt # ./test &
/mnt # demodrv_open: major=252, minor=0, device=my_demo_dev0
demodrv_open: major=252, minor=1, device=my_demo_dev1
```

3. 往设备0和设备1里写数据

```
/mnt # echo "i am a linuxer" > /dev/mydemo0

demodrv_open: major=252, minor=0, device=my_demo_dev0
demodrv_write:my_demo_dev0 pid=702, actual_write =15, ppos=0, ret=0
demodrv_read:my_demo_dev0, pid=723, actual_readed=15, pos=0
/mnt # i am a linuxer
```

另外，可以在设备驱动程序的 poll 方法中添加输出信息，看看有什么变化。

5.7　实验 8：为什么不能唤醒读写进程

1. 实验目的

本实验是在 5.6.2 节实验 7 中故意设置的一个错误。希望读者通过发现问题和深入调试来解决问题，找到问题的根本原因，对字符设备驱动有一个深刻的认识。

2. 实验详解

本实验在 5.6.2 节实验 7 设备驱动程序中修改了部分代码，并故意制造了一个错误。

主要的修改是把环形缓冲区 KFIFO 以及读写等待队列头 read_queue 和 write_queue 都放入 struct mydemo_private_data 数据结构中。

```
struct mydemo_private_data {
    struct mydemo_device *device;
    char name[64];
    struct kfifo mydemo_fifo;
      wait_queue_head_t read_queue;
    wait_queue_head_t write_queue;
};
```

在 demodrv_open()函数中分配 kfifo，并初始化等待队列头 read_queue 和 write_queue。

```
static int demodrv_open(struct inode *inode, struct file *file)
{
    unsigned int minor = iminor(inode);
    struct mydemo_private_data *data;
    struct mydemo_device *device = mydemo_device[minor];
    int ret;

    printk("%s: major=%d, minor=%d, device=%s\n", __func__,
           MAJOR(inode->i_rdev), MINOR(inode->i_rdev), device->name);

    data = kmalloc(sizeof(struct mydemo_private_data), GFP_KERNEL);
    if (!data)
        return -ENOMEM;

    sprintf(data->name, "private_data_%d", minor);

    ret = kfifo_alloc(&data->mydemo_fifo,
        MYDEMO_FIFO_SIZE,
        GFP_KERNEL);
```

```
    if (ret) {
        kfree(data);
        return -ENOMEM;
    }

    init_waitqueue_head(&data->read_queue);
    init_waitqueue_head(&data->write_queue);

    data->device = device;

    file->private_data = data;

    return 0;
}
```

另外，还需要相应修改的 demodrv_read()和 demodrv_write()函数。

编译好设备驱动程序，并将其复制到 kmodules 目录。创建设备节点文件，然后加载内核模块。

首先，在后台使用 cat 命令打开/dev/mydemo0 设备。

```
/mnt # cat /dev/mydemo0 &
/mnt # demodrv_open: major=252, minor=0, device=my_demo_dev0
demodrv_read:my_demo_dev0 pid=724, going to sleep, private_data_0
```

然后，使用 echo 命令向/dev/mydemo0 设备中写入字符串。

```
/mnt #
/mnt # echo "i am study linux now" > /dev/mydemo0
demodrv_open: major=252, minor=0, device=my_demo_dev0
wait up read queue, private_data_0
demodrv_write:my_demo_dev0 pid=703, actual_write =21, ppos=0, ret=0
/mnt #
```

最后，我们发现字符串虽然被写入设备中，而且也调用了 wake_up_interruptible (&data->read_queue)，但为什么没有唤醒 pid 为 724 的读者进程呢？

5.8 实验 9：向虚拟设备中添加异步通知

异步通知有点类似中断，当请求的设备资源可以获取时，由驱动程序主动通知应用程序，应用程序调用 read()或 write()函数来发起 I/O 操作。异步通知不像我们之前介绍的阻塞操作，它不会造成阻塞,只有设备驱动满足条件之后才通过信号机制通知应用程序去发起 I/O 操作。

异步通知使用了系统调用的 signal 函数和 sigcation 函数。signal 函数让一个信号和一个函数对应，每当接收到这个信号时会调用相应的函数来处理。

1. 实验目的
学会如何给一个字符设备驱动程序添加异步通知功能。

2．实验详解

在字符设备中添加异步通知，需要完成如下几步。

1）在 mydemo_device 数据结构中添加一个 struct fasync_struct 数据结构指针，该指针会构造一个 struct fasync_struct 的链表头。

```
struct mydemo_device {
    char name[64];
    struct device *dev;
        wait_queue_head_t read_queue;
    wait_queue_head_t write_queue;
    struct kfifo mydemo_fifo;
    struct fasync_struct *fasync;
};
```

2）异步通知在内核中使用 struct fasync_struct 数据结构来描述。

```
<include/linux/fs.h>

struct fasync_struct {
    spinlock_t        fa_lock;
    int           magic;
    int           fa_fd;
    struct fasync_struct   *fa_next; /* 单链表 */
    struct file       *fa_file;
    struct rcu_head       fa_rcu;
};
```

3）设备驱动的 file_operations 的操作方法集中有一个 fasync 的方法，我们需要实现它。

```
static const struct file_operations demodrv_fops = {
    .owner = THIS_MODULE,
…
    .fasync = demodrv_fasync,
};

static int demodrv_fasync(int fd, struct file *file, int on)
{
    struct mydemo_private_data *data = file->private_data;
    struct mydemo_device *device = data->device;

    return fasync_helper(fd, file, on, &device->fasync);
}
```

这里直接使用 fasync_helper()函数来构造 struct fasync_struct 类型的节点，并添加到系统的链表中。

4）修改 demodrv_read()函数和 demodrv_write()函数，当请求的资源可用时，调用 kill_fasync()接口函数来发送信号。

```
< demodrv_write()函数代码片段>

static ssize_t
```

```
demodrv_write(struct file *file, const char __user *buf, size_t count, loff_t
*ppos)
{
    if (kfifo_is_full(&device->mydemo_fifo)){
        if (file->f_flags & O_NONBLOCK)
            return -EAGAIN;

        ret = wait_event_interruptible(device->write_queue,
                !kfifo_is_full(&device->mydemo_fifo));
        if (ret)
            return ret;
    }

    ret = kfifo_from_user(&device->mydemo_fifo, buf, count, &actual_write);
    if (ret)
        return -EIO;

    if (!kfifo_is_empty(&device->mydemo_fifo)) {
        wake_up_interruptible(&device->read_queue);
        kill_fasync(&device->fasync, SIGIO, POLL_IN);
    }
    return actual_write;
}
```

在 demodrv_write()函数中，当从用户空间复制数据到 KFIFO 中时，KFIFO 不为空，并通过 kill_fasync()接口函数发送 SIGIO 信号给用户程序。

下面来看如何编写测试程序。

```
#define _GNU_SOURCE
#include <stdio.h>
#include <stdlib.h>
#include <string.h>
#include <unistd.h>
#include <sys/types.h>
#include <sys/stat.h>
#include <sys/ioctl.h>
#include <fcntl.h>
#include <errno.h>
#include <poll.h>
#include <signal.h>

static int fd;

void my_signal_fun(int signum, siginfo_t *siginfo, void *act)
{
    int ret;
    char buf[64];

    if (signum == SIGIO) {
        if (siginfo->si_band & POLLIN) {
            printf("FIFO is not empty\n");
            if ((ret = read(fd, buf, sizeof(buf))) != -1) {
                buf[ret] = '\0';
                puts(buf);
            }
        }
        if (siginfo->si_band & POLLOUT)
```

```
        printf("FIFO is not full\n");
    }
}

int main(int argc, char *argv[])
{
    int ret;
    int flag;
    struct sigaction act, oldact;

    sigemptyset(&act.sa_mask);
    sigaddset(&act.sa_mask, SIGIO);
    act.sa_flags = SA_SIGINFO;
    act.sa_sigaction = my_signal_fun;
    if (sigaction(SIGIO, &act, &oldact) == -1)
        goto fail;

    fd = open("/dev/mydemo0", O_RDWR);
    if (fd < 0)
        goto fail;

    /*设置异步I/O所有权*/
    if (fcntl(fd, F_SETOWN, getpid()) == -1)
        goto fail;

    /*设置SIGIO信号*/
    if (fcntl(fd, F_SETSIG, SIGIO) == -1)
        goto fail;

    /*获取文件flags*/
    if ((flag = fcntl(fd, F_GETFL)) == -1)
        goto fail;

    /*设置文件flags,设置FASYNC,支持异步通知*/
    if (fcntl(fd, F_SETFL, flag | FASYNC) == -1)
        goto fail;

    while (1)
        sleep(1);

fail:
    perror("fasync test");
    exit(EXIT_FAILURE);
}
```

首先，通过 sigaction()函数设置进程接收指定的信号，以及接收信号之后的动作，这里指定接收 SIGIO 信号，信号处理函数是 my_signal_fun()。接下来，就是打开设备驱动文件，并使用 fcntl()函数来设置打开设备文件支持 FASYNC 功能。当测试程序接收到 SIGIO 信号之后，会执行 my_signal_fun()函数，然后判断事件类型是否为 POLLIN。如果事件类型是 POLLIN，那么可以主动调用 read()函数并把数据读出来。

下面是运行本实验代码的结果。

首先加载内核模块和生成设备节点，然后在后台运行 test 程序。

```
/mnt # ./test &
```

```
/mnt # demodrv_open: major=252, minor=0, device=mydemo_dev0
```

接着使用 echo 命令往设备里写入字符串。

```
/mnt # echo "i am linuxer" > /dev/mydemo0
demodrv_open: major=252, minor=0, device=mydemo_dev0
demodrv_write kill fasync
demodrv_write:mydemo_dev0 pid=703, actual_write =13, ppos=0, ret=0

FIFO is not empty
demodrv_read:mydemo_dev0, pid=730, actual_readed=13, pos=0
i am linuxer
```

从日志中可以看出，结果符合我们的预期，echo 命令向设备中写入字符串，通过 kill_fasync()接口函数给测试程序发生 SIGIO 信号。测试程序接收到该信号之后，主动调用一次 read()函数去读，最后把刚才写入的字符串读到了用户空间。

5.9 本章小结

字符设备驱动是 Linux 内核中最常见的设备形态之一，同时也是深入学习 Linux 设备驱动和内核开发的有效方法。

本章通过 9 个实验来学习 Linux 内核中字符设备驱动的编写。在实验 8 中留了一个问题，它是从实际工程项目遇到的问题中抽象出来的，解答它的重点是要理解进程的本质，见第 8 章。当使用 cat 命令打开/dev/mydemo0 设备时，相当于创建了一个进程（假设这个进程名字为 A，该进程由 Linux 的 shell 界面来创建的）来打开这个设备，然后调用 read()系统调用来读这个设备的数据。因为设备的 FIFO 为空，这时进程 A 在设备驱动的 devm_read()函数里的 read_queue 睡眠队列中睡眠了。接着使用 echo 命令向/dev/mydemo0 设备中写入字符串，这时 Linux 的 shell 界面又重新创建了一个新的进程（这里假设是进程 B）。进程 B 打开这个设备，然后调用 write()系统调用去写数据到这个设备的 FIFO，并调用 wake_up_interruptible()函数去唤醒 read_queue 睡眠队列中的进程。请读者思考：进程 B 去唤醒 read_queue 睡眠队列中的进程，进程 A 是否在这个 read_queue 睡眠队列里呢？

答案是否定的，因为在实验 8 中，read_queue 睡眠队列是放入 struct mydemo_private_data 数据结构中的，这个数据结构是在进程打开这个设备时才分配的，所以进程 A 和进程 B 中所看到的不是同一个 mydemo_private_data 数据结构。也就是进程 B 唤醒的 read_queue 睡眠队列中根本没有进程 A，因为进程 A 睡眠在它自己分配的那个 read_queue 睡眠队列中。

第**6**章

系统调用

在现代操作系统中，处理器的运行模式通常分成两个空间：一个是内核空间，另一个是用户空间。大部分的应用程序运行在用户空间，而内核和设备驱动运行在内核空间。如果应用程序需要访问硬件资源或者需要内核提供服务，该怎么办呢？

6.1 系统调用概念

在现代操作系统架构中，内核空间和用户空间之间增加了一个中间层，这就是系统调用层，如图 6.1 所示。

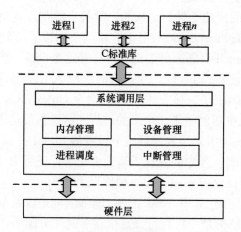

图6.1 系统架构

系统调用层主要有如下作用。

- ❑ 为用户空间程序提供一层硬件抽象接口。这能够让应用程序编程者从学习硬件设备底层编程中解放出来。例如，当需要读写一个文件时，应用程序编写者不用去关心磁盘类型和介质，以及文件存储在磁盘哪个扇区等底层硬件信息。
- ❑ 保证系统稳定和安全。应用程序要访问内核必须通过系统调用层，那么内核可以在系统调用层对应用程序的访问权限、用户类型和其他一些规则进行过滤，这样可以避免应用程序不正确地访问内核。

- ❑ 可移植性。可以让应用程序在不修改源代码的情况下，在不同的操作系统或者不同的硬件体系结构的系统中重新编译并且运行。

6.1.1 系统调用和 POSIX 标准

有的读者可能对应用编程接口（API）和系统调用之间的关系有点糊涂了。一般来说，应用程序调用用户空间实现的应用编程接口来编程，而不是直接调用系统调用。一个 API 接口函数可以由一个系统调用实现，也可以由多个系统调用来实现，甚至完全不使用任何系统调用。因此，一个 API 接口没有必要对应一个特定的系统调用。

在 UNIX 系统设计的早期就出现了操作系统的 API 接口层。在 UNIX 的世界里，最通用的系统调用层接口是 POSIX（Portable Operating System Interface of UNIX）标准。POSIX 的诞生和 UNIX 的发展密不可分。UNIX 系统诞生于 20 世纪 70 年代的贝尔实验室，很多商业厂商基于 UNIX 发展自己的 UNIX 系统，但是标准不统一。后来 IEEE 制定了 POSIX 标准，但是需要注意的是，POSIX 标准针对的是 API 而不是系统调用。判断一个系统是否与 POSIX 兼容时，要看它是否提供一组合适的应用编程接口，而不是看它的系统调用是如何定义和实现的。

Linux 操作系统的 API 接口通常是以 C 标准库的方式提供的，比如 Linux 中的 libc 库。C 库提供了 POSIX 的绝大部分的 API 的实现，同时也为内核提供的每个系统调用封装了相应的函数，并且系统调用和 C 库封装的函数名称通常是相同的。例如，open 系统调用在 C 库的函数也是 open 函数。另外几个 API 函数可能调用封装了不同功能的同一个系统调用，例如，libc 库函数中实现的 malloc()、calloc() 和 free() 等函数，这几个函数用来分配和释放虚拟内存（堆上的虚拟内存），它们都是利用 brk 系统调用来实现的。

6.1.2 系统调用表

Linux 系统为每一个系统调用赋予一个系统调用号。当应用程序执行一个系统调用时，应用程序就可以知道执行和调用到哪个系统调用了，从而不会造成混乱。系统调用号一旦分配之后就不会有任何变更，否则已经编译好的应用程序就不能运行了。

对于 ARM32 系统来说，其系统调用号定义在 arch/arm/include/uapi/asm/unistd.h 头文件中。

```
<arch/arm/include/uapi/asm/unistd.h>

/*
 * This file contains the system call numbers.
 */
```

```
#define __NR_restart_syscall      (__NR_SYSCALL_BASE+  0)
#define __NR_exit             (__NR_SYSCALL_BASE+  1)
#define __NR_fork             (__NR_SYSCALL_BASE+  2)
#define __NR_read             (__NR_SYSCALL_BASE+  3)
#define __NR_write            (__NR_SYSCALL_BASE+  4)
#define __NR_open             (__NR_SYSCALL_BASE+  5)
#define __NR_close            (__NR_SYSCALL_BASE+  6)
                    /* 7 was sys_waitpid */
#define __NR_creat            (__NR_SYSCALL_BASE+  8)
#define __NR_link             (__NR_SYSCALL_BASE+  9)
#define __NR_unlink           (__NR_SYSCALL_BASE+ 10)
#define __NR_execve           (__NR_SYSCALL_BASE+ 11)
#define __NR_chdir            (__NR_SYSCALL_BASE+ 12)
#define __NR_time             (__NR_SYSCALL_BASE+ 13)
#define __NR_mknod            (__NR_SYSCALL_BASE+ 14)
#define __NR_chmod            (__NR_SYSCALL_BASE+ 15)
#define __NR_lchown           (__NR_SYSCALL_BASE+ 16)
```

例如，open 这个系统调用被赋予的号码是 5，因此在所有的 ARM32 系统中，这个 open 系统调用号是不能被更改的。open 系统调用最终的实现在如下函数中。

```
<fs/open.c>

SYSCALL_DEFINE3(open, const char __user *, filename, int, flags, umode_t, mode)
{
    if (force_o_largefile())
        flags |= O_LARGEFILE;

    return do_sys_open(AT_FDCWD, filename, flags, mode);
}
```

SYSCALL_DEFINE 是一个宏，其实现是在 include/linux/syscalls.h 头文件中。

```
<include/linux/syscalls.h>

#define SYSCALL_DEFINE1(name, ...) SYSCALL_DEFINEx(1, _##name, __VA_ARGS__)
#define SYSCALL_DEFINE2(name, ...) SYSCALL_DEFINEx(2, _##name, __VA_ARGS__)
#define SYSCALL_DEFINE3(name, ...) SYSCALL_DEFINEx(3, _##name, __VA_ARGS__)
#define SYSCALL_DEFINE4(name, ...) SYSCALL_DEFINEx(4, _##name, __VA_ARGS__)
#define SYSCALL_DEFINE5(name, ...) SYSCALL_DEFINEx(5, _##name, __VA_ARGS__)
#define SYSCALL_DEFINE6(name, ...) SYSCALL_DEFINEx(6, _##name, __VA_ARGS__)

#define SYSCALL_DEFINEx(x, sname, ...)                      \
    SYSCALL_METADATA(sname, x, __VA_ARGS__)                 \
    __SYSCALL_DEFINEx(x, sname, __VA_ARGS__)
```

该宏最后扩展完会变成 sys_open()函数。

```
asmlinkage long sys_open(const char __user *filename,
                int flags, umode_t mode);
```

6.1.3 用程序访问系统调用

应用程序编写者通常不会直接访问系统调用，而是通过 C 标准库函数来访问系统调用。

如果给 Linux 系统新添加了一个系统调用，那么可以通过直接调用 syscall() 函数来访问新添加的系统调用。

```
#include <unistd.h>
#include <sys/syscall.h>   /* 系统调用定义 */

long syscall(long number, ...);
```

syscall() 函数可以直接调用一个系统调用，第一个参数是系统调用号码，比如上面提到的 open 系统调用号码是 5；"..."是可变参数，用来传递参数到内核。以上述的 open 系统调用为例，在应用程序中可以用如下代码直接调用。

```
#define NR_OPEN 5
syscall(NR_OPEN, filename, flags, mode);
```

6.1.4　新增系统调用

读者可能疑惑，既然 Linux 系统为我们提供了几百个系统调用，当我们在实际项目中遇到问题时，是否可以新增一个系统调用呢？

在 Linux 系统中新增一个系统调用是很容易的事情，本章最后会给出实验让读者练习，但是我们不提倡新增系统调用，因为新增一个系统调用意味着你的应用程序可能缺乏了移植性。Linux 系统的系统调用必须由 Linux 社区来决定，并且和 glibc 社区同步，也就是需要 Linux 和 glibc 同步进行修改。因此，新增一个系统调用需要在社区里充分讨论和沟通，这个过程会非常漫长。

其实 Linux 内核里提供了很多机制来让用户程序和内核进行信息交互，读者应该充分思考是否可以使用如下方法来实现，而不是考虑新增一个系统调用。

- ❑ 设备节点。实现一个设备节点之后，就可以对该设备进行 read() 和 write() 等操作，甚至可以通过 ioctl() 接口来自定义一些操作。
- ❑ sysfs 接口。sysfs 接口也是一种推荐的用户程序和内核直接的通信方式，这种方式很灵活，也是 Linux 内核推荐的做法。

6.2　实验

6.2.1　实验 1：在 ARM32 机器上新增一个系统调用

1. 实验目的

通过新增一个系统调用，理解系统调用的实现过程。

2．实验详解

1）在 ARM Vexpress 平台上新增一个系统调用，该系统调用不用传递任何参数，在该系统调用里输出当前进程的 PID 和 UID 值。

2）编写一个应用程序来调用这个新增的系统调用。

6.2.2 实验 2：在优麒麟 Linux 机器上新增一个系统调用

1．实验目的

通过新增一个系统调用，理解系统调用的实现过程。

2．实验详解

1）在优麒麟 Linux 平台上新增一个系统调用，该系统调用不用传递任何参数，在该系统调用里输出当前进程的 PID 和 UID 值。该实验的目的是让读者学会如何在 x86_64 里添加一个系统调用，并比较和 ARM32 系统的区别。

2）编写一个应用程序来调用这个新增的系统调用。

第**7**章
内存管理

内存管理是操作系统中最复杂的一个模块，它包含的内容相当丰富。从硬件角度来看，操作系统中内存管理的大部分功能都是围绕硬件展开的，如分段机制、分页机制等。计算机硬件的发展，特别是从原始的内存管理到分段机制到现在广泛使用的分页机制，硬件的变化影响着软件的实现。因此在深入学习内存管理之前，有必要去了解一下内存管理的硬件方面的知识。

7.1 从硬件角度看内存管理

7.1.1 内存管理的"远古时代"

在操作系统还没有出来之前，程序被存放在卡片上，计算机读取一张卡片就运行一条指令，这种从外部存储介质上直接运行指令的方法效率很低。后来出现了内存存储器，也就是说程序要运行，首先要做加载的动作，然后执行，这就是所谓的"存储的程序"。这一概念开启了操作系统快速发展的道路，直至后来出现的分页机制。在这个演变的历史中，出现了不少内存管理的思想。

单道编程的内存管理。所谓的单道，就是整个系统只有一个用户进程和一个操作系统，形式上有点类似 Unikernel 系统。这种模型下，用户程序总是加载到同一个内存地址上运行，所以内存管理很简单。实际上不需要任何的内存管理单元，程序使用的地址就是物理地址，而且也不需要地址保护。但是缺点也很明显：其一，无法运行比实际物理内存大的程序；其二，系统只运行一个程序，造成资源浪费；其三，无法迁移到其他的计算机中运行。

多道编程的内存管理。所谓的多道编程，就是系统可以同时运行多个进程。在内存管理中，出现了固定分区和动态分区两种技术。

固定分区，就是在系统编译阶段主存被划分成许多静态分区，进程可以装入大于或者等于自身大小的分区。这个实现简单，操作系统管理开销也比较小。但是缺点也很明显：一是程序大小和分区的大小必须匹配；二是活动进程的数目比较固定；三是地址空间无法增长。

因为固定分区方法有缺点，人们自然就想到了动态分区的方法。动态分区的思想也比较简单，就是在一整块内存中首先划出一块内存是给操作系统本身使用，剩下的内存空间给用户进程使用。当第一个进程 A 运行时，先从这一大片内存中切割一块与进程 A 大小一样的内存给进程 A 使用。当第二个进程 B 准备运行时，我们可以从剩下的空闲内存中继续切割一块和进程 B 大小相等的内存块给进程 B 使用，依次类推。这样进程 A 和进程 B 以及后面进来的进程就可以实现动态分区了。

如图 7.1 所示，假设现在有一块 32MB 大小的内存，一开始操作系统使用了最低的 4MB 大小，剩余的内存要留给 4 个用户进程使用（如图 7.1（a）所示）。进程 A 使用了操作系统往上的 10MB 内存，进程 B 使用了进程 A 往上的 6MB 内存，进程 C 使用了进程 B 往上的 8MB 内存。剩余的 4MB 内存不足以装载进程 D，因为进程 D 需要 5MB 内存（如图 7.1（b）所示），这个内存末尾就形成了第一个空洞。假设某个时刻，操作系统需要运行进程 D，这时系统中没有足够的内存，就需要选择一个进程来换出，以便为进程 D 腾出足够的空间。假设操作系统选择进程 B 来换出，这样进程 D 就装载到了原来进程 B 的地址空间里，于是产生了第二个空洞（如图 7.1（c）所示）。假设操作系统某个时刻需要进程 B 运行，也需要选择一个进程来换出，假设进程 A 被换出，那么系统中又产生了第三个空洞（如图 7.1（d）所示）。

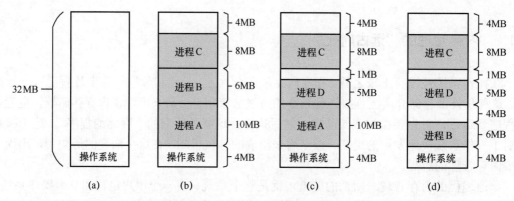

图7.1 动态分区示意

这种的动态分区方法在开始时是很好的，但是随着时间的推移会出现很多内存空洞，内存的利用率也随之下降，这些内存空洞便是我们常说的内存碎片。为了解决碎片化的问题，操作系统需要动态的移动进程，使得进程占用的空间是连续的，并且所有的空闲空间也是连续的。整个进程的迁移是一个非常耗时的过程。

总之，不管是固定分区法，还是动态分区法，都存在很多问题。

进程地址空间保护问题。所有的用户进程都可以访问全部的物理内存，所以恶意的程序可以修改其他程序的内存数据，这使得进程一直处于危险和担惊受怕的状态下。即使系统里所有的进程都不是恶意进程,但是进程 A 依然可能不小心修改了进程 B 的数据,从而导致进程 B 运行崩溃。这明显违背了"进程地址空间需要保护"的原则,也就是地址空间要相对独立。因此每个进程的地址空间都应该受到保护,以免被其他进程有意或者无意地伤害。

内存使用效率低。如果即将要运行的进程所需要的内存空间不足,就需要选择一个进程进行整体换出,这种机制导致有大量的数据需要换出和换入,效率非常低下。

程序运行地址重定位问题。从图 7.1 中看到,进程在每次换出换入时运行的地址都是不固定的,这给程序的编写带来一定的麻烦,因为访问数据和指令跳转时的目标地址通常是固定的,这就需要重定位技术了。

由此可见,上述 3 个重大问题需要一个全新的解决方案,而且这个方案在操作系统层面已经无能为力了,必须要在处理器层面来解决,因此产生了分段机制和分页机制。

7.1.2 分段机制

人们最早想到的一种机制叫作分段(Segmentation)机制,其基本思想是把程序所需的内存空间的虚拟地址映射到某个物理地址空间中。

分段机制可以解决地址空间保护问题,进程 A 和进程 B 会被映射到不同的物理地址空间中,它们在物理地址空间是不会有重叠的。因为进程看的是虚拟地址空间,不关心它实际映射到了哪个物理地址。如果一个进程访问了没有映射的虚拟地址空间,或者访问了不属于该进程的虚拟地址空间,那么 CPU 会捕捉到这个越界访问,并且拒绝该次访问。同时 CPU 会发送一个异常错误给操作系统,由操作系统去处理这些异常情况,这就是我们常说的**缺页异常**。另外,对于进程来说,它不再需要关心物理地址的布局,它访问的地址是虚拟地址空间,只需要按照原来的地址进行编写程序以及访问地址即可,这样程序就可以无缝地迁移到不同的系统上运行了。

分段机制解决问题的思路可以总结为增加一个虚拟内存(Virtual Memory)。进程运行时看到的地址是虚拟地址,然后需要通过 CPU 提供的地址映射方法,把虚拟地址转换成实际的物理地址。这样多个进程同时运行时,就可以保证每个进程的虚拟内存空间是相互隔离的,操作系统只需要维护虚拟地址到物理地址的映射关系即可。

分段机制是一个比较明显的改进,但是它的内存使用效率依然比较低。分段机制对虚拟内存到物理内存的映射依然以进程为单位,也就是说当物理内存不足时,换出到磁盘的依然是整个进程,因此会导致大量的磁盘访问,从而影响系统性能。站在进程的角度来看,把整个进程进行换出换入的方法还是显得很粗鲁。进程在运行时,根据局部性原理,只有一部分数据是一直在使用的,若把那些不常用的数据交换出磁盘,就可以节省很多系统带宽,而那些常用的数据驻留在物理内存中也可以得到比较好的性能。因此,人们在分段机制的实践之后又发明了新的机制，这就是分页（Paging）机制。

7.1.3　分页机制

　　刚才提到分段机制的地址映射的粒度太大，以整个进程地址空间为单位的分配方式导致内存利用率不高。分页机制把这个分配机制的单位继续细分成固定大小的页（Page），进程的虚拟地址空间也按照页来分割，这样常用的数据和代码就可以以页为单位驻留在内存中。而那些不常用的页可以交换到磁盘中，从而节省物理内存，这比分段机制要高效很多。进程以页为单位的虚拟内存通过 CPU 的硬件单元映射到物理内存中，物理内存也是以页为单位来管理，这些物理页称为物理页面（Physical Page）或者页帧（Page Frame）。进程虚拟地址空间的页，我们称为虚拟页（Virtual Page）。操作系统为了管理这些页帧需要按照物理地址顺序给每个页帧编号，叫作页帧号（Page Frame Number，PFN）。

　　现在常用的操作系统里默认支持的页面大小是 4KB，但是 CPU 通常可以支持多种大小的页，比如 4KB、16KB 以及 64KB 的页。另外，现在的计算机系统内存已经变得很大，特别是服务器上使用 TB 为单位的内存，所以使用 4KB 的内存页会产生很多性能上的缺陷。主要的缺点是内存管理成本变得很大，操作系统需要管理这些物理内存的页帧，那么每个页帧需要一个数据结构来描述，这个数据结构至少要几十字节，因此管理成本变得很大。现代的处理器都支持大页，比如 Intel 的至强处理器支持 2MB 和 1GB 为单位的大页，以提高应用程序效率。

　　分页机制的实现离不开硬件的实现，在 CPU 内部有一个专门的硬件单元来负责这个虚拟页面到物理页面的转换，它就是一个称为内存管理单元（Memory Management Unit，MMU）的硬件单元。如图 7.2 所示，ARM 处理器的内存管理单元包括 TLB 和 Table Walk Unit 两个部件。TLB 是一块高速缓存，用于缓存页表转换的结果，从而减少内存访问的时间。一个完整的页表翻译和查找的过程叫作页表查询（Translation Table Walk），页表查询的过程由硬件自动完成，但是页表的维护需要软件来完成。页表查询是一个相对耗时的过程，理想的状态是 TLB 里缓存有页表转换的相关信息。当 TLB 未命中时，才会去查询页表，并且开始读入页表的内容。

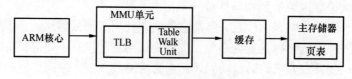

图7.2　ARM内存管理架构

7.1.4 虚拟地址到物理地址的转换

当 TLB 未命中（Miss）时，处理器查询页表的过程如图 7.3 所示。

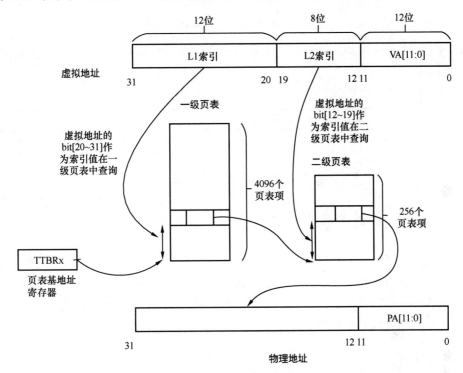

图7.3 ARM二级页表查询过程

- ❏ 处理器根据页表基地址控制寄存器 TTBCR 和虚拟地址来判断使用哪个页表基地址寄存器，是 TTBR0 还是 TTBR1。页表基地址寄存器中存放着一级页表的基地址。
- ❏ 处理器根据虚拟地址的 bit[31:20] 作为索引值，在一级页表中找到页表项。一级页表一共有 4 096 个页表项。
- ❏ 第一级页表的表项中存放有二级页表的物理基地址。处理器将虚拟地址的 bit[19:12] 作为索引值，在二级页表中找到相应的页表项。二级页表有 256 个页表项。
- ❏ 二级页表的页表项里存放有 4KB 页的物理基地址，因此处理器就完成了页表的查询和翻译工作。

图 7.4 所示为 4KB 映射的一级页表的表项，bit[1:0] 表示一个页映射的表项，bit[31:10] 指向二级页表的物理基地址。

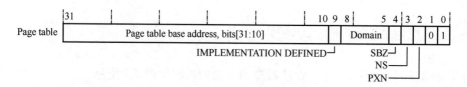

图7.4　4KB映射的一级页表的表项

图 7.5 所示为 4KB 映射的二级页表的表项，bit[31:12]指向 4KB 大小的页面的物理基地址。

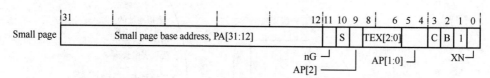

图7.5　4KB映射的二级页表的表项

7.2　从软件角度看内存管理

若站在 Linux 使用者的角度看内存管理，使用最多的命令是 free。若站在 Linux 应用程序开发的角度看内存管理，最常用的分配函数是 malloc()和 mmap()函数（分配大块虚拟内存通常使用 mmap()函数）。若站在 Linux 内核的角度来看内存管理，看到的内容就丰富很多，可以从系统模块的角度来看内存管理，也可以从进程的角度来看内存管理。

7.2.1　free 命令

free 命令是 Linux 使用者最常用的查看系统内存的命令，它可以显示当前系统已使用和空闲的内存情况，包括物理内存、交换内存和内核缓存区内存等信息。

free 命令的选项也比较简单，常用的参数命令如下。

```
-b      以Byte为单位显示内存使用情况。
-k      以KB为单位显示内存使用情况。
-m      以MB为单位显示内存使用情况。
-g      以GB为单位显示内存使用情况。
-o      不显示缓冲区调节列。
-s<间隔秒数>    持续观察内存使用状况。
-t      显示内存总和列。
-V      显示版本信息。
```

下面是 Linux 机器中使用 free -m 命令看到的内存情况。

```
$ free -m
```

```
total       used        free        shared  buff/cache  available
Mem:       7763        5507         907          0        1348        1609
Swap:      16197       2940       13257
figo@figo-OptiPlex-9020:~$
```

可以看到，这个机器上一共有 7 763MB 物理内存。

- ❑ total：指系统中总的内存。这里有两种内存，一个是"Mem"，指的是物理内存；另一个是"Swap"，指的是交换磁盘。
- ❑ used：指程序使用的内存。
- ❑ free：未被分配的物理内存大小。
- ❑ shared：共享内存大小，主要用于进程间通信。
- ❑ buff/cache：buff 指的是 buffers，用来给块设备做缓存，而 cache 指的是 page cache，用来给打开的文件做缓存，以提高访问文件的速度。
- ❑ available：这是 free 命令新加的一个选项。当内存短缺时，系统可用回收 buffers 和 page cache。那么 availabe = free + buffers + page cache 对不对呢？其实在现在的 Linux 内核中，这个公式不完全正确，因为 buffers 和 page cache 里并不是所有的内存都可以回收的，比如共享内存段、tmpfs 和 ramfs 等属于不可回收的。所以这个公式应该变成：available = free + buffers + page cache − 不可回收部分。

7.2.2 从应用编程角度看内存管理

相信学习过 C 语言的读者都不会对 malloc() 函数感到陌生。malloc() 函数是 Linux 应用编程中最常用的分配虚拟内存的函数。在 C 语言标准库里，常用的内存管理编程函数如下。

```c
void *malloc(size_t size);
void free(void *ptr);


void *mmap(void *addr, size_t length, int prot, int flags,
           int fd, off_t offset);
int munmap(void *addr, size_t length);

int getpagesize(void);

int mprotect(const void *addr, size_t len, int prot);

int mlock(const void *addr, size_t len);
int munlock(const void *addr, size_t len);

int madvise(void *addr, size_t length, int advice);
void *mremap(void *old_address, size_t old_size,
             size_t new_size, int flags, ... /* void *new_address */);
```

```
int remap_file_pages(void *addr, size_t size, int prot,
          ssize_t pgoff, int flags);
```

在实际编写 Linux 应用程序时，除了需要了解这些函数的实际含义和用法，还需要了解这些 API 内部实现的基本原理。例如，我们都知道 malloc()函数分配出来的是进程地址空间里的虚拟内存，可是它什么时候分配物理内存呢？如果使用 malloc()函数分配 100 字节的缓冲区，那内核中究竟会给它分配多大的物理内存呢？如下代码片段的 func1()和 func2()函数，它们的分配行为会有哪些不一样？

```
#include <stdio.h>
int func1()
{
    char *p = malloc(100);
    ...
}
int func2()
{
    char *p = malloc(100);
    memset(p, 0x55, 100);
    ...
}
```

我们可以从上述角度进一步思考内存管理。

7.2.3　从内存布局图角度看内存管理

要了解一个系统的内存管理，首先要了解这个系统的内存是如何布局的。就好比我们去了一个陌生的景区，首先看到的是这个景区的地图，里面会列出景区都有哪些景点和推荐的游乐场。对于 Linux 系统来说，绘制出对应的内存布局图有助于对内存管理的理解。

以 32 位的 CPU 为例，它最多可以拥有 32 根地址线（假设没有开启地址总线扩展功能），因此它最大的寻址空间为 4GB，即 2^{32} 字节。那么在这个 4GB 的地址空间中如何去划分呢？也就是，我们常说的内核空间和用户空间究竟是怎么划分的呢？

CPU 通常提供多级的运行模式，比如 ARM32 处理器里支持如下 7 种处理器模式。

❑ 用户模式（user）：用户程序运行的模式。

❑ 系统模式（system）：特权模式。

❑ 一般中断模式（IRQ）：普通中断模式。

❑ 快速中断模式（FIQ）：快速中断模式。

❑ 管理模式（supervisor）：操作系统的内核通常运行在该模式下。

❑ 数据访问终止模式（abort）：当数据或者指令预取终止时进入该模式，用于虚拟存储及存储保护。

❑ 未定义指令模式（undefined）：当未定义的指令执行时进入该模式，可用于支持硬件协处理器的软件仿真。

Linux 内核使用两级的保护机制，即内核模式和用户模式。在 ARM 处理器中，user 模式供用户进程使用，supervisor 模式供内核使用。根据内核模式和用户模式，Linux 内核把地址空间进一步做了区分，通常 0~3GB 这段空间留给用户模式使用，3GB~4GB 这段空间留给内核模式使用，所以就产生了我们常说的用户空间和内核空间这两个地址空间。这里通常是按照 3:1 的比例来进行划分，当然也可以按照 2:2 的比例来划分，内核支持动态调整划分方法。

分页机制让每个进程都感觉自己独占了整个内存空间，因此每个进程都可以访问到全部的 4GB 空间，其中 0~3GB 是进程在用户空间时可以访问，3~4GB 是进程通过系统调用进入内核空间时可以访问，这段内核空间是所有进程共享的。

Linux 内核在启动时会输出内核内存空间的布局图。下面是 ARM Vexpress 平台输出的内存空间布局图：

```
Virtual kernel memory layout:
    vector  : 0xffff0000 - 0xffff1000   (    4 kB)
    fixmap  : 0xffc00000 - 0xfff00000   (3072 kB)
    vmalloc : 0xf0000000 - 0xff000000   ( 240 MB)
    lowmem  : 0xc0000000 - 0xef800000   ( 760 MB)
    pkmap   : 0xbfe00000 - 0xc0000000   (    2 MB)
    modules : 0xbf000000 - 0xbfe00000   (   14 MB)
     .text  : 0xc0008000 - 0xc0658750   (6466 kB)
     .init  : 0xc0659000 - 0xc0782000   (1188 kB)
     .data  : 0xc0782000 - 0xc07b1920   ( 191 kB)
     .bss   : 0xc07b1920 - 0xc07db378   ( 167 kB)
```

这部分信息是在 mem_init()函数中输出的。

内核空间是从 3GB 开始的，换成十六进制数就是 0xc000_0000。lowmem 这段空间其实就是我们常说的线性映射区。所谓的线性映射区，就是物理内存线性地映射到这段内核空间的区域中。在 ARM32 平台上，物理地址[0:760MB]的这一部分内存被线性映射到[3GB : 3GB+760MB]的虚拟地址上。线性映射区的虚拟地址和物理地址相差 PAGE_OFFSET，即 3GB。内核中有相关的宏来实现线性映射区的虚拟地址到物理地址的查找，例如__pa(x)和__va(x)。

```
[arch/arm/include/asm/memory.h]

#define __pa(x)          __virt_to_phys((unsigned long)(x))
#define __va(x)          ((void *)__phys_to_virt((phys_addr_t)(x)))

static inline phys_addr_t __virt_to_phys(unsigned long x)
{
    return (phys_addr_t)x - PAGE_OFFSET + PHYS_OFFSET;
```

```
}

static inline unsigned long __phys_to_virt(phys_addr_t x)
{
    return x - PHYS_OFFSET + PAGE_OFFSET;
}
```

　　其中，__pa()把线性映射区的虚拟地址转换为物理地址，转换公式很简单，即用虚拟地址减去 PAGE_OFFSET（3GB），然后加上 PHYS_OFFSET（这个值在有的 ARM 平台上为 0，在 ARM Vexpress 平台上为 0x6000_0000）。

　　物理内存被分成了两部分，低端的部分用在线性映射区，线性映射区就是这里的"lowmem"区域。剩下的高端部分的物理内存被称为高端内存（High Memory），内核要使用它，必须通过高端映射的方式来访问。内核通常把低于 760MB 的物理内存称为线性映射内存（Normal Memory），而高于 760MB 以上的称为高端内存。

　　内核空间也同样被划分两大区域，低端区域用于线性映射区，高端区域用于 vmalloc 区域及其他映射区域。为什么这里的分界线是 760MB？这在内核里是可以修改的，但是不管怎么修改，内核空间只有 1GB 大小，所以可以根据实际需要动态地修改线性映射区和 vmalloc 映射区的大小。

　　剩下的 264MB 虚拟地址空间是保留给 vmalloc 机制、fixmap 和高端异常向量表等使用的。内核很多驱动使用 vmalloc 机制来分配连续虚拟地址的内存，因为有的驱动不需要连续物理地址的内存；除此以外，vmalloc 机制还可以用于高端内存的临时映射。一个 32 位的系统中，实际支持的内存数量会超过内核线性映射的长度，但是内核要具有对所有内存的寻找能力。

　　编译器在编译目标文件并且链接完成之后，就可以知道内核映像文件最终的大小，接下来将其打包成二进制文件，该操作由 arch/arm/kernel/vmlinux.ld.S 控制，其中也划定了内核的内存布局。

　　内核 image 本身占据的内存空间从_text 段到_end 段，并分为如下几个段。

- ❑　text 段：_text 和_etext 为代码段的起始和结束地址，包含了编译后的内核代码。
- ❑　init 段：__init_begin 和__init_end 为 init 段的起始和结束地址，包含了大部分内核模块初始化的数据。
- ❑　data 段：_sdata 和_edata 为数据段的起始和结束地址，保存大部分内核的已初始化的变量。
- ❑　BSS 段：__bss_start 和__bss_stop 为 BSS 段的开始和结束地址，包含初始化为 0 的所有静态全局变量。

　　上述几个段的大小在编译链接时根据内核配置来确定，因为每种配置的代码段和数据段长度都不相同，这取决于要编译哪些内核模块，但是起始地址_text 总是相同的。内核编译完成之后，会生成一个 System.map 文件，查询这个文件可以找到这些符号的具体数值。

```
figo# cat System.map
```

```
...
c0008000 T _text
...
c0658750 A _etext
c0659000 A __init_begin
...
c0782000 A __init_end
c0782000 D _sdata
...
c07b1920 D _edata
c07b1920 A __bss_start
...
c07db378 A __bss_stop
c07db378 A _end
...
```

图 7.6 就是根据这个内核输出日志里的内存布局信息绘制的图。

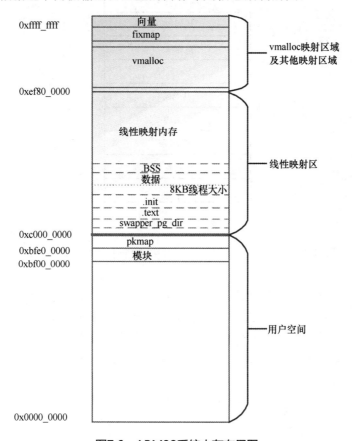

图7.6　ARM32系统内存布局图

7.2.4　从进程角度看内存管理

操作系统是为进程服务的，从进程角度去看内存管理是一个不错的角度。在 Linux 中，应用程序最流行的可执行文件格式是 ELF（Executable Linkable Format），它是一种对象文件的格式，用来定义不同类型的对象文件中都放了什么东西以及以什么格式去放这些东西。ELF 的结构如图 7.7 所示。ELF 可执行文件格式最开始的部分是 ELF 文件头（ELF Header），包含了描述整个文件的基本属性，如 ELF 文件版本、目标机器型号、程序入口地址等信息。ELF 文件头后面是程序的各个段（Section），包括代码段、数据段、bss 段等。后面是段头表，用来描述 ELF 文件中包含的所有段的信息，如每个段的名字、段的长度、在文件中的偏移、读写权限以及段的其他属性等，后面紧跟着是字符串表和符号表等。

```
ELF文件头
代码段
数据段
bss段
其他段
段头表
字符串表
符号表
⋮
```

图7.7　ELF结构

下面介绍常见的几个段，这些段和之前在内核空间中的 kernel image 段的含义也是基本类似的。

- ❑　代码段（.text）：程序源代码编译后的机器指令被存放在这个代码段里。
- ❑　数据段（.data）：存放已初始化的全局变量和已初始化的局部静态变量。
- ❑　bss 段（.bss）：用来存放未初始化的全局变量以及未初始化的局部静态变量。

下面编写一个简单的 C 语言程序。

```
include <stdio.h>

#define SIZE (100*1024)

int main()
{
        char * buf = malloc(SIZE);
```

```
        memset(buf, 0x58, SIZE);
        printf("malloc buffer 0x%p\n", buf);
        while (1)
                sleep(10000);
}
```

这个C语言程序很简单,首先通过malloc()函数来分配100KB的内存,然后通过memset()函数来写这块内存,最后的while循环是不让这个程序退出。我们通过如下命令来把它编译成ELF可执行文件。

```
$ arm-linux-gnueabi-gcc -static test.c -o test.elf
```

可以使用objdump或者readelf工具来查看ELF文件包含哪些段。

```
$ arm-linux-gnueabi-readelf -S test.elf
There are 30 section headers, starting at offset 0x8d164:

Section Headers:
  [Nr] Name          Type          Addr     Off    Size   ES Flg Lk Inf Al
  [ 0]               NULL          00000000 000000 000000 00      0   0  0
  [ 1] .note.ABI-tag NOTE          00010114 000114 000020 00   A  0   0  4
  [ 2] .note.gnu.build-i NOTE      00010134 000134 000024 00   A  0   0  4
  [ 3] .init         PROGBITS      00010158 000158 00000c 00  AX  0   0  4
  [ 4] .text         PROGBITS      00010170 000170 060060 00  AX  0   0 16
  [ 8] .rodata       PROGBITS      00070fa8 060fa8 0148cc 00   A  0   0  8
  [22] .data         PROGBITS      00097078 077078 000e58 00  WA  0   0  8
  [23] .bss          NOBITS        00097ed0 077ed0 00110c 00  WA  0   0  8
  [29] .strtab       STRTAB        00000000 085fa0 007074 00      0   0  1
Key to Flags:
  W (write), A (alloc), X (execute), M (merge), S (strings)
  I (info), L (link order), G (group), T (TLS), E (exclude), x (unknown)
  O (extra OS processing required) o (OS specific), p (processor specific)
figo@figo-OptiPlex-9020:~/work/test1/linux-4.0$
```

可以看到刚才编译的test.elf可执行文件一共有30个段,除了常见的代码段、数据段之外还有一些其他的段,这些段在进程装载时起到辅助作用,暂时先不用关注它们。程序在编译链接时会尽量把相同权限属性的段分配在同一个空间里,例如,把可读可执行的段放在一起,包括代码段、init段等;把可读可写的段放在一起,包括.data段和.bss段等。ELF把这些属性相似并且链接在一起的段叫作分段(Segment),进程在装载时是按照这些分段来映射可执行文件的。描述这些分段的结构叫作程序头(Program Header),它描述了ELF文件是如何映射到进程地址空间的,这是我们比较关心的。我们可以通过"readelf -l"命令来查看这些程序头。

```
$ arm-linux-gnueabi-readelf -l test.elf

Elf file type is EXEC (Executable file)
Entry point 0x1044c
There are 7 program headers, starting at offset 52

Program Headers:
  Type         Offset    VirtAddr   PhysAddr   FileSiz MemSiz Flg Align
  EXIDX        0x075ae4 0x00085ae4 0x00085ae4 0x00660 0x00660 R   0x4
```

```
LOAD            0x000000 0x00010000 0x00010000 0x76148 0x76148 R E 0x10000
LOAD            0x076f6c 0x00096f6c 0x00096f6c 0x00f64 0x02088 RW  0x10000
NOTE            0x000114 0x00010114 0x00010114 0x00044 0x00044 R   0x4
TLS             0x076f6c 0x00096f6c 0x00096f6c 0x00010 0x00028 R   0x4
GNU_STACK       0x000000 0x00000000 0x00000000 0x00000 0x00000 RW  0x10
GNU_RELRO       0x076f6c 0x00096f6c 0x00096f6c 0x00094 0x00094 R   0x1

 Section to Segment mapping:
 Segment Sections...
  00     .ARM.exidx
  01     .note.ABI-tag .note.gnu.build-id .init .text __libc_freeres_fn
__libc_thread_freeres_fn .fini .rodata __libc_subfreeres __libc_atexit
__libc_thread_subfreeres .ARM.extab .ARM.exidx .eh_frame
  02     .tdata .init_array .fini_array .jcr .data.rel.ro .got .data .bss
__libc_freeres_ptrs
  03     .note.ABI-tag .note.gnu.build-id
  04     .tdata .tbss
  05
  06     .tdata .init_array .fini_array .jcr .data.rel.ro
figo@figo-OptiPlex-9020:~$
```

从上面可以看到之前的 30 个段被分成了 7 个分段（Segment），我们只关注其中两个"LOAD"类型的分段。因为它在装载时需要被映射，其他的都是在装载时起到辅助作用。先看第一个 LOAD 类型，它是具有只读和可执行的权限，包含.init 段、.text 段、.rodata段等常见的段，它映射的虚拟地址是 0x10000，长度是 0x76148。第二个 LOAD 类型的分段具有可读可写的权限，包含.data 段和.bss 段等常见的段，它映射的虚拟地址是0x96f6c，长度是 0xf64。

上面是从静态的角度来看进程的内存管理，我们还可以从动态的角度来看。Linux 系统提供了"proc"文件系统用来窥探 Linux 内核的运行情况，每个进程运行之后，在/proc/pid/maps节点会列出当前进程的地址映射情况。

```
/ # cat /proc/788/maps
00010000-00087000 r-xp 00000000 00:02 7466        /test.elf
00096000-00098000 rw-p 00076000 00:02 7466        /test.elf
00098000-000bb000 rw-p 00000000 00:00 0           [heap]
bebd5000-bebf6000 rw-p 00000000 00:00 0           [stack]
bec3f000-bec40000 r-xp 00000000 00:00 0           [sigpage]
ffff0000-ffff1000 r-xp 00000000 00:00 0           [vectors]
/ #
```

第 1 行中显示了地址 0x10000~0x870000 这段进程地址空间，它的属性是只读并且可执行的，由此我们知道它是代码段，也就是之前看到的代码段的程序头。

第 2 行中显示了地址 0x96000~0x98000，它的属性是可读可写的进程地址空间，也就是我们之前看到的数据段的程序头。

第 3 行中显示了地址 0x98000~0xbb000，这段进程地址空间叫作堆空间（Heap），也就是通常使用malloc分配的内存，大小是140KB。test进程主要使用malloc分配100KB的内存，这里看到 Linux 内核会分配比 100KB 稍微大一点的内存空间。

第 4 行显示 test 进程的栈（stack）空间。

第 5 行是 Sigpage 的进程地址空间，Sigpage 是 ARM 体系结构中特有的页面。

第 6 行是 ARM 中高端映射的异常向量（vectors）。

这里说的进程地址空间，在 Linux 内核中使用一个叫作 VMA 的术语来描述，它是 vm_area_struct 数据结构的简称，在虚拟内存管理部分会详细介绍它。

另外，/proc/pid/smaps 节点会提供更多的地址映射的细节，以代码段的 VMA 和堆的 VMA 为例。

```
/ # cat /proc/788/smaps
#代码段的VMA的详细信息
00010000-00087000 r-xp 00000000 00:02 7466        /test.elf
Size:              476  kB
Rss:               476  kB
Pss:               476  kB
Shared_Clean:        0  kB
Shared_Dirty:        0  kB
Private_Clean:       0  kB
Private_Dirty:     476  kB
Referenced:        476  kB
Anonymous:           0  kB
AnonHugePages:       0  kB
Swap:                0  kB
KernelPageSize:      4  kB
MMUPageSize:         4  kB
Locked:              0  kB
VmFlags: rd ex mr mw me dw

00098000-000bb000 rw-p 00000000 00:00 0           [heap]
Size:              140  kB
Rss:               116  kB
Pss:               116  kB
Shared_Clean:        0  kB
Shared_Dirty:        0  kB
Private_Clean:       0  kB
Private_Dirty:     116  kB
Referenced:        116  kB
Anonymous:         116  kB
AnonHugePages:       0  kB
Swap:                0  kB
KernelPageSize:      4  kB
MMUPageSize:         4  kB
Locked:              0  kB
VmFlags: rd wr mr mw me ac
```

下面我们就可以根据上面获得的信息来绘制一张从 test 进程角度看内存管理的图，如图 7.8 所示。

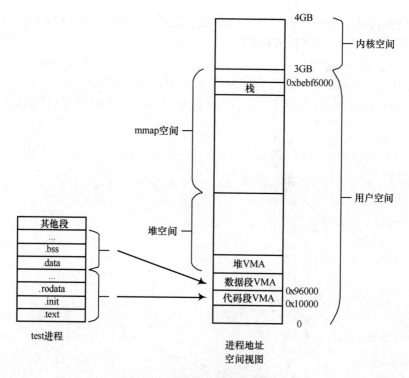

图7.8　从test进程看内存管理

7.3　物理内存管理

在大多数人眼里，内存这个概念是内存条或者焊接在板子上的内存颗粒，而在操作系统眼里，物理内存是一大块或者好几大块连续的内存，那么究竟怎么管理和妥善使用这些内存呢？这是一门学问，好比现在投资领域中流行的资产管理和配置。在操作系统眼里，物理内存是很珍贵的资源，容不得半点马虎。本章我们讨论物理内存的管理，包括物理内存的管理、分配和释放。在内核中分配内存没有在进程中分配虚拟内存那么容易，需要思考的问题比较多，列举如下。

- ❑　当内存不足时，该如何分配？
- ❑　系统运行时间长了，产生很多内存碎片，该怎么办？
- ❑　如何分配几十字节的小块内存？
- ❑　如何提高系统分配物理内存的效率？

7.3.1 物理页面

32 位的处理器寻址时按照数据位宽，也就是术语字（Word），但是处理器在处理物理内存时却不是按照字来分配的，因为现在的处理器都采用分页机制来管理内存。因此在处理器内部有一个叫作 MMU 的硬件单元，它会处理虚拟内存到物理内存的映射关系，也就是做页表的翻译工作（Walk Through）。站在处理器的角度来看，管理物理内存的最小单位是页。Linux 内核中使用一个 struct page 数据结构来描述一个物理页面。

一个物理页面的大小通常是 4KB，但是有的体系结构的处理器可以支持大于 4KB 的页面，比如支持 8KB、16KB 或者 64KB 的页面。目前 Linux 内核默认使用 4KB 的页面。

struct page 数据结构定义在 include/linux/mm_types.h 头文件中。struct page 数据结构分为四部分，前三部分是双字（Double Word）大小，最后一部分不是双字大小的。struct page 数据比较复杂，这里为了容易理解，对其做了简化，去除了复杂的联合体等用法。

```
struct page {
    unsigned long       flags;
    atomic_t            _count;
    atomic_t            _mapcount;
    unsigned long       private;
    struct address_space *mapping;
    pgoff_t             index
    struct list_head    lru;
    void                *virtual;
}
```

下面对 struct page 重要成员做一些解释。

1. 标志

flags 成员是页面的标志位集合，标志位是内存管理非常重要的部分，具体定义在 include/linux/page-flags.h 文件中，重要的标志位如下。

```
0 enum pageflags {
1    PG_locked,              /* 页面已经上锁，不要访问 */
2    PG_error, /*表示页面发生了I/O错误*/
3    PG_referenced, /*该标志位用来实现LRU算法中的第二次机会法，详见7.6节*/
4    PG_uptodate, /*表示页面内容是有效的，当该页面上的读操作完成后，设置该标志位*/
5    PG_dirty, /*表示页面内容被修改过，为脏页*/
6    PG_lru, /*表示该页在LRU链表中*/
7    PG_active, /*表示该页在活跃LRU链表中*/
8    PG_slab, /*表示该页属于由slab分配器创建的slab*/
9    PG_owner_priv_1, /* 页面的所有者使用，如果是pagecache页面，文件系统可能使用*/
10   PG_arch_1, /*与体系结构相关的页面状态位*/
11   PG_reserved, /*表示该页不可被换出*/
12   PG_private,/* 表示该页是有效的，当page->private包含有效值时会设置该标志位。如果
```

页面是pagecache，那么包含一些文件系统相关的数据信息*/
```
13    PG_private_2,    /* 如果是pagecache, 可能包含fs aux data */
14    PG_writeback,          /* 页面正在回写 */
15    PG_compound,           /* 一个混合页面*/
16    PG_swapcache,          /* 这是交换页面 */
17    PG_mappedtodisk,       /* 在磁盘中分配了blocks */
18    PG_reclaim,            /* 马上要被回收了 */
19    PG_swapbacked,         /* 页面支持RAM/swap */
20    PG_unevictable,        /* 页面是不可收回的*/
21#ifdef CONFIG_MMU
22    PG_mlocked,            /* vma处于mlocked状态 */
23#endif
24    __NR_PAGEFLAGS,
25};
```

❑ PG_locked 表示页面已经上锁了。如果该比特位置位，说明页面已经被锁定，内存管理的其他模块不能访问这个页面，以防发生竞争。

❑ PG_error 表示页面操作过程中发生错误时会设置该位。

❑ PG_referenced 和 PG_active 用于控制页面的活跃程度，在 kswapd 页面回收中使用。

❑ PG_uptodate 表示页面的数据已经从块设备中成功读取。

❑ PG_dirty 表示页面内容发生改变，这个页面为脏的，即页面的内容被改写后还没有和外部存储器进行过同步操作。

❑ PG_lru 表示页面加入了 LRU 链表中。LRU 是最近最少使用（least recently used）的简称，内核使用 LRU 链表来管理活跃和不活跃页面。

❑ PG_slab 表示页面用于 slab 分配器。

❑ PG_writeback 表示页面的内容正在向块设备进行回写。

❑ PG_swapcache 表示页面处于交换缓存。

❑ PG_swapbacked 表示页面具有 swap 缓存功能，通常匿名页面才可以写回 swap 分区。

❑ PG_reclaim 表示页面马上要被回收。

❑ PG_unevictable 表示页面不可以被回收。

❑ PG_mlocked 表示页面对应的 VMA 处于 mlocked 状态。

内核定义了一些标准宏，用于检查页面是否设置了某个特定的标志位或者用于操作某些标志位。这些宏的名称都有一定的模式，具体如下。

❑ PageXXX()用于检查页面是否设置了 PG_XXX 标志位。例如，PageLRU(page)检查 PG_lru 标志位是否置位，PageDirty(page)检查 PG_dirty 是否置位。

❑ SetPageXXX()设置页中的 PG_XXX 标志位。例如，SetPageLRU(page)用于设置 PG_lru，SetPageDirty(page)用于设置 PG_dirty 标志位。

❑ ClearPageXXX()用于无条件地清除某个特定的标志位。

宏的实现在 include/linux/page-flags.h 文件中。

```
#define TESTPAGEFLAG(uname, lname)                              \
static inline int Page##uname(const struct page *page)                    \
            { return test_bit(PG_##lname, &page->flags); }
#define SETPAGEFLAG(uname, lname)                               \
static inline void SetPage##uname(struct page *page)                     \
            { set_bit(PG_##lname, &page->flags); }

#define CLEARPAGEFLAG(uname, lname)                             \
static inline void ClearPage##uname(struct page *page)                   \
            { clear_bit(PG_##lname, &page->flags); }
```

flags 成员除了存放上述重要的标志位之外，还有另一个很重要的作用，就是存放 SECTION 编号、NODE 编号、ZONE 编号和 LAST_CPUPID 等。flags 具体存放的内容与内核配置相关，例如 SECTION 编号和 NODE 编号与 CONFIG_SPARSEMEM/CONFIG_ SPARSEMEM_VMEMMAP 配置相关，LAST_CPUPID 与 CONFIG_NUMA_BALANCING 配置相关。

图 7.9 所示为在 ARM Vexpress 平台中 page->flags 的布局示意图，其中，bit[0:21]用于存放页面标志位，bit[22:29]保留使用，bit[30:31]用于存放 zone 编号。

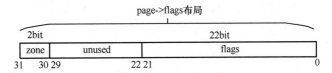

图7.9　ARM Vexpress平台page->flags布局示意图

2. _count 和_mapcount 引用计数

_count 和_mapcount 是 struct page 数据结构中非常重要的两个引用计数，且都是 atomic_t 类型的变量。其中，_count 表示内核中引用该页面的次数。当_count 的值为 0 时，表示该 page 页面为空闲或即将要被释放的页面。当_count 的值大于 0 时，表示该 page 页面已经被分配且内核正在使用，暂时不会被释放。

内核中常用的加减_count 引用计数的 API 为 get_page()、put_page()、page_cache_get() 以及 page_cache_release()函数。

```
static inline void get_page(struct page *page)
void put_page(struct page *page)
#define page_cache_get(page)        get_page(page)
#define page_cache_release(page)    put_page(page)
```

_mapcount 引用计数表示这个页面被进程映射的个数，即已经映射了多少个用户 pte 页表。在 32 位 Linux 内核中，每个用户进程都拥有 3GB 的虚拟空间和一份独立的页表，所以有可能出现多个用户进程地址空间同时映射到一个物理页面的情况。RMAP 反向映射机制就是利用这个特性来实现的。_mapcount 引用计数主要用于 RMAP 反向映射机制中。

- ❑ _mapcount 等于-1，表示没有 pte 映射到页面中。
- ❑ _mapcount 等于 0，表示只有父进程映射了页面。匿名页面刚分配时，_mapcount 引用计数初始化为 0。

内核代码不会直接去检查_count 和_mapcount 的计数，而是采用内核提供的两个宏来统计某个页面的_count 和_mapcount 的计数。

```
static inline int page_mapcount(struct page *page)
static inline int page_count(struct page *page)
```

内存管理中很多复杂的代码逻辑都依靠这两个引用计数来进行，比如页面分配机制、反向映射机制、页面回收机制等，因此它是管理物理页面的核心机制。

3. mapping 字段

mapping 是一个很有意思的成员，当这个页被用于文件缓存（page cache）时，mapping 指向和这个文件缓存相关联的 address_space 对象。这个 address_space 对象是属于内存对象（比如索引节点）的页面集合。

当这个页面用于匿名页面（Anonymous Page）时，mapping 指向一个 anon_vma 数据结构，主要用于反向映射（Reverse Mapping）。

4. lru 字段

lru 字段主要用在页面回收的 LRU 链表算法中。LRU 链表算法定义了多个链表，比如活跃链表（Active list）和非活跃链表（Inactive list）等。在 slab 机制中，该字段也被用来把一个 slab 添加到 slab 满链表、slab 空闲链表和 slab 部分满链表中。

5. virtual 字段

virtual 字段是一个指向页所对应的虚拟地址的指针。在高端内存情况下，高端内存不会线性映射到内核地址空间，在这种情况下，这个字段的值为 NULL，只有需要时才动态映射这些高端内存页面。

内核使用 struct page 来描述一个物理页面，我们能看到管理这些页面所需的如下信息。

- ❑ 内核知道当前这个页面的状态（通过 flags 字段）。
- ❑ 内核需要知道一个页面是否空闲，即有没有被分配出去，有多少个进程或者内存路径使用了这个页面（使用_count 和_mapcount 引用计数）。
- ❑ 内核需要知道谁在使用这个页面，比如使用者是用户空间进程的匿名页面，还是 page cache（通过 mapping 字段）。
- ❑ 内核需要知道这个页面是否被 slab 机制使用（通过 lru、s_mem 等字段）。
- ❑ 内核需要知道这个页面是否属于线性映射（通过 virtual 字段）。

内核可以通过 struct page 数据结构的字段知道很多东西。但是我们发现没有描述具体是哪个物理页面，比如页面的物理地址？

其实 Linux 内核为每个物理页面都分配了一个 struct page 数据结构，采用 mem_map[] 数组的形式来存放这些 struct page 数据结构，并且它们和物理页面是一对一的映射关系，如图 7.10 所示。因此，struct page 数据结构里面就不需要有一个成员来描述这个物理页面的起始物理地址了。struct page 数据结构的 mem_map[]数组定义在 mm/memory.c 文件中，它的初始化在 free_area_init_node()->alloc_node_mem_map()函数中。

```
struct page *mem_map;
EXPORT_SYMBOL(mem_map);
```

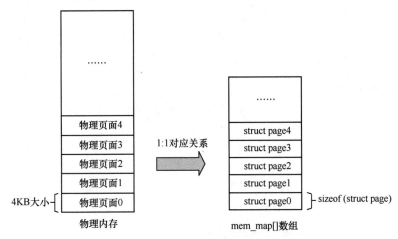

图7.10 物理页面和struct page数据结构的对应关系

每个物理页面都对应一个 struct page 数据结构，因此内核社区对于 struct page 数据结构的大小管控相当严格。struct page 数据结构大小通常是几十字节，而一个物理页面是 4096 字节，假设 struct page 数据结构占用 40 字节，那么就相当于要浪费百分之一的内存来存放这些 struct page 数据结构。因此，如果在 struct page 数据结构新增一个变量或者指针，那么系统相当于需要额外千分之一的内存来存放这个新增的指针。假设系统是 10GB 内存，就要浪费 10MB 的内存，这种情况挺可怕的。

7.3.2 内存管理区

由于地址数据线位宽的原因，32 位处理器通常最大支持 4GB 的物理内存，当然如果使能 ARM 的 LPAE（Large Physical Address Extension）特性，可以支持更大的物理内存。在 4GB 的地址空间中，通常内核空间只有 1GB 大小，那么对于大小为 4GB 物理内存是无法进行一一线性映射的。因此，Linux 内核的做法是把物理内存分成两部分，其中一部分是线性映射的。如果用一个内存管理区（zone）的概念来描述它，那就是 ZONE_NORMAL 区。剩余的部分叫作高端内存（High Memory），也同样使用一个内存管理区来描述它，称为 ZONE_HIGHMEM。内存管理区的分布和体系结构相关，比如在 x86 体系结构中，ISA 设备就不能在整个 32 位的地址空间中执行 DMA 操作，因为 ISA 设备只能访问物理内存的前 16MB，所以在 x86 体系结构中会有一项 ZONE_DMA 的管理区域。在 x86_64 体系结构中，由于有足够大的内核空间可以线性映射物理内存，因此就不需要 ZONE_HIGHMEM 这个管理区域了。

❑ ZONE_DMA：用于执行 DMA 操作，只适用于 Intel x86 体系结构，ARM 体系结构没有这个内存管理区。

❑ ZONE_NORMAL：用于线性映射物理内存。

❑ ZONE_HGHMEM：用于管理高端内存，这些高端内存是不能线性映射到内核地址空间的。注意，在 64 位的处理器中不需要这个管理区。

1. 内存管理区描述符

Linux 内核抽象了一个数据结构来描述这些内存管理区，称为内存管理区描述符，数据结构是 struct zone，定义在 include/linux/mmzone.h 文件中。

struct zone 数据结构的主要成员如下。

```
[include/linux/mmzone.h]

struct zone {
    /* 只续域 */
    unsigned long watermark[NR_WMARK];
    long lowmem_reserve[MAX_NR_ZONES];
    struct pglist_data    *zone_pgdat;
    struct per_cpu_pageset __percpu *pageset;
    unsigned long    zone_start_pfn;
    unsigned long    managed_pages;
    unsigned long    spanned_pages;
    unsigned long    present_pages;
    const char    *name;

    /* 写敏感域 */
    ZONE_PADDING(_pad1_)
    struct free_area    free_area[MAX_ORDER];
    unsigned long    flags;
    spinlock_t    lock;

    ZONE_PADDING(_pad2_)
    spinlock_t    lru_lock;
    struct lruvec    lruvec;

    /* 内存管理区的统计信息 */
```

```
ZONE_PADDING(_pad3_)
atomic_long_t            vm_stat[NR_VM_ZONE_STAT_ITEMS];
} ____cacheline_internodealigned_in_smp;
```

首先，struct zone 是经常会被访问到的，因此这个数据结构要求以 L1 Cache 对齐，见 ____cacheline_internodealigned_in_smp 属性。struct zone 总体来说可以分成以下 3 个部分。

❑ 读敏感区域。

❑ 写敏感区域。

❑ 统计计数。

这里的 ZONE_PADDING()是让 zone->lock 和 zone->lru_lock 这两个很热门的锁分布在不同的缓存行（cache line）中。这里采用 ZONE_PADDING()让其后面的变量与 L1 缓存行对齐，以提高该字段的并发访问性能，避免发生缓存伪共享（Cache False Sharing）。

另外，一个内存节点最多也就几个内存管理区，因此内存管理区数据结构不需要像 struct page 一样对数据结构的大小特别敏感，这里可以为了性能而浪费空间。在内存管理开发过程中，内核开发者逐步发现有一些自旋锁竞争得非常厉害，很难获取。像 zone->lock 和 zone->lru_lock 这两个锁有时需要同时获取，会导致比较严重的高速缓存伪共享问题，保证它们使用不同的缓存行是内核常用的一种优化技巧。

❑ watermark：每个内存管理区在系统启动时会计算出 3 个水位值，分别是 WMARK_MIN、WMARK_LOW 和 WMARK_HIGH 水位，这在页面分配器和 kswapd 页面回收中会用到。

❑ lowmem_reserve：内存管理区中预留的内存。

❑ zone_pgdat：指向内存节点。

❑ pageset：用于维护 Per-CPU 上的一系列页面，以减少自旋锁的争用。

❑ zone_start_pfn：内存管理区中开始页面的页帧号。

❑ managed_pages：内存管理区中被伙伴系统管理的页面数量。

❑ spanned_pages：内存管理区包含的页面数量。

❑ present_pages：内存管理区里实际管理的页面数量。对一些体系结构来说，其值和 spanned_pages 相等。

❑ free_area：管理空闲区域的数组，包含管理链表等。

❑ lock：并行访问时用于对内存管理区保护的自旋锁。注意该锁是保护 struct zone 数据结构本身，而不是内存管理区所描述的内存地址空间。

❑ lru_lock：用于对内存管理区中 LRU 链表并发访问时进行保护的自旋锁。

❑ lruvec：LRU 链表集合。

❑ vm_stat：内存管理区计数。

2．辅助操作函数

Linux 内核提供了几个常用的内存管理区的辅助操作函数，它们定义在 include/linux/mmzone.h 文件中。

```
#define for_each_zone(zone)                    \
    for (zone = (first_online_pgdat())->node_zones; \
        zone;                      \
        zone = next_zone(zone))

static inline int is_highmem(struct zone *zone);

#define zone_idx(zone)        ((zone) - (zone)->zone_pgdat->node_zones)
```

其中，for_each_zone()用来遍历系统中所有的内存管理区；is_highmem()函数用来检测内存管理区是否属于 ZONE_HIGHMEM；zone_idx()宏用来返回当前 zone 所在的内存节点的编号。

7.3.3　分配和释放页面

分配物理页面是内存管理中最核心的事情之一，也许读者听说过 Linux 内核的内存页面基于伙伴系统算法（Buddy System）来管理，但伙伴系统算法不是 Linux 内核独创的。

伙伴系统是操作系统中最常用的动态存储管理方法之一。当用户提出申请时，伙伴系统分配一块大小合适的内存块给用户，反之在用户释放内存块时回收。在伙伴系统中，内存块是 2 的 order 次幂。Linux 内核中 order 的最大值用 MAX_ORDER 来表示，通常是 11，也就是把所有的空闲页面分组成 11 个内存块链表，这些内存块链表分别包含 1，2，4，8，16，32，…，1024 个连续的页面。1024 个页面对应着一块 4MB 大小的连续物理内存。

早期的伙伴系统的空闲页块的管理实现比较简单，如图 7.11 所示。内存管理区数据结构中有一个 free_area 数组，数组的大小是 MAX_ORDER，数组中有一个链表，链表的成员是 2 的 order 次方大小的空闲内存块。

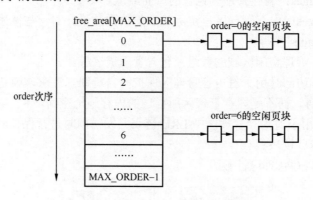

图7.11　早期Linux内核的伙伴系统

1. 页面分配函数

Linux 内核中提供了几个常用的页面分配的函数接口，它们都是以页为单位进行分配的，其中最为核心的一个接口函数是：

```
static inline struct page * alloc_pages(gfp_t gfp_mask, unsigned int order)
```

alloc_pages()函数用来分配 2 的 order 次个连续的物理页面，返回值是第一个物理页面的 struct page 数据结构。第一个参数是 gfp_mask 分配掩码；第二个参数是 order，请求的 order 不能大于 MAX_ORDER，MAX_ORDER 通常是 11。

还有一个很常见的接口函数是：__get_free_pages()，其定义如下。

```
unsigned long __get_free_pages(gfp_t gfp_mask, unsigned int order)
```

__get_free_pages()函数返回的是所分配内存的内核空间的虚拟地址，如果是线性映射的物理内存，则直接返回线性映射区域的内核空间虚拟地址；如果是高端映射的内存，则返回动态映射的虚拟地址。注意这里使用 page_address()函数来转换。

```
void *page_address(const struct page *page)
```

如果需要分配一个物理页面，可以使用如下两个封装好的接口函数，它们最后还是调用 alloc_pages()实现，只是 order 的值为 0。

```
#define alloc_page(gfp_mask) alloc_pages(gfp_mask, 0)

#define __get_free_page(gfp_mask) \
        __get_free_pages((gfp_mask), 0)
```

如果需要返回一个全填充为 0 的页面，可以使用如下这个接口函数。

```
unsigned long get_zeroed_page(gfp_t gfp_mask)
```

使用 alloc_page()分配的物理页面，理论上讲有可能被随机地填充了某些垃圾信息，因此在有些敏感的场合是需要把分配的内存进行清零，然后使用，这样可以减少不必要的麻烦。

2. 页面释放函数

页面释放函数主要有如下几个。

```
void __free_pages(struct page *page, unsigned int order);
#define __free_page(page) __free_pages((page), 0)
#define free_page(addr) free_pages((addr), 0)
```

释放时需要特别注意参数，传递错误的 struct page 指针或者错误的 order 值会引起系统崩溃。__free_pages()函数的第一个参数是待释放页面的 struct page 指针，第二个参数是 order 值。__free_page()函数用来释放单个页面。

3．分配掩码 gfp_mask

分配掩码是很重要的一个参数，它影响着页面分配的整个流程。因为 Linux 内核是一个通用的操作系统，所以页面分配器被设计成一个复杂的系统。它既要高效，又要兼顾很多种情况，特别是在内存紧张的情况下的内存分配。gfp_mask 其实被定义成一个 unsigned 类型的变量。

```
typedef unsigned __bitwise__ gfp_t;
```

gfp_mask 分配掩码定义在 include/linux/gfp.h 文件中，这些标志位在 Linux 4.4 内核中被重新归类，大致可以分成几类。

- ❑　内存管理区修饰符（zone modifier）。
- ❑　移动修饰符（mobility and placement modifier）。
- ❑　水位修饰符（watermark modifier）。
- ❑　页面回收修饰符（page reclaim modifier）。
- ❑　行动修饰符（action modifier）。

下面详细介绍各种修饰符。

（1）内存管理区修饰符

内存管理区修饰符主要是用来表示应当从哪些内存管理区中来分配物理内存。内存管理区修饰符使用 gfp_mask 的最低 4 个比特位来表示，如表 7.1 所示。

表 7.1　内存管理区修饰符

标　　志	描　　述
__GFP_DMA	从 ZONE_DMA 中分配内存
__GFP_DMA32	从 ZONE_DMA32 中分配内存
__GFP_HIGHMEM	优先从 ZONE_HIGHMEM 中分配内存

（2）移动修饰符

移动修饰符主要用来指示分配出来的页面具有的迁移属性，如表 7.2 所示。在 Linux 2.6.24 内核中，为了解决外碎片化的问题，引入了迁移类型，因此在分配内存时也需要指定所分配的页面具有哪些移动属性。

表 7.2　移动修饰符

标　　志	描　　述
__GFP_MOVABLE	页面可以被迁移或者回收，比如内存规整
__GFP_RECLAIMABLE	在 slab 分配器中指定了 SLAB_RECLAIM_ACCOUNT 标志位，表示 slab 中使用的页面可以通过 shrinkers 来回收

续表

标　　志	描　　述
__GFP_HARDWALL	使能cpuset内存分配策略
__GFP_THISNODE	从指定的内存节点中分配内存，并且没有回退机制
__GFP_ACCOUNT	分配过程会被kmemcg记录

（3）水位修饰符

水位修饰符用来控制是否可以访问系统紧急预留的内存，如表 7.3 所示。

表 7.3　水位修饰符

标　　志	描　　述
__GFP_HIGH	表示分配内存具有高优先级，并且这个分配请求是很有必要的，分配器可以使用紧急的内存池
__GFP_ATOMIC	表示分配内存的过程不能执行页面回收或者睡眠动作，并且具有很高的优先级。常见的一个场景是在中断上下文中分配内存
__GFP_MEMALLOC	分配过程中允许访问所有的内存，包括系统预留的紧急内存。分配内存进程通常要保证在分配内存过程中很快会有内存被释放，比如进程退出或者页面回收
__GFP_NOMEMALLOC	分配过程不允许访问系统预留的紧急内存

（4）页面回收修饰符

常用的页面回收修饰符如表 7.4 所示。

表 7.4　页面回收修饰符

标　　志	描　　述
__GFP_IO	允许开启I/O传输
__GFP_FS	允许调用底层的文件系统。清除这个标志位通常是为了避免死锁的发生，如果相应的文件系统操作路径上已经持有了锁，分配内存过程又递归地调用到这个文件系统的相应操作路径上，可能会产生死锁
__GFP_DIRECT_RECLAIM	分配内存的过程会调用直接页面回收机制
__GFP_KSWAPD_RECLAIM	表示当到达内存管理区的低水位时会唤醒kswapd内核线程去异步地回收内存，直到内存管理区恢复到了高水位为止
__GFP_RECLAIM	用来允许或者禁止直接页面回收和kswapd内核线程
__GFP_REPEAT	当分配失败时会继续尝试

标　志	描　述
__GFP_NOFAIL	当分配失败时会无限地尝试下去，直到分配成功为止。当分配者希望分配内存不失败时，应该使用这个标志位，而不是自己写一个while循环来不断地调用页面分配接口函数
__GFP_NORETRY	当直接页面回收和内存规整等机制都使用了还是无法分配内存时，就不用去重复尝试分配了，直接返回NULL

（5）行动修饰符

常见的行动修饰符如表 7.5 所示。

表 7.5　行动修饰符

标　志	描　述
__GFP_COLD	分配的内存不会马上被使用。通常会返回一个cache-cold的页面
__GFP_NOWARN	关闭分配过程中的一些错误报告
__GFP_ZERO	返回一个全部填充为0的页面
__GFP_NOTRACK	不被kmemcheck机制跟踪
__GFP_OTHER_NODE	在远端的一个内存节点上分配。通常是在khugepaged内核线程中使用

上表列出了 5 大类的分配掩码，对于内核开发者或者驱动开发者来说，要正确使用这些标志位是一件很困难的事情，因此定义一些常用的分配掩码的组合，叫作类型标志（Type Flag），如表 7.6 所示。类型标志提供了内核开发中常用的分配掩码的组合，推荐开发者使用这些类型标志。

表 7.6　分配掩码的组合

标　志	描　述
GFP_ATOMIC	调用者不能睡眠并且保证分配会成功。它可以访问系统预留的内存，这个标志位通常使用在中断处理程序、下半部、持有自旋锁或者其他不能睡眠的地方
GFP_KERNEL	内核分配内存最常用的标志位之一。它可能会被阻塞，即分配过程可能会睡眠
GFP_NOWAIT	分配不允许睡眠等待
GFP_NOIO	不需要启动任何的I/O操作。比如使用直接回收机制去丢弃干净的页面或者为slab分配的页面

续表

标　志	描　述
GFP_NOFS	不会访问任何的文件系统的接口和操作
GFP_USER	通常用户空间的进程用来分配内存，这些内存可以被内核或者硬件使用。常用的一个场景是，硬件使用的DMA缓冲器要映射到用户空间，比如显卡的缓冲器
GFP_DMA/ GFP_DMA32	使用ZONE_DMA或者ZONE_DMA32来分配内存
GFP_HIGHUSER	用户空间进程用来分配内存，优先使用ZONE_HIGHMEM，这些内存可以被映射到用户空间，内核空间不会直接访问这些内存，另外这些内存不能被迁移
GFP_HIGHUSER_MOVABLE	类似GFP_HIGHUSER，但是页面可以被迁移
GFP_TRANSHUGE/ GFP_TRANSHUGE_LIGHT	通常用于THP页面分配

上面这些都是常用的分配掩码，在实际使用过程中需要注意以下事项。

1）GFP_KERNEL 是最常见的内存分配掩码之一，主要用于分配内核使用的内存，需要注意的是分配过程会引起睡眠，这在中断上下文以及不能睡眠的内核路径里调用该分配掩码需要特别警惕，因为会引起死锁或者其他系统异常。

2）GFP_ATOMIC 这个标志位正好和 GFP_KERNEL 相反，它可以使用在不能睡眠的内存分配路径上，比如中断处理程序、软中断以及 tasklet 等。GFP_KERNEL 可以让调用者睡眠等待系统页面回收来释放一些内存，但 GFP_ATOMIC 不可以，所以有可能会分配失败。

3）GFP_USER、GFP_HIGHUSER 和 GFP_HIGHUSER_MOVABLE。这几个标志位都是为用户空间进程分配内存的。不同之处在于，GFP_HIGHUSER 首先使用高端内存（Highmem），GFP_HIGHUSER_MOVABLE 优先使用高端内存并且分配的内存具有可迁移属性。

4）GFP_NOIO 和 GFP_NOFS 都会产生阻塞，它们用来避免某些其他的操作。GFP_NOIO 表示分配过程中绝不会启动任何磁盘 I/O 的操作。GFP_NOFS 表示可以启动磁盘 I/O，但是不会启动文件系统的相关操作。举个例子，假设进程 A 在执行打开文件的操作中需要分配内存，这时内存短缺，那么进程 A 会睡眠等待，系统的 OOM Killer 机制会选择一个进程来杀掉。假设选择了进程 B，而进程 B 退出时需要执行一些文件系统的操作，这些操作可能会去申请锁，而恰巧进程 A 持有这个锁，所以死锁就发生了。

5）使用这些分配掩码需要注意页面的迁移类型，GFP_KERNEL 分配的页面通常是不可迁移的，GFP_HIGHUSER_MOVABLE 分配的页面是可迁移的。

4．关于内存碎片化

内存碎片化是内存管理中一个比较难的课题。Linux 内核在采用伙伴系统算法时考虑了如何减少内存碎片化。在伙伴系统算法中，什么样的内存块可以成为伙伴呢？其实伙伴系统算法有如下 3 个基本条件。

1）两个块大小相同。

2）两个块地址连续。

3）两个块必须是同一个大块中分离出来的。

如图 7.12 所示，一个 8 个页面的大内存 A0，可以切割成两个小内存块 B0 和 B1，它们大小都是 4 个页面。B0 还可以继续切割成 C0 和 C1，它们是 2 个页面大小的内存块。C0 可以继续切割成 P0 和 P1 两个小内存块，它们的大小是一个物理页面。

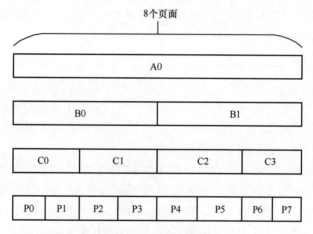

图7.12　伙伴内存块

第一个条件是说两个块大小必须相同，如图 7.11 所示，B0 内存块和 B1 内存块就是大小相同的。第二个条件是说两个内存块地址连续，伙伴就是类似邻居的意思。第三个条件，两个内存块必须是从同一个大内存块中分离出来的，下面来具体解释。

如图 7.13 所示，P0 和 P1 为伙伴，它们都是从 C0 分割出来的，P2 和 P3 为伙伴，它们也是从 C1 分割出来的。假设 P1 和 P2 合并成一个新的内存块 C_new0，然后 P4、P5、P6 和 P7 合并成一个大的内存块 B_new0，会发现即使 P0 和 P3 变成空闲页面之后，这 8 个页面的内存块也无法继续合并成一个新的大内存块了。P0 和 C_new0 无法合并成一个大内存，因为它们两个大小不一样，同样 C_new0 和 P3 也不能继续合并。因此 P0 和 P3 就变成了一个个的空洞，这就产生了外碎片化（External Fragmentation）。随着时间的推移，外碎片化会变得越来越严重，内存利用率也随之下降。

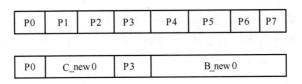

图7.13 伙伴内存块合并

外碎片化的一个比较严重的后果是明明系统有足够的内存,但是无法分配出一大段连续的物理内存供页面分配器使用。因此,伙伴系统算法在设计时就考虑避免图 7.13 所示的内存碎片化。

学术上常用的解决外碎片化的技术叫作内存规整(Memory Compaction),也就是利用移动页面的位置让空闲页面连成一片。但是在早期的 Linux 内核中,这种方法不一定有效。内核分配的物理内存有很多种用途,比如内核本身使用的内存、硬件需要使用的内存,如 DMA 缓冲区、用户进程分配的内存如匿名页面等。如果从页面的迁移属性来看,用户进程分配使用的内存是可以迁移的,但是内核本身使用的内存页面是不能随便迁移的。假设在一大块物理内存中,中间有一小块内存被内核本身使用,但是因为这小块内存不能被迁移,导致这一大块内存不能变成连续的物理内存。如图 7.14 所示,C1 是分配给内核使用的内存,即使 C0、C2 和 C3 都是空闲内存块,它们也不能被合并一大块连续的物理内存。

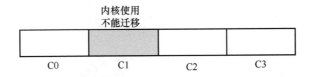

图7.14 不能合并成大块内存

为什么内核本身使用的页面不能被迁移呢?因为要迁移这个页面,首先需要把物理页面映射关系断开,然后重新去建立映射关系。

在这个断开映射关系的过程中,如果内核继续访问这个物理页面,就会访问不正确的指针和内存,导致内核出现 oops 错误,甚至导致系统崩溃(Crash)。内核是一个敏感区域,它必须保证使用的内存是安全的。这和用户进程不太一样,用户进程使用的页面在断开映射关系之后,如果用户进程继续访问这个页面,就会产生一个缺页异常。在缺页异常处理中,会去重新分配一个物理页面,然后和虚拟内存建立映射关系。这个过程对于用户进程来说是安全的。

在 Linux 2.6.24 开发阶段,社区专家就引入了防止碎片的功能,叫作反碎片法(Anti-Fragmentation)。这里说的反碎片法,其实就是利用迁移类型来实现的。迁移类型是按照页块(PageBlock)来划分的,一个页块正好是页面分配器最大的分配大小,即 2 的 MAX_ORDER-1 次方,通常是 4MB。

❑ 不可移动类型 UNMOVABLE：其特点就是在内存中有固定的位置，不能移动到其他地方，比如内核本身需要使用的内存就属于此类。使用 GFP_KERNEL 这个标志位分配的内存，就是不能迁移的。简单来说，内核使用的内存都属于此类，包括 DMA Buffer 等。

❑ 可移动类型 MOVABLE：表示可以随意移动的页面，这里通常是指属于应用程序的页面，比如通过 malloc 分配的内存，mmap 分配的匿名页面等。这些页面是可以安全迁移的。

❑ 可回收的页面：这些页面不能直接移动，但是可以回收。页面的内容可以重新读回或者取回，最典型的一个例子就是映射来自文件的页面缓存。

因此，伙伴系统中的 free_area 数据结构中包含了 MIGRATE_TYPES 个链表，这里相当于内存管理区中根据 order 的大小有 0 到 MAX_ORDER−1 个 free_area。每个 free_area 根据 MIGRATE_TYPES 类型又有几个相应的链表，如图 7.15 所示，读者可以比较图 7.11 和图 7.15 之间的区别。

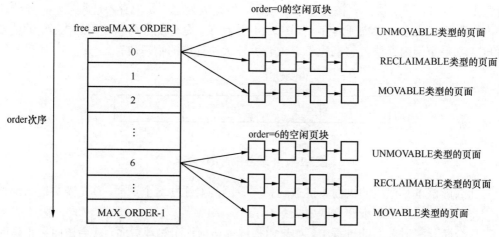

图7.15　现在的Linux内核中的伙伴系统

在运用这种技术的 Linux 内核中，所有的页块里面的页面都是同一个迁移类型的，中间不会再掺杂其他类型的页面。

7.3.4　分配小块内存

当内核需要分配几十字节的小块内存，若使用页面分配器分配一个页面，就显得很浪费资源了，因此必须有一种用来管理小块内存的新分配机制。slab 机制最早是由 SUN 公司的工程师在 Solaris 操作系统中开发的，后来被移植到 Linux 内核中。slab 这个名字来源于内部使用的数据结构，可以理解为一个内存池。

slab 后来有两个变种：一个是 slob 机制，另一个是 slub 机制。slab 在大型服务器上的表现不是特别好，主要有两个缺点：一个是 slab 分配器使用的元数据开销比较大，所谓的元数据可以理解为管理成本；另一个是在嵌入式系统中，slab 分配器的代码量和复杂度都很高，所以出现了 slob 机制考虑到 slab 机制相当经典，我们还是以 slab 机制为例来讲述。

内核中经常会对一些常用的数据结构进行反复地分配和释放，例如内核中的 struct mm_struct 数据结构、进程控制块 task_struct 数据结构，那么内核该怎么去应对呢？

有的读者也许认为可以在内核中建立一个类似伙伴系统的算法,但是这是基于 2 的 order 次方字节的，每次几十字节的小内存块就不用分配一个页面了。这个思想是对的，体现了 kmalloc 机制的实现思想，kmalloc 的确是也是实现基于 2 的 order 次方字节来实现的。

如果我们把这个想法延伸一下，例如现在需要经常分配 mm_struct 数据结构，为何不以 mm_struct 数据作为对象来看待呢？我们建立一个 mm_struct 的对象缓存池，在内存不紧张时，我们去创建这个基于 mm_struct 的对象缓存池，并预先分配好若干个空闲对象，这样当内核需要时就可以慷慨地把空闲对象拿出来了。这个速度是相当快的，比从伙伴系统中急急忙忙地去分配一个页，然后切割成小内存块的方式快上几个数量级。伙伴系统是基于 2 的 order 次方，但是我们常用的一些数据结构，比如 mm_struct 不可能正好是 2 的 order 次方，一定会有内存浪费。另外，从 Linux 的页面分配器中去申请物理页面，有可能会阻塞，也就是会睡眠等待，所以有时很快，有时很慢，特别是页面分配器在内存紧张时。

1．slab 分配接口

slab 分配器提供如下接口来创建、释放 slab 描述符和分配缓存对象。

```
#创建slab描述符
struct kmem_cache *
kmem_cache_create(const char *name, size_t size, size_t align,
        unsigned long flags, void (*ctor)(void *))

#释放slab描述符
void kmem_cache_destroy(struct kmem_cache *s)

#分配缓存对象
void *kmem_cache_alloc(struct kmem_cache *, gfp_t flags);

#释放缓存对象
void kmem_cache_free(struct kmem_cache *, void *);
```

kmem_cache_create()函数中有如下参数。

❑ name：slab 描述符的名称。

❑ size：缓存对象的大小。

❑　align：缓存对象需要对齐的字节数。

❑　flags：分配掩码。

❑　ctor：对象的构造函数。

例如，在 Intel 显卡驱动中就大量使用了 kmem_cache_create()创建自己的 slab 描述符。

[drivers/gpu/drm/i915/i915_gem.c]

```
#创建名为"i915_gem_object"slab描述符
void
i915_gem_load(struct drm_device *dev)
{
…
    dev_priv->slab =
        kmem_cache_create("i915_gem_object",
            sizeof(struct drm_i915_gem_object), 0,
            SLAB_HWCACHE_ALIGN,
            NULL);
…
}
void *i915_gem_object_alloc(struct drm_device *dev)
{
#分配缓存对象
    return kmem_cache_zalloc(dev_priv->slab, GFP_KERNEL);
}
```

2．slab 分配思想

slab 机制最核心的分配思想是在空闲时建立缓存对象池，包括本地对象缓冲池和共享对象缓冲池，这也是未雨绸缪的体现。

所谓的本地对象缓冲池就是在创建每个 slab 描述符时为每个 CPU 创建一个本地对象缓存池，这样当需要从 slab 描述符中分配空闲对象时，优先从当前 CPU 的本地对象缓存池中分配。本地缓存池，就是本地 CPU 可以访问的缓冲池。给每个 CPU 建缓冲池是一个很棒的主意，这样可以减少多核 CPU 之间的锁的竞争，本地缓冲池只属于本地自己的 CPU，其他 CPU 不能过来捣乱和竞争。

共享对象缓冲池是所有 CPU 共享的。当本地缓存池里没有空闲对象时，会从共享对象缓冲池中取一批空闲对象搬移到本地缓冲池中。

slab 机制的总体思想如图 7.16 所示。

slab 描述符、对象缓存池和 slab 是 3 个比较重要的概念。

（1）slab 描述符

struct kmem_cache 数据结构是 slab 分配器中的核心数据结构，我们把它称为 slab 描述符。struct kmem_cache 数据结构的定义如下。

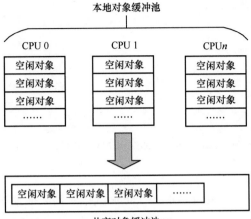

本地对象缓冲池

CPU 0　　　　　CPU 1　　　　　CPU*n*

空闲对象	空闲对象	空闲对象
空闲对象	空闲对象	空闲对象
空闲对象	空闲对象	空闲对象
……	……	……

| 空闲对象 | 空闲对象 | 空闲对象 | …… |

共享对象缓冲池

图7.16　slab机制的总体思想

[include/linux/slab_def.h]

```
0 /*
1  * kmem cache数据结构的核心成员
2  */
3 struct kmem_cache {
4     struct array_cache __percpu *cpu_cache;
5
6
7     unsigned int batchcount;
8     unsigned int limit;
9     unsigned int shared;
10
11    unsigned int size;
12    struct reciprocal_value reciprocal_buffer_size;
13
14
15  unsigned int flags;
16  unsigned int num;
17
18
19
20  unsigned int gfporder;
21
22
23  gfp_t allocflags;
24
25  size_t colour;
26  unsigned int colour_off;
27  struct kmem_cache *freelist_cache;
28  unsigned int freelist_size;
29
30
```

```
31  void (*ctor)(void *obj);
32
33
34  const char *name;
35   struct list_head list;
36  int refcount;
37  int object_size;
38  int align;
39
40
41  struct kmem_cache_node *node[MAX_NUMNODES];
42 };
43
```

每个 slab 描述符都由一个 struct kmem_cache 数据结构来抽象描述。

❑ cpu_cache：一个 Per-CPU 的 struct array_cache 数据结构，每个 CPU 一个，表示本地 CPU 的对象缓冲池。

❑ batchcount：表示当前 CPU 的本地对象缓冲池 array_cache 为空时，从共享的缓冲池或者 slabs_partial/slabs_free 列表中获取对象的数目。

❑ limit：当本地对象缓冲池的空闲对象数目大于 limit 时，会主动释放 batchcount 个对象，便于内核回收和销毁 slab。

❑ shared：用于多核系统。

❑ size：对象的长度，这个长度要加上 align 对齐字节。

❑ flags：对象的分配掩码。

❑ num：一个 slab 中最多可以有多少个对象。

❑ gfporder：一个 slab 中占用 2^gfporder 个页面。

❑ colour：一个 slab 中有几个不同的 cache line。

❑ colour_off：一个 cache colour 的长度，和 L1 缓存行大小相同。

❑ freelist_size：每个对象要占用 1 字节来存放 freelist。

❑ name：slab 描述符的名称。

❑ object_size: 对象的实际大小。

❑ align：对齐的长度。

❑ node：slab 节点，在 NUMA 系统中每个节点有一个 struct kmem_cache_node 数据结构。在 ARM Vexpress 平台中，只有一个节点。

struct array_cache 数据结构定义如下。

```
struct array_cache {
    unsigned int avail;
    unsigned int limit;
    unsigned int batchcount;
    unsigned int touched;
    void *entry[];
};
```

slab 描述符给每个 CPU 都提供一个对象缓存池（array_cache）。

- ❑ batchcount/limit：和 struct kmem_cache 数据结构中的语义一样。
- ❑ avail：对象缓存池中可用的对象数目。
- ❑ touched：从缓冲池移除一个对象时，将 touched 置 1；而收缩缓存时，将 touched 置 0。
- ❑ entry：保存对象的实体。

（2）slab

一个 slab 的组成如图 7.17 所示，它由 1 个或者多个（2 的 order 次方）连续的物理页面组成。注意：这是连续的物理页面。

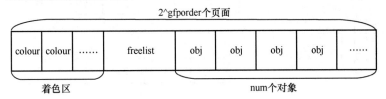

图7.17　一个slab组成

那究竟一个 slab 可以有多少个页面呢？

一般根据缓存对象 object 大小、align 大小等参数来统一计算出来究竟由多少个页面组成一个 slab 是最经济、最合适的。最后会计算出来，一个 slab 里面最多可以有多少个 cache colour，这里 cache colour 指的 cache 着色区。这是在 slab 机制里特有的，但是 slub 里已经去掉了。着色区后面紧跟着 freelist，用来管理后面的 object 的。freelist 后面就是一个个 object 对象了。

（3）slab 机制原理

图 7.18 是 slab 机制的系统架构图，下面来看 slab 整体机制是如何运行的。

slab 机制分两步完成。第一步是使用 kmem_cache_create() 函数创建一个 slab 描述符，使用 struct kmem_cache 数据结构来描述。struct kmem_cache 数据结构里有几个主要的成员，一个是指向本地缓存池的指针，另一个是指向 slab 节点的 node 指针。每个内存节点有一个 slab 节点，通常 ARM 只有一个内存节点，这里就假设系统只有一个 slab 节点。其他是描述这个 slab 描述符的信息，比如这个 slab 的对象的大小、名字以及 align 等信息。

这个 slab 节点里有 3 个链表，分别是 slab 空闲链表、slab 满链表和 slab partial 链表。这些链表的成员是 slab，不是对象。另外，该节点里有一个指针指向一个共享缓存池，它和本地缓存池是相对的。

第二步是从这个 slab 描述符中去分配空闲对象。一个 CPU 要从这个 slab 描述符中分配对象，它首先去访问当前 CPU 对应的这个 slab 描述符里的本地缓存池。如果本地缓冲池里有空闲对象，就直接获取，没有其他 CPU 过来竞争。如果本地缓冲池里没有空闲对象，那么需要去共享缓冲池里查询是否有空闲对象。如果有，就从共享缓存池里搬移几个空闲对象到自己的缓存池中。

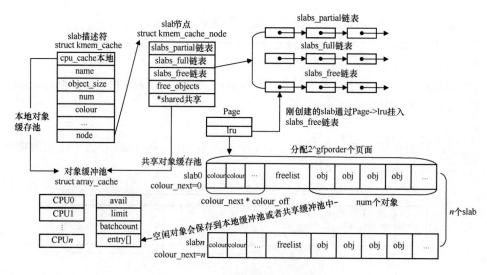

图7.18 slab机制的系统架构图

可是刚创建 slab 描述符时，本地缓冲池和共享对象缓冲池里都是空的，没有空闲对象，那 slab 是怎么建立的呢？

建立 slab 所使用的物理页面需要向页面分配器申请，这个过程可能会睡眠。如图 7.18 所示，建好一个 slab 之后，会把这个 slab 添加到 slab 节点的 slab 空闲链表里，所以 slab 中的 3 个链表的成员是 slab，而不是对象。这里是通过 slab 的第一个页面的 lru 成员挂入链表中的。另外，空闲的对象会搬移到共享缓冲池和本地缓冲池，供分配器使用。

（4）slab 回收

slab 回收就是 slab 运行的机制。当然，slab 不能只分配，不用的 slab 还是会被回收的。如果一个 slab 描述符中有很多空闲对象，那么系统是否要回收一些空闲的缓存对象，从而释放内存归还系统呢？这是必须要考虑的问题，否则系统有大量的 slab 描述符，每个 slab 描述符还有大量不用的、空闲的 slab 对象。

slab 系统有两种方式来回收内存。

❑ 使用 kmem_cache_free 释放一个对象。当发现本地和共享对象缓冲池中的空闲对象数目 ac->avail 大于等于缓冲池的极限值 ac->limit 时，系统会主动释放 bacthcount 个对象。当系统所有空闲对象数目大于系统空闲对象数目极限值，并且这个 slab 没有活跃对象时，系统就会销毁这个 slab，从而回收内存。

❑ slab 系统还注册了一个定时器，定时扫描所有的 slab 描述符，回收一部分空闲对象，达到条件的 slab 也会被销毁，实现函数为 cache_reap()。

3. kmalloc 机制

内核中常用的 kmalloc()函数的核心是 slab 机制。类似伙伴系统机制，kmalloc 机制按照内存块的大小（2 的 order 次方）创建多个 slab 描述符，例如 16 字节、32 字节、64 字节、128 字节等大小，系统会分别创建名为 kmalloc-16、kmalloc-32、kmalloc-64……的 slab 描述符。当系统启动时，在 create_kmalloc_caches()函数中完成。例如分配 30 字节的一个小内存块，可以用"kmalloc(30, GFP_KERNEL)"，那么系统会从名为"kmalloc-32"的 slab 描述符中分配一个对象。

```
void *kmalloc(size_t size, gfp_t flags)
void kfree(const void *);
```

7.4 虚拟内存管理

编写过应用程序的读者应该知道如何使用 C 语言标准库的 API 函数来动态分配虚拟内存。在 32 位系统中，每个用户进程可以拥有 3GB 的虚拟地址空间，通常要远大于物理内存，那么如何管理这些虚拟地址空间呢？用户进程通常会多次调用 malloc()或使用 mmap()接口映射文件到用户空间来进行读写等操作，这些操作都会要求在虚拟地址空间中分配内存块，内存块基本上都是离散的。malloc()是用户态常用的分配内存的接口函数，mmap()是用户态常用的用于建立文件映射或匿名映射的函数。

这些进程地址空间在内核中使用 struct vm_area_struct 数据结构来描述，简称 VMA，也被称为进程地址空间或进程线性区。由于这些地址空间归属于各个用户进程，所以在用户进程的 struct mm_struct 数据结构中也有相应的成员，用于对这些 VMA 进行管理。

7.4.1 进程地址空间

进程地址空间（Process Address Space）是指进程可寻址的虚拟地址空间。在 32 位的处理器中，进程可以寻址 4GB 的地址空间，但是进程没有权限去寻址内核空间的虚拟地址，只能通过系统调用的方式间接访问。而用户空间的进程地址空间则可以被合法访问，地址空间称为内存区域（memory area）。进程可以通过内核的内存管理机制动态地添加和删除这些内存区域，这些内存区域在 Linux 内核采用 VMA 数据结构来抽象描述。

每个内存区域具有相关的权限，比如可读、可写或者可执行权限。若一个进程访问了不在有效范围的内存区域，或者非法访问了内存区域，或者以不正确的方式访问了内存区域，那么处理器会报告缺页异常。在 Linux 内核的缺页异常处理中会处理这些情况，严重的会报告"Segment Fault"段错误并终止该进程。

内存区域包含内容如下。

❑　代码段映射，可执行文件中包含只读并可执行的程序头，如代码段和 init 段等。

❑　数据段映射，可执行文件中包含可读可写的程序头，如数据段和 bss 段等。

❑　用户进程的栈。通常是在用户空间的最高地址，从上往下延伸。它包含栈帧，里面包含了局部变量和函数调用参数等。注意不要和内核栈混淆，进程的内核栈独立存在并有内核维护，主要用于上下文切换。

❑ MMAP 映射区域。位于用户进程栈下面，主要用于 mmap 系统调用，比如映射一个文件的内容到进程地址空间等。

❑ 堆映射区域。malloc()函数分配的进程虚拟地址就是这段区域。

进程地址空间里的每个内存区域相互不能重叠。两个进程都使用 malloc()函数来分配内存，分配的虚拟内存的地址是一样的，那是不是说明这两个内存区域重叠了呢？

如果理解了进程地址空间的本质就不难回答这个问题了。进程地址空间是每个进程可以寻址的虚拟地址空间，每个进程在运行时都仿佛拥有了整个 CPU 资源，这就是所谓的"CPU虚拟化"。因此，每个进程都有一套页表，这样每个进程地址空间就是相互隔离的。即使它们进程地址空间的虚拟地址是相同的，但是经过两套不同页表的转换之后，它们也会对应各自的物理地址。

7.4.2　内存描述符 mm_struct

Linux 内核需要管理每个进程所有的内存区域以及它们对应的页表映射，所以必须抽象出一个数据结构，这就是 mm_struct 数据结构。进程的进程控制块（PCB）数据结构 task_struct 中有一个指针 mm 指向这个 mm_struct 数据结构。

mm_struct 数据结构定义在 include/linux/mm_types.h 文件中，下面是它的主要成员。

```
struct mm_struct {
    struct vm_area_struct *mmap;
    struct rb_root mm_rb;
    unsigned long (*get_unmapped_area) (struct file *filp,
            unsigned long addr, unsigned long len,
            unsigned long pgoff, unsigned long flags);
    unsigned long mmap_base;
    pgd_t * pgd;
    atomic_t mm_users;
    atomic_t mm_count;
    spinlock_t page_table_lock;
    struct rw_semaphore mmap_sem;
    struct list_head mmlist;
    unsigned long total_vm;
    unsigned long start_code, end_code, start_data, end_data;
    unsigned long start_brk, brk, start_stack;
    …
};
```

❑ mmap：进程里所有的 VMA 形成一个单链表，这是该链表的链表头。

❑ mm_rb：VMA 红黑树的根节点。

❑ get_unmapped_area：用来判断虚拟内存空间是否有足够的空间，返回一段没有映射过的空间的起始地址，这个函数会调用到具体的处理器体系结构的实现中，比如对于 ARM 体系结构，Linux 就有相应的函数实现。

- ❑ mmap_base：指向 mmap 区域的起始地址。在 32 位处理器中，mmap 映射的起始地址是 0x40000000。
- ❑ pgd：指向进程的页表 PGD 目录（一级页表）。
- ❑ mm_users：记录正在使用该进程地址空间的进程数目，如果两个线程共享该地址空间，那么 mm_users 的值等于 2。
- ❑ mm_count：mm_struct 结构体的主引用计数。
- ❑ mmap_sem：保护进程地址空间 VMA 的一个读写信号量。
- ❑ mmlist：所有的 mm_struct 数据结构都连接到一个双向链表中，该链表的头是 init_mm 内存描述符，它是 init 进程的地址空间。
- ❑ start_code, end_code：代码段的起始地址和结束地址。
- ❑ start_data, end_data：数据段的起始地址和结束地址。
- ❑ start_brk：堆空间的起始地址。
- ❑ brk：表示当前堆中的 VMA 的结束地址。
- ❑ total_vm：已经使用的进程地址空间总和。

从进程的角度来观察内存管理，可以沿着 mm_struct 数据结构进行延伸和思考，如图 7.19 所示。

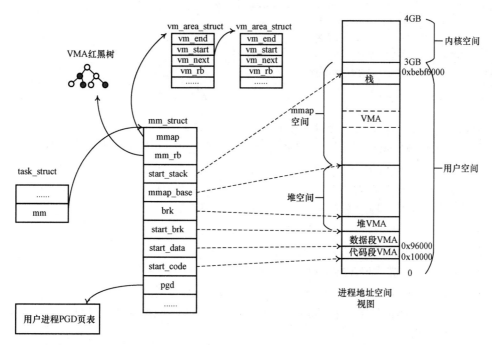

图7.19 mm_struct数据结构图

7.4.3　VMA 管理

VMA 数据结构定义在 mm_types.h 文件中。

[include/linux/mm_types.h]

```
0 struct vm_area_struct {
1     unsigned long vm_start;
2     unsigned long vm_end;
3     struct vm_area_struct *vm_next, *vm_prev;
4     struct rb_node vm_rb;
5     unsigned long rb_subtree_gap;
6     struct mm_struct *vm_mm;
7     pgprot_t vm_page_prot;
8     unsigned long vm_flags;
9     struct {
10        struct rb_node rb;
11        unsigned long rb_subtree_last;
12    } shared;
13    struct list_head anon_vma_chain;
14    struct anon_vma *anon_vma;
15    const struct vm_operations_struct *vm_ops;
16    unsigned long vm_pgoff;
17    struct file * vm_file;
18    void * vm_private_data;
19    struct mempolicy *vm_policy;
20};
21
```

struct vm_area_struct 数据结构中各个成员的含义如下。

❏　vm_start 和 vm_end：指定 VMA 在进程地址空间的起始地址和结束地址。

❏　vm_next 和 vm_prev：进程的 VMA 都连接成一个链表。

❏　vm_rb：VMA 作为一个节点加入红黑树中，每个进程的 struct mm_struct 数据结构中都有这样一棵红黑树 mm->mm_rb。

❏　vm_mm：指向该 VMA 所属的进程 struct mm_struct 数据结构。

❏　vm_page_prot：VMA 的访问权限。

❏　vm_flags：描述该 VMA 的一组标志位。

❏　anon_vma_chain 和 anon_vma：用于管理 RMAP 反向映射。

❏　vm_ops：指向许多方法的集合，这些方法用于在 VMA 中执行各种操作，通常用于文件映射。

❏　vm_pgoff：指定文件映射的偏移量，这个变量的单位不是字节，而是页面的大小

（PAGE_SIZE）。对于匿名页面来说，它的值可以是 0 或者 vm_addr/PAGE_SIZE。

❑　vm_file：指向 file 的实例，描述一个被映射的文件。

struct mm_struct 数据结构是描述进程内存管理的核心数据结构，该数据结构也提供了管理 VMA 所需要的信息，这些信息概况如下。

[include/linux/mm_types.h]

```
struct mm_struct {
    struct vm_area_struct *mmap;
    struct rb_root mm_rb;
    …
};
```

每个 VMA 都要连接到 mm_struct 中的链表和红黑树中，以方便查找。

❑　mmap 形成一个单链表，进程中所有的 VMA 都链接到这个链表中，链表头是 mm_struct->mmap。

❑　mm_rb 是红黑树的根节点，每个进程有一棵 VMA 的红黑树。

VMA 按照起始地址以递增的方式插入 mm_struct->mmap 链表。当进程拥有大量的 VMA 时，扫描链表和查找特定的 VMA 是非常低效的操作，例如在云计算的机器中，所以内核中通常要靠红黑树来协助，以便提高查找速度。

从 VMA 的角度来观察进程的内存管理，如图 7.20 所示。

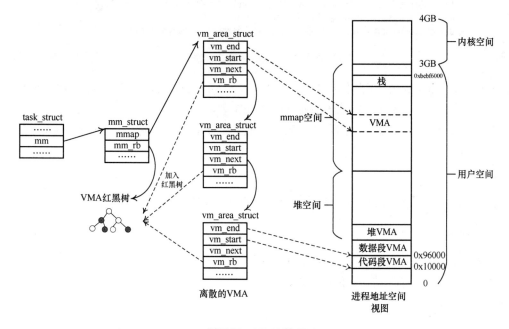

图7.20　VMA管理

1．查找 VMA

通过虚拟地址 addr 来查找 VMA 是内核中常用的操作。内核提供一个 API 函数来实现这个查找操作。

```
struct vm_area_struct *find_vma(struct mm_struct *mm, unsigned long addr)

struct vm_area_struct *
find_vma_prev(struct mm_struct *mm, unsigned long addr,
        struct vm_area_struct **pprev)

static inline struct vm_area_struct * find_vma_intersection(struct mm_struct * mm,
 unsigned long start_addr, unsigned long end_addr)
```

find_vma()函数根据给定地址 addr 查找满足如下条件之一的 VMA，如图 7.21 所示。

❑　addr 在 VMA 空间范围内，即 vma->vm_start <= addr < vma->vm_end。

❑　距离 addr 最近，并且 VMA 的结束地址大于 addr 的一个 VMA。

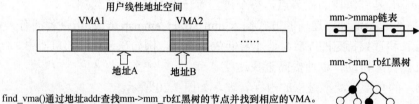

图7.21　find_vma()函数

find_vma_intersection()函数是另一个 API 接口，用于查找 start_addr、end_addr 和现存的 VMA 有重叠的一个 VMA，它基于 find_vma()来实现。

find_vma_prev() 函数的逻辑和 find_vma() 一样，但是返回 VMA 的前继成员 vma->vm_prev。

2．插入 VMA

insert_vm_struct()是内核提供的插入 VMA 的核心 API 函数。

```
int insert_vm_struct(struct mm_struct *mm, struct vm_area_struct *vma)
```

insert_vm_struct()函数向 VMA 链表和红黑树插入一个新的 VMA。参数 mm 是进程的内存描述符，vma 是要插入的线性区 VMA。

3．合并 VMA

在新的 VMA 被加入进程的地址空间时，内核会检查它是否可以与一个或多个现存的

VMA 进行合并。vma_merge() 函数实现将一个新的 VMA 和附近的 VMA 合并。

```
struct vm_area_struct *vma_merge(struct mm_struct *mm,
        struct vm_area_struct *prev, unsigned long addr,
        unsigned long end, unsigned long vm_flags,
        struct anon_vma *anon_vma, struct file *file,
        pgoff_t pgoff, struct mempolicy *policy)
```

vma_merge() 函数参数多达 9 个。其中，mm 是相关进程的 struct mm_struct 数据结构。prev 是紧接着新 VMA 前继节点的 VMA，一般通过 find_vma_links() 函数来获取。add 和 end 是新 VMA 的起始地址和结束地址。vm_flags 是新 VMA 的标志位。如果新 VMA 属于一个文件映射，则参数 file 指向该文件 struct file 数据结构。参数 proff 指定文件映射偏移量。参数 anon_vma 是匿名映射的 struct anon_vma 数据结构。

7.4.4　malloc 分配函数

malloc() 函数是 C 语言中的内存分配函数。

假设系统中有进程 A 和进程 B，分别使用 testA 和 testB 函数分配内存。

```
//进程A分配内存
void testA(void)
{
    char * bufA = malloc(100);
    …
    *bufA = 100;
    …
}

//进程B分配内存
void testB(void)
{
    char * bufB = malloc(100);
     mlock(bufB, 100);
    …
}
```

C 语言初学者经常会有如下的困扰。

❏　m alloc() 函数返回的内存是否马上就分配物理内存？testA 和 testB 分别在何时分配物理内存？

❏　假设不考虑 libc 的因素，malloc 分配 100 字节，那么实际上内核是为其分配 100 字节吗？

❏　假设使用 printf 打印指针 bufA 和 bufB 指向的地址是一样的，那么在内核中这两块虚拟内存是否"打架"了呢？

malloc() 函数是 C 语言标准库里封装的一个核心函数。C 标准库做一些处理后调用 Linux 内核系统去调用 brk。也许读者并不太熟悉 brk 的系统调用，原因在于很少有人会直接使用系统调用 brk 向系统申请内存，而总是通过 malloc()之类的 C 标准库的 API 函数。如果把 malloc()想象成零售，那么 brk 就是代理商。malloc 函数的实现为用户进程维护一个本地小仓库，当进程需要使用更多的内存时就向这个小仓库"要货"，小仓库存量不足时就通过代理商 brk 向内核"批发"。brk 系统调用定义如下。

```
SYSCALL_DEFINE1(brk, unsigned long, brk)
```

在 32 位 Linux 内核中，每个用户进程拥有 3GB 的虚拟空间。内核如何为用户空间划分这 3GB 的虚拟空间呢？

用户进程的可执行文件由代码段和数据段组成，数据段包括所有的静态分配的数据空间，例如全局变量和静态局部变量等。这些空间在可执行文件装载时，内核就为其分配好这些空间，包括虚拟地址和物理页面，并建立好二者的映射关系。

如图 7.22 所示，用户进程的用户栈从 3GB 虚拟空间的顶部开始，由顶向下延伸，而 brk 分配的空间是从数据段的顶部 end_data 到用户栈的底部。动态分配空间是从进程的 end_data 开始，每次分配一块空间，就把这个边界往上推进一段，同时内核和进程都会记录当前的边界的位置。

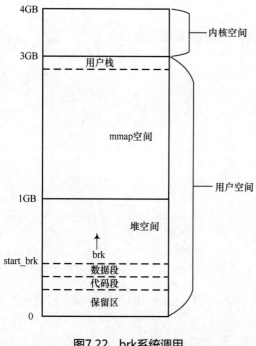

图7.22 brk系统调用

使用 C 语言的读者知道，malloc 函数是很经典的函数，使用起来也很简单、便捷，可是内核实现并不简单。回到本章开头的问题，malloc 函数其实是为用户空间分配进程地址空间的，用内核术语就是分配一块 VMA，相当于一个空的纸箱子。那什么时候才往纸箱子里装东西呢？一是到了真正使用箱子时才往里面装东西；二是分配箱子时就装了你想要的东西。

进程 A 中的 testA 函数就是第一种情况。当使用这段内存时，CPU 去查询页表，发现页表为空，CPU 触发缺页异常，然后在缺页异常里一页一页地分配内存，需要一页给一页。

进程 B 里面的 testB 函数是第二种情况，直接分配已装满的纸箱子，你要的虚拟内存都已经分配了物理内存并建立了页表映射。

假设不考虑 C 语言标准库的因素，malloc 分配 100 字节，那么内核会分配多少字节呢？处理器的 MMU 硬件单元处理最小单元是页，所以内核分配内存、建立虚拟地址和物理地址映射关系都以页为单位，PAGE_ALIGN(addr)宏让地址 addr 按页面大小对齐。

使用 printf()函数输出两个进程的 malloc 分配的虚拟地址是一样的，那么内核中这两个虚拟地址空间会"打架"吗？其实每个用户进程有自己的一份页表，mm_struct 数据结构中有一个 pgd 成员指向这个页表的基地址，在用 fork()函数创建新进程时会初始化一份页表。每个进程有一个 mm_struct 数据结构，包含一个属于进程自己的页表、一个管理 VMA 的红黑树和链表。进程本身的 VMA 会挂入属于自己的红黑树和链表，所以即使进程 A 和进程 B 使用 malloc 分配内存返回的相同的虚拟地址，它们也是两个不同的 VMA，分别被不同的两套页表来管理。

图 7.23 是 malloc 函数在用户空间和内核空间的实现流程。

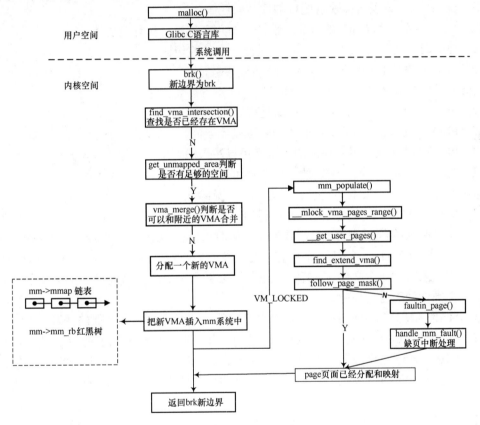

图7.23　malloc实现流程

7.4.5　mmap

mmap/munmap 接口函数是用户空间最常用的两个系统调用接口，无论是在用户程序中分配内存、读写大文件、链接动态库文件，还是多进程间共享内存，都可以看到 mmap/munmap 的身影。mmap/munmap 函数声明如下。

```
#include <sys/mman.h>
```

```
void *mmap(void *addr, size_t length, int prot, int flags,
          int fd, off_t offset);
int munmap(void *addr, size_t length);
```

- ❑ addr：用于指定映射到进程地址空间的起始地址，为了应用程序的可移植性，一般设置为 NULL，让内核来选择一个合适的地址。
- ❑ length：表示映射到进程地址空间的大小。
- ❑ prot：用于设置内存映射区域的读写属性等。
- ❑ flags：用于设置内存映射的属性，例如共享映射、私有映射等。
- ❑ fd：表示这是一个文件映射，fd 是打开文件的句柄。
- ❑ offset：在文件映射时，表示文件的偏移量。

prot 参数通常表示映射页面的读写权限，有如下参数。

- ❑ PROT_EXEC：表示映射的页面是可以执行的。
- ❑ PROT_READ：表示映射的页面是可以读取的。
- ❑ PROT_WRITE：表示映射的页面是可以写入的。
- ❑ PROT_NONE：表示映射的页面是不可以访问的。

flags 参数也是一个很重要的参数，有如下常见参数。

- ❑ MAP_SHARED：创建一个共享映射的区域。多个进程可以通过共享映射方式来映射一个文件,这样其他进程也可以看到映射内容的改变,修改后的内容会同步到磁盘文件中。
- ❑ MAP_PRIVATE：创建一个私有的写时复制的映射。多个进程可以通过私有映射的方式来映射一个文件,这样其他进程不会看到映射内容的改变,修改后的内容也不会同步到磁盘文件中。
- ❑ MAP_ANONYMOUS：创建一个匿名映射，即没有关联到文件的映射。
- ❑ MAP_FIXED：使用参数 addr 创建映射，如果在内核中无法映射指定的地址 addr，那么 mmap 返回失败，参数 addr 要求按页对齐。如果 addr 和 length 指定的进程地址空间和已有的 VMA 区域重叠，那么内核会调用 do_munmap()函数把这段重叠区域销毁，然后重新映射新的内容。
- ❑ MAP_POPULATE：对于文件映射来说，会提前预读文件内容到映射区域，该特性只支持私用映射。

参数 fd 可以看出 mmap 映射是否和文件相关联，因此在 Linux 内核中映射可以分成匿名映射和文件映射。

- ❑ 匿名映射：没有映射对应的相关文件，这种映射的内存区域的内容会被初始化为 0。
- ❑ 文件映射：映射和实际文件相关联，通常是把文件的内容映射到进程地址空间，这样应用程序就可以像操作进程地址空间一样读写文件。

最后根据文件关联性和映射区域是否共享等属性，mmap 又可以分成如下 4 种情况，如表 7.7 所示。

表 7.7　mmap 映射类型

	映射类型	
	私有映射	**共享映射**
匿名映射	私有匿名映射，通常用于内存分配	共享匿名映射，通常用于进程间共享内存
文件映射	私有文件映射，通常用于加载动态库	共享文件映射，通常用于内存映射I/O，进程间通信

1．私有匿名映射

当参数 fd=−1 且 flags= MAP_ANONYMOUS | MAP_PRIVATE 时，创建的 mmap 映射是私有匿名映射。私有匿名映射最常见的用途是在 glibc 分配大块的内存中，当需要分配的内存大于 MMAP_THRESHOLD（128KB）时，glibc 会默认使用 mmap 代替 brk 来分配内存。

2．共享匿名映射

当参数 fd=−1 且 flags= MAP_ANONYMOUS | MAP_SHARED 时，创建的 mmap 映射是共享匿名映射。共享匿名映射让相关进程共享一块内存区域，通常用于父子进程之间通信。

创建共享匿名映射有如下两种方式。

1）fd=−1 且 flags= MAP_ANONYMOUS | MAP_SHARED。在这种情况下，do_mmap_pgoff()->mmap_region()函数最终会调用 shmem_zero_setup()打开一个"/dev/zero"特殊的设备文件。

2）直接打开"/dev/zero"设备文件，然后使用这个文件句柄来创建 mmap。

上述两种方式最终都会调用到 shmem 模块来创建共享匿名映射。

3．私有文件映射

创建文件映射时，flags 的标志位被设置为 MAP_PRIVATE，此时就会创建私有文件映射。私有文件映射最常用的场景是加载动态共享库。

4．共享文件映射

创建文件映射时，flags 的标志位被设置为 MAP_SHARED，此时就会创建共享文件映射。如果 prot 参数指定了 PROT_WRITE，那么打开文件时需要指定 O_RDWR 标志位。共享文件映射通常有如下两个场景。

1）读写文件。把文件内容映射到进程地址空间，同时对映射的内容做修改，内核的回写机制最终会把修改的内容同步到磁盘中。

2）进程间通信。进程之间的进程地址空间相互隔离，一个进程不能访问到另一个进程的地址空间。如果多个进程都同时映射到一个相同文件时，就实现了多进程间的共享内存通信。如果一个进程对映射内容做了修改，那么另一个进程是可以看到的。

mmap 机制在 Linux 内核中实现的代码框架和 brk 机制非常类似，mmap 机制如图 7.24 所示，其中有很多关于 VMA 的操作。另外，mmap 机制和缺页异常机制结合在一起会变得复杂很多。

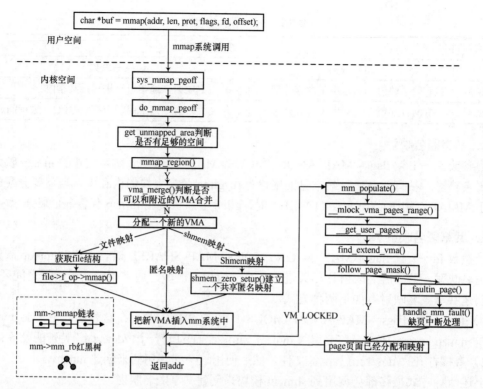

图7.24　mmap系统调用的实现流程

7.5　缺页异常

在之前介绍 malloc() 和 mmap() 两个用户态 API 函数的内核实现时，它们只建立了进程地址空间，在用户空间里可以看到虚拟内存，但没有建立虚拟内存和物理内存之间的映射关系。当进程访问这些还没有建立映射关系的虚拟内存时，处理器自动触发一个缺页异常（有些书中也称为"缺页中断"），Linux 内核必须处理此异常。缺页异常是内存管理当中最复杂和重要的一部分，需要考虑很多的细节，包括匿名页面、KSM 页面、page cache 页面、写时复制、私有映射和共享映射等。

缺页异常处理依赖于处理器的体系结构，因此缺页异常底层的处理流程在内核代码中属于特定体系结构的部分。下面以 ARMv7 为例来介绍底层缺页异常处理的过程。

ARM 的 MMU 中有如下两个与存储访问失效相关的寄存器[1]。

❑　失效状态寄存器（Fault Status Register，FSR）。

---

[1] 请参见 ARMv7-A 的芯片手册：ARM Architecture Reference Manual, ARMv7-A and ARMv7-R edition，第 B4.1.51 节和第 B4.1.52 节，读者可以到 ARM 公司官网下载。

❑ 失效地址寄存器（Fault Address Register，FAR）。

当发生存储访问失效时，FSR 会反映所发生的存储失效的相关信息，包括存储访问所属域和存储访问类型等，同时 FAR 会记录访问失效的虚拟地址。

当在数据访问周期里进行存储访问时发生异常，基于 ARMv7-A 架构的处理器会跳转到异常向量表中的 Data abort 向量中。汇编处理流程为__vectors_start -> vector_dabt -> __dabt_usr/__dabt_svc -> dabt_helper -> v7_early_abort。汇编函数 v7_early_abort 通过协处理器的寄存器 c5 和 c6 读取出 FSR 和 FAR 寄存器后，直接调用 C 语言的 do_DataAbort()函数。系统通过 fsr_info[]数组预先列出了常见的地址失效处理方案，以页面转换失效和页面访问权限失效为例，do_DataAbort()函数最终的解决方案是调用 do_page_fault()来修复。

7.5.1 do_page_fault 函数

缺页异常处理的核心函数是 do_page_fault()，该函数的实现和具体的体系结构相关。do_page_fault()函数的实现流程如图 7.25 所示。

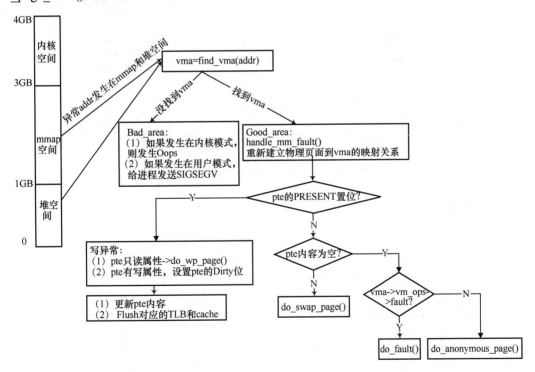

图7.25 do_page_fault()函数

7.5.2　匿名页面缺页异常

在 Linux 内核中，没有关联到文件映射的页面称为匿名页面，例如采用 malloc 函数分配的内存或者采用 mmap 分配的匿名映射的内存等。在缺页异常处理中，匿名页面处理的核心函数是 do_anonymous_page()，代码实现在 mm/memory.c 文件中。图 7.26 所示为 do anonymous page()函数流程图。

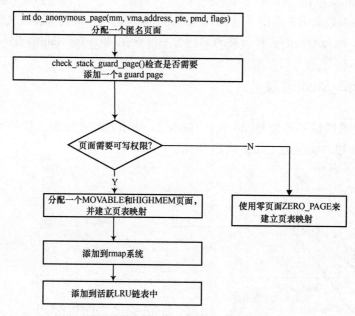

图7.26　do_anonymous_page()函数

7.5.3　文件映射缺页中断

在 Linux 内核中，关联具体文件的内存映射称为文件映射，产生的物理内存叫作页高速缓存。当页面是文件映射时，通常会定义 VMA 的 fault 方法函数（vma->vm_ops->fault()）。

```
struct vm_operations_struct {
    void (*open)(struct vm_area_struct * area);
    void (*close)(struct vm_area_struct * area);
    int (*fault)(struct vm_area_struct *vma, struct vm_fault *vmf);
    void (*map_pages)(struct vm_area_struct *vma, struct vm_fault *vmf);
    int (*page_mkwrite)(struct vm_area_struct *vma, struct vm_fault *vmf);
    int (*access)(struct vm_area_struct *vma, unsigned long addr,
            void *buf, int len, int write);
    const char *(*name)(struct vm_area_struct *vma);
    struct page *(*find_special_page)(struct vm_area_struct *vma,
                unsigned long addr);
```

```
};
```

fault 方法表示当要访问的物理页面不在内存中时，该方法会被缺页中断处理函数调用。

7.5.4　写时复制缺页异常

写时复制（Copy-on-write，COW）是一种可以推迟甚至避免复制数据的技术，在 Linux 内核中主要用在 fork 系统调用里。当执行 fork 系统调用去创建一个新的子进程时，内核不需要复制父进程的整个进程地址空间给子进程，而是让父进程和子进程共享一个副本。只有当需要写入时，数据才会被复制，从而使父进程和子进程拥有各自的副本。于是，资源的复制只有在需要写入时才进行，在此之前通过只读的方式来共享。

当一方需要写入原本父子进程共享的页面时，缺页异常就会产生，那么 do_wp_page() 函数就会处理那些用户试图修改 pte 页表没有可写属性的页面，它新分配一个页面并且复制旧页面内容到新的页面中。图 7.27 所示是 do_wp_page()函数处理的流程图。

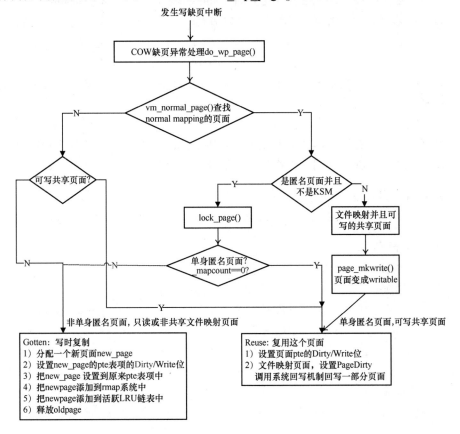

图7.27　do_wp_page()函数

7.5.5　缺页异常小结

缺页异常发生后，根据 pte 页表项中的 PRESENT 位、pte 内容是否为空（pte_none()宏）以及是否文件映射等条件，相应的处理函数如下。

1. 匿名页面缺页异常 do_anonymous_page()

1）判断条件：pte 页表项中 PRESENT 没有置位、pte 内容为空且没有指定 vma->vm_ops->fault()函数指针。

2）应用场合：malloc()分配内存。

2. 文件映射缺页异常 do_fault()

1）判断条件：pte 页表项中的 PRESENT 没有置位、pte 内容为空且指定了 vma->vm_ops->fault()函数指针。do_fault()属于在文件映射中发生的缺页异常的情况。

❑　如果仅发生读错误，那么调用 do_read_fault()函数去读取这个页面。

❑　如果在私有映射 VMA 中发生写保护错误，那么发生写时复制，新分配一个页面 new_page，旧页面的内容要复制到新页面中，利用新页面生成一个 PTE entry 并设置到硬件页表项中，这就是所谓的写时复制。

❑　如果写保护错误发生在共享映射 VMA 中，那么就产生了脏页，调用系统的回写机制来回写这个脏页。

2）应用场合

❑　使用 mmap 读文件内容，例如驱动中使用 mmap 映射设备内存到用户空间等。

❑　动态库映射，例如不同的进程可以通过文件映射来共享同一个动态库。

3. swap 缺页异常 do_swap_page()

判断条件：pte 页表项中的 PRESENT 没有置位且 pte 页表项内容不为空。

4. 写时复制缺页异常 do_wp_page()

1）do_wp_page()最终有两种处理情况。

❑　reuse 复用 old_page：单身匿名页面和可写的共享页面。

❑　gotten 写时复制：非单身匿名页面、只读或者非共享的文件映射页面。

2）判断条件：pte 页表项中的 PRESENT 置位了且发生写错误缺页异常。

3）应用场景：fork。父进程利用 fork()函数创建子进程，父子进程都共享父进程的匿名页面，当其中一方需要修改内容时，COW 便会发生。

总之，缺页异常是内存管理中非常重要的一种机制，它和内存管理中大部分的模块都有联系，例如 brk、mmap、反向映射等。学习和理解缺页异常是理解内存管理的基石。

7.6 内存短缺

在 Linux 系统中,当内存有盈余时,内核会尽量多地使用内存作为文件缓存,从而提高系统的性能。文件缓存页面会加入文件类型的 LRU 链表中,当系统内存紧张时,文件缓存页面会被丢弃,或者被修改的文件缓存会被回写到存储设备中,与块设备同步之后便可释放出物理内存。现在的应用程序越来越转向内存密集型,无论系统中有多少物理内存都是不够用的,因此 Linux 系统会使用存储设备当作交换分区,内核将很少使用的内存换出到交换分区,以便释放出物理内存,这个机制称为页交换(Swapping),这些处理机制统称为页面回收(Page Reclaim)。

7.6.1 页面回收算法

在操作系统的发展过程中,有很多页面交换算法,其中每个算法都有各自的优点和缺点。Linux 内核中采用的页交换算法主要是 LRU 算法和第二次机会法。

1. LRU 算法

LRU 是 Least Recently Used(最近最少使用)的缩写。LRU 假定最近不使用的页在较短的时间内也不会频繁使用。在内存不足时,这些页面将成为被换出的候选者。内核使用双向链表来定义 LRU 链表,并且根据页面的类型分为 LRU_ANON 和 LRU_FILE。每种类型根据页面的活跃性分为活跃 LRU 和不活跃 LRU,所以内核中一共有如下 5 个 LRU 链表。

- ❑ 不活跃匿名页面链表 LRU_INACTIVE_ANON。
- ❑ 活跃匿名页面链表 LRU_ACTIVE_ANON。
- ❑ 不活跃文件映射页面链表 LRU_INACTIVE_FILE。
- ❑ 活跃文件映射页面链表 LRU_ACTIVE_FILE。
- ❑ 不可回收页面链表 LRU_UNEVICTABLE。

LRU 链表之所以要分成这样,是因为当内存紧缺时总是优先换出文件缓存页面,而不是匿名页面。大多数情况下文件缓存页面不需要回写磁盘,除非页面内容被修改了,而匿名页面总是要被写入交换分区才能被换出。LRU 链表按照内存管理区来配置,也就是每个内存管理区中都有一整套 LRU 链表,因此内存管理区数据结构中有一个成员 lruvec 指向这些链表。枚举类型 lru_list 列举出上述各种 LRU 链表的类型,struct lruvec 数据结构中定义了上述各种 LRU 类型的链表。

经典 LRU 算法如图 7.28 所示。

2. 第二次机会法

第二次机会法在经典 LRU 算法基础上做了一些改进。在经典 LRU 链表(FIFO)中,新产生的页面加入 LRU 链表的开头，将 LRU 链表中现存的页面向后移动了一个位置。当系统内存短缺时，LRU 链表尾部的页面将会离开并被换出。当系统再需要这些页面时，这些页面会重新置于 LRU 链表的开头。显然，这个设计不是很巧妙，在换出页面时，没有考虑该页面是频繁使用，还是很少使用。也就是说，频繁使用的页面依然会因为在 LRU 链表末尾而被换出。

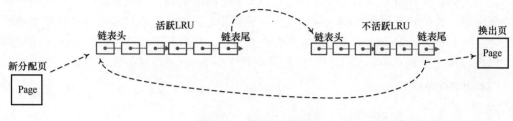

图7.28　经典LRU算法

第二次机会算法的改进是为了避免把经常使用的页面置换出去。当选择置换页面时，依然和 LRU 算法一样，选择最早置入链表的页面，即在链表末尾的页面。第二次机会法设置了一个访问状态位（硬件控制的位）[①]，要检查页面的访问位。如果访问位是 0，就淘汰此页面；如果访问位是 1，就给它第二次机会，并选择下一个页面来换出。当该页面得到第二次机会时，它的访问位被清 0，如果该页在此期间再次被访问过，则访问位置为 1。这样给了第二次机会的页面将不会被淘汰，直至所有其他页面被淘汰过（或者也给了第二次机会）。因此，如果一个页面经常被使用，其访问位总保持为 1，就一直不会被淘汰出去。

Linux 内核使用 PG_active 和 PG_referenced 这两个标志位来实现第二次机会法。PG_active 表示该页是否活跃，PG_referenced 表示该页是否被引用过，主要函数如下。

❑　mark_page_accessed()。

❑　page_referenced()。

❑　page_check_references()。

7.6.2　OOM Killer 机制

当页面回收机制也不能满足页面分配器的需求时，OOM Killer 是最后一个杀手锏了，它会选择占用内存比较高的进程来杀掉，从而释放出内存。

OOM Killer 机制提供了几个参数来调整进程在 OOM Killer 中的行为。

❑　/proc/\<pid\>/oom_score_adj：可以设置-1 000~1 000 之间，当设置为-1 000 时，表示不会被 OOM Killer 选中。

❑　/proc/\<pid\>/oom_adj：它的值从-17~15，值越大，越容易被 OOM Killer 选中；值越

[①] 对于 Linux 内核来说，PTE_YOUNG 标志位是硬件的位，PG_active 和 PG_referenced 是软件位。

小，被选中的可能性越小。当值为-17时，表示该进程永远不会被选中。这个 oom_adj 是要被 oom_score_adj 替代的，只是为了兼容旧的内核版本暂时保留，以后会被废弃。

❑ /proc/<pid>/oom_score：表示当前进程的 oom 分数。

7.7 内存管理实验

Linux 内核的内存管理是一个非常复杂的系统，下面通过几个有趣的实验来加深读者对内存管理的理解。

7.7.1 实验1：查看系统内存信息

1. 实验目的

1）通过熟悉 Linux 系统中常用的内存监测工具来感性地认识和了解内存管理。

2）在优麒麟 Linux 下查看系统内存信息。

2. 实验详解

（1）Top 工具

Top 命令是最常用的查看 Linux 系统信息的命令之一，它可以实时显示系统中各个进程的资源占用情况。

```
Tasks: 585 total,   1 running, 285 sleeping, 298 stopped,   1 zombie
%Cpu(s):  0.3 us,  0.1 sy,  0.0 ni, 99.5 id,  0.0 wa,  0.0 hi,  0.0 si,  0.0 st
KiB Mem :  7949596 total,   640464 free, 5042036 used,  2267096 buff/cache
KiB Swap: 16586748 total, 13447420 free,  3139328 used.  2226976 avail Mem

  PID USER      PR  NI    VIRT    RES    SHR S  %CPU %MEM     TIME+ COMMAND
 3958 figo      20   0  453988 117044  77620 S   3.0  1.5  20:27.13 Xvnc4
 4052 figo      20   0  668728  44504  11264 S   2.3  0.6  11:13.86
gnome-terminal-server
    8 root      20   0       0      0      0 S   0.3  0.0  15:07.14 [rcu_sched]
 2850 figo      20   0 1508396 288632  32944 S   0.3  3.6 404:23.96 compiz
 6851 figo      20   0   44116   4156   3004 R   0.3  0.1   0:00.32 top
    2 root      20   0       0      0      0 S   0.0  0.0   0:00.89 [kthreadd]
    4 root       0 -20       0      0      0 S   0.0  0.0   0:00.00 [kworker/0:0H]
    6 root       0 -20       0      0      0 S   0.0  0.0   0:00.00 [mm_percpu_wq]
    7 root      20   0       0      0      0 S   0.0  0.0   0:07.72 [ksoftirqd/0]
    9 root      20   0       0      0      0 S   0.0  0.0   0:00.00 [rcu_bh]
   10 root      rt   0       0      0      0 S   0.0  0.0   0:00.31 [migration/0]
   11 root      rt   0       0      0      0 S   0.0  0.0   0:11.32 [watchdog/0]
```

第3行和第4行显示了主存（Mem）和交换分区（Swap）的总量、空闲量以及使用量。另外还显示了缓冲区以及页缓存大小（buff/cache）。

第5行显示了进程信息区的统计数据，常用的如下所示。

- ❑ PID：进程的 ID。
- ❑ USER：进程所有者的用户名。
- ❑ PR：进程优先级。
- ❑ NI：进程的 nice 值。
- ❑ VIRT：进程使用的虚拟内存总量，单位是 KB。
- ❑ RES：进程使用的并且未被换出的物理内存大小，单位是 KB。
- ❑ SHR：共享内存大小，单位是 KB。
- ❑ S：进程的状态。（D=不可中断的睡眠状态，R=运行，S=睡眠，T=跟踪/停止，z=僵尸进程）。
- ❑ %CPU：上一次更新到现在的 CPU 时间占用百分比。
- ❑ %MEM：进程使用物理内存的百分比。
- ❑ TIME+：进程使用的 CPU 时间总计，单位是 10ms。
- ❑ COMMAND：命令名或命令行。

上面列出了常用的统计信息，还有一些隐藏的统计信息，比如 CODE（可执行代码大小）、SWAP（交换出去的内存大小）、nMaj/nMin（产生缺页异常的次数）等，可以通过 f 键来选择要显示的内容。

除此之外，top 命令还可以在执行过程中使用一些交互命令，比如"M"可以根据进程使用内存的大小来排序。

（2）vmstat 命令

vmstat 命令也是常见的 Linux 系统的监控小工具，它可以显示系统的 CPU、内存以及 IO 的使用情况。

vmstat 命令通常带有两个参数，第一个参数采用时间间隔，单位是 s，第二个参数采用采样次数。比如"vmstat 2 5"表示每 2s 采样一次数据，并且连续采样 5 次。

```
figo@figo-OptiPlex-9020:~$ vmstat
procs -----------memory---------- ---swap-- -----io---- -system--
------cpu-----
 r  b   swpd   free   buff  cache   si   so    bi    bo   in   cs us sy id wa st
 0  0 3139328 645744 1242708 1016716    0    0     4     2    0    1  0  0 99  0  0
```

vmstat 命令显示的单位是 KB。在大型的服务器中，可以使用-S 选项来按照 MB 或者 GB 来显示。

```
figo@figo-OptiPlex-9020:~$ vmstat -S M
procs -----------memory---------- ---swap-- -----io---- -system--
------cpu-----
 r  b   swpd   free   buff  cache   si   so    bi    bo   in   cs us sy id wa st
 0  0   3065    630   1213    992    0    0     4     2    0    1  0  0 99  0  0
```

下面简单介绍 vmstat 命令显示的各个参数的含义。

- ❑ r：表示在运行队列中正在执行和等待的进程数。

- ❑　b：表示阻塞的进程。
- ❑　swap：表示交换到交换分区的内存大小。
- ❑　free：空闲的物理内存大小。
- ❑　buff：用作磁盘缓存的大小。
- ❑　cache：用于页面缓存的内存大小。
- ❑　si：每秒从交换分区读回到内存的大小。
- ❑　so：每秒写入交换分区的大小。
- ❑　bi：每秒读取磁盘（块设备）的块数量。
- ❑　bo：每秒写入磁盘（块设备）的块数量。
- ❑　in：每秒中断数，包括时钟中断。
- ❑　cs：每秒上下文切换数量。
- ❑　us：用户进程执行时间百分比。
- ❑　sy：内核系统进程执行时间百分比。
- ❑　wa：I/O 等待时间百分比。
- ❑　id：空闲时间百分比。

7.7.2　实验 2：获取系统的物理内存信息

1．实验目的

了解和熟悉 Linux 内核的物理内存管理的方法。比如 struct page 数据结构的使用，特别是 struct page 的 flags 标志位的使用。

2．实验详解

Linux 内核对每个物理页面都采用 struct page 数据结构来描述，内核为每一个物理页面都分配了这样一个 struct page 数据结构，并且存储到一个全局的数组 mem_map[]中。它们之间的对应关系是 1:1 的线性映射，即 mem_map[]数组的第 0 个元素指向页帧号为 0 的物理页面的 struct page 数据结构。请写一个简单的内核模块程序，通过遍历这个 mem_map[]数组来统计当前系统有多少个空闲页面、保留页面、swapcache 页面、slab 页面、脏页面、活跃页面、正在回写的页面等。

3．参考代码

获取系统的物理内存信息的参考代码如下。

```
#include <linux/version.h>
#include <linux/module.h>
#include <linux/init.h>
#include <linux/mm.h>
```

```
#define PRT(a, b) pr_info("%-15s=%10d %10ld %8ld\n", \
        a, b, (PAGE_SIZE*b)/1024, (PAGE_SIZE*b)/1024/1024)

static int __init my_init(void)
{
    struct page *p;
    int i;
    unsigned long pfn, valid = 0;
    int free = 0, locked = 0, reserved = 0, swapcache = 0,
        referenced = 0, slab = 0, private = 0, uptodate = 0,
        dirty = 0, active = 0, writeback = 0, mappedtodisk = 0;
    unsigned long num_physpages;
    num_physpages = get_num_physpages();
    for (i = 0; i < num_physpages; i++) {
        pfn=i+ARCH_PFN_OFFSET;
        /* 这里可能有映射的空洞 */
        if (!pfn_valid(pfn))
            continue;
        valid++;
        p = pfn_to_page(pfn);
        /* page_count(page) == 0 is a free page. */
        if (!page_count(p)) {
            free++;
            continue;
        }
        if (PageLocked(p))
            locked++;
        if (PageReserved(p))
            reserved++;
        if (PageSwapCache(p))
            swapcache++;
        if (PageReferenced(p))
            referenced++;
        if (PageSlab(p))
            slab++;
        if (PagePrivate(p))
            private++;
        if (PageUptodate(p))
            uptodate++;
        if (PageDirty(p))
            dirty++;
        if (PageActive(p))
            active++;
        if (PageWriteback(p))
            writeback++;
        if (PageMappedToDisk(p))
            mappedtodisk++;
    }

    pr_info("\nExamining %ld pages (num_phys_pages) = %ld MB\n",
        num_physpages, num_physpages * PAGE_SIZE / 1024 / 1024);
    pr_info("Pages with valid PFN's=%ld, = %ld MB\n", valid,
        valid * PAGE_SIZE / 1024 / 1024);
    pr_info("\n                        Pages         KB         MB\n\n");

    PRT("free", free);
    PRT("locked", locked);
    PRT("reserved", reserved);
```

```
        PRT("swapcache", swapcache);
        PRT("referenced", referenced);
        PRT("slab", slab);
        PRT("private", private);
        PRT("uptodate", uptodate);
        PRT("dirty", dirty);
        PRT("active", active);
        PRT("writeback", writeback);
        PRT("mappedtodisk", mappedtodisk);

        return 0;
}
static void __exit my_exit(void)
{
        pr_info("Module Unloading\n");
}

module_init(my_init);
module_exit(my_exit);
```

7.7.3 实验 3：分配内存

1. 实验目的

理解 Linux 内核中分配内存常用的接口函数的使用方法和实现原理等。

2. 实验步骤

（1）分配页面

写一个内核模块，然后在 QEMU 上运行 ARM Cortex-A9 的机器上实验。使用 alloc_page()
函数分配一个物理页面，然后输出该物理页面的物理地址，并输出该物理页面在内核空间的
虚拟地址，然后把这个物理页面全部填充为 0x55。

思考一下，如果使用 GFP_KERNEL 或者 GFP_HIGHUSER_MOVABLE 为分配掩码，会
有什么不一样？

（2）尝试分配最大的内存

写一个内核模块，然后在 QEMU 上运行 ARM Cortex-A9 的机器上实验。测试可以动态
分配多大的物理内存块，使用__get_free_pages()函数去分配。可以从分配一个物理页面开始，
一直加大分配页面的数量，然后看看当前系统最大可以分配多少个连续的物理页面。

注意，使用 GFP_ATOMIC 分配掩码，并思考如何使用该分配掩码。

同样使用 kmalloc()函数去测试可以分配多大的内存。

3. 参考代码

尝试最大内存分配的参考代码如下。

```
#include <linux/module.h>
#include <linux/slab.h>
```

```
#include <linux/init.h>

static int __init my_init(void)
{
    static char *kbuf;
    static unsigned long order;
    int size;


    for (size = PAGE_SIZE, order = 0; order < MAX_ORDER; order++, size *= 2) {
        pr_info(" order=%2ld, pages=%5ld, size=%8d ", order,
            size / PAGE_SIZE, size);
        kbuf = (char *)__get_free_pages(GFP_ATOMIC, order);
        if (!kbuf) {
            pr_err("... __get_free_pages failed\n");
            break;
        }
        pr_info("... __get_free_pages OK\n");
        free_pages((unsigned long)kbuf, order);
    }

    for (size = PAGE_SIZE, order = 0; order < MAX_ORDER; order++, size *= 2) {
        pr_info(" order=%2ld, pages=%5ld, size=%8d ", order,
            size / PAGE_SIZE, size);
        kbuf = kmalloc((size_t) size, GFP_ATOMIC);
        if (!kbuf) {
            pr_err("... kmalloc failed\n");
            break;
        }
        pr_info("... kmalloc OK\n");
        kfree(kbuf);
    }
    return 0;
}

static void __exit my_exit(void)
{
    pr_info("Module Unloading\n");
}

module_init(my_init);
module_exit(my_exit);
```

7.7.4　实验 4：slab

1. 实验目的

了解和熟悉使用 slab 机制分配内存，并理解 slab 机制的原理。

2. 实验步骤

（1）编写一个内核模块

创建名为 "test_object" 的 slab 描述符，大小为 20 字节，align 为 8 字节，flags 为 0。然后从这个 slab 描述符中分配一个空闲对象。

（2）查看系统当前的所有的 slab

3．参考代码

创建 slab 的代码如下。

```
#include <linux/module.h>
#include <linux/mm.h>
#include <linux/slab.h>
#include <linux/init.h>

static char *kbuf;
static int size = 20;
static int align = 8;
static struct kmem_cache *my_cache;

static int __init my_init(void)
{
    /* 创建一个kmem_cache */
    my_cache = kmem_cache_create("mycache", size, align,
                0, NULL);
    if (!my_cache) {
        pr_err("kmem_cache_create failed\n");
        return -ENOMEM;
    }
    pr_info("allocated memory cache correctly\n");

    /* 分配一个缓存对象 */
    kbuf = kmem_cache_alloc(my_cache, GFP_ATOMIC);
    if (!kbuf) {
        pr_err(" failed to create a cache object\n");
        (void)kmem_cache_destroy(my_cache);
        return -1;
    }
    pr_info(" successfully created a cache object\n");
    return 0;
}

static void __exit my_exit(void)
{
    /* 销毁这个cache对象 */
    kmem_cache_free(my_cache, kbuf);
    pr_info("destroyed a memory cache object\n");

    /* 销毁这个kmem_cache*/
    (void)kmem_cache_destroy(my_cache);
}

module_init(my_init);
module_exit(my_exit);
```

7.7.5　实验 5：VMA

1．实验目的

理解进程地址空间的管理，特别是理解 VMA 的相关操作。

2. 实验步骤

编写一个内核模块。遍历一个用户进程中所有的 VMA，并且打印这些 VMA 的属性信息，比如 VMA 的大小，起始地址等。

然后通过比较/proc/pid/maps 中显示的信息看看编写的内核模块是否正确。

3. 参考代码

VMA 实验的参考代码如下。

```
#include <linux/module.h>
#include <linux/init.h>
#include <linux/mm.h>
#include <linux/sched.h>

static int pid;
module_param(pid, int, S_IRUGO);

static void printit(struct task_struct *tsk)
{
    struct mm_struct *mm;
    struct vm_area_struct *vma;
    int j = 0;
    unsigned long start, end, length;

    mm = tsk->mm;
    pr_info("mm = %p\n", mm);
    vma = mm->mmap;

    /*使用mmap_sem读写信号量进行保护 */

    down_read(&mm->mmap_sem);
    pr_info
        ("vmas:               vma        start        end         length\n");

    while (vma) {
        j++;
        start = vma->vm_start;
        end = vma->vm_end;
        length = end - start;
        pr_info("%6d: %16p %12lx %12lx   %8lx=%8ld\n",
            j, vma, start, end, length, length);
        vma = vma->vm_next;
    }
    up_read(&mm->mmap_sem);
}

static int __init my_init(void)
{
    struct task_struct *tsk;
    if (pid == 0) {
        tsk = current;
        pid = current->pid;
    } else {
        tsk = pid_task(find_vpid(pid), PIDTYPE_PID);
    }
```

```
    if (!tsk)
        return -1;
    pr_info(" Examining vma's for pid=%d, command=%s\n", pid, tsk->comm);
    printit(tsk);
    return 0;
}

static void __exit my_exit(void)
{
    pr_info("Module Unloading\n");
}

module_init(my_init);
module_exit(my_exit);
```

7.7.6　实验 6：mmap

1．实验目的

理解 mmap 系统调用的使用方法以及实现原理。

2．实验详解

1）编写一个简单的字符设备程序。分配一段物理内存，然后使用 mmap 方法把这段物理内存映射到进程地址空间中，用户进程打开这个驱动程序之后就可以读写这段物理内存了。需要实现 mmap、read 和 write 方法。

2）写一个简单的用户空间的测试程序，来测试这个字符设备驱动，比如测试 open、mmap、read 和 write 方法。

7.7.7　实验 7：映射用户内存

1．实验目的

映射用户内存用于把用户空间的虚拟内存空间传到内核空间。内核空间为其分配物理内存并建立相应的映射关系，并且锁住（pin）这些物理内存。这种方法在很多驱动程序中非常常见，比如在 camera 驱动的 V4L2 核心架构中可以使用用户空间内存类型（V4L2_MEMORY_USERPTR）来分配物理内存，其驱动的实现使用的是 get_user_pages()函数。

本实验尝试使用 get_user_pages()函数来分配和锁住物理内存。

2．实验步骤

1）编写一个简单的字符设备程序。使用 get_user_pages()函数为用户空间传递下来的虚拟地址空间分配和锁住物理内存。

2）写一个简单的用户空间的测试程序，来测试这个字符设备驱动。

7.7.8　实验 8：OOM

1. 实验目的

了解 OOM 机制实现的原理。

2. 实验步骤

1）编写一个简单的应用程序，这个应用程序只分配内存，不释放内存。然后不断地重复执行这个程序，直到系统的 OOM Killer 机制起作用。

2）分析 OOM Killer 打印的日志信息。

第 **8** 章
进程管理

进程管理、内存管理以及文件管理是操作系统的三大核心功能，本章将介绍如下内容。

- ❑　什么是进程。
- ❑　进程和程序之间的关系。
- ❑　Linux 内核中是如何抽象进程描述符的。
- ❑　进程的创建和终止。
- ❑　进程的生命周期。
- ❑　进程是如何调度的。
- ❑　在 SMP 多核环境下，进程是如何调度的。

8.1　进程

8.1.1　进程的来由

IBM 在 20 世纪设计的多道批处理程序设计中没有进程（process）这个概念，人们使用工作（job）这个术语，后来的设计人员慢慢启用进程这个术语。进程，顾名思义是执行中的程序，即一个程序加载到内存后变成了进程，公式表达如下。

$$进程 = 程序 + 执行$$

在计算机的发展历史过程中，为什么需要进程这个概念呢？

早期的操作系统，程序都是单个运行在一台计算机中，其 CPU 利用率低下可想而知。为了提高 CPU 利用率，人们设计了在一台计算机中加载多个程序到内存中并让它们并发运行的方案。每个加载到内存中的程序称为进程（早期叫作工作），操作系统管理着多个进程并发执行。进程会感觉到自己独占 CPU，这是一个很重要的抽象。

对于操作系统来说，进程是重要而且很基本的一个抽象，否则操作系统就退回到单道程序系统了。进程的抽象是为了提高 CPU 的利用率，任何的抽象都需要一个物理基础，进程的物理基础便是程序。程序在运行之前需要有一个安身之地，这就是操作系统在装载程序之前要分配合适的内存。此外，操作系统还需要小心翼翼地处理多个进程共享同一块物理内存时可能引发的冲突问题。

作者在 10 年前购买的笔记本还是奔腾单核的处理器，可是我们依然可以很流畅地同时做很多事情，比如边听音乐边使用 Word 软件处理文字，同时用邮箱客户端收发邮件等。其实 CPU 在某一个瞬间只能运行一个进程，但是在一段时间内，它却可以运行多个进程，这样就给人们产生了并行的错觉，这就是常说的"伪并行"。

假设有一个只包含 3 个程序的简易操作系统，这 3 个程序都需要装载到系统的物理内存中运行，如图 8.1（a）所示。进程和程序之间的区别是比较微妙的，程序是用来描述某件事情的一些操作序列或者算法，而一个进程是某种类型的一个活动，它有程序、输入、输出以及状态等。例如，如果把做菜这个事情看作进程，那么做菜的工序可以看作程序，大厨可以看作处理器，厨房可以看作运行环境，厨房里有需要的食材和调料以及烹饪工具等，那么大厨阅读菜谱、取各种原料、炒菜以及上菜等一系列动作的总和可以理解为一个进程。假设大厨在炒菜的过程中，来了一个紧急的电话，他会记录一下现在菜做到哪一步了（保存进程的当前状态），然后拿起电话来接听，那么这个接听电话的动作就是另一个进程了。这相当于处理器从一个进程（做菜）切换到了另一个高优先级的进程（接电话）。等电话接完了，大厨继续原来做菜的工序。做菜和打电话是两个相互独立的进程，但同一时刻只能做一件事情，如图 8.1（c）所示。

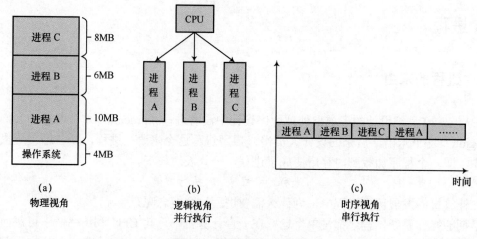

图8.1　进程模型的3个视角

进程和程序的定义可以归纳如下。

❑ 程序通常是指完成特定任务的一系列指令集合或者一个可执行文件，包含可运行的一堆 CPU 指令和相应的数据等信息，它不具有生命力。而进程则是一个有生命的个体，它不仅包含代码段数据段等信息，还有很多运行时需要的资源。

❑ 进程是一段执行中的程序。一个进程除了包含可执行的代码比如代码段，还包含进程的一些活动信息和数据,比如用来存放函数变量、局部变量以及返回值的用户栈,存放进程相关数据的数据段,用于内核中进程间切换的内核栈,以及用于动态分配内存的堆等信息。

❑ 进程是操作系统分配内存、CPU 时间片等资源的基本单位。

❑ 进程是用来实现多进程并发执行的一个实体,实现对 CPU 的虚拟化,让每个进程都感觉拥有一个 CPU。实现这个 CPU 虚拟化的核心技术是上下文切换(Context Switch)以及进程调度(Scheduling)。

8.1.2 进程描述符

进程是操作系统中调度的一个实体,需要对进程所必须拥有的资源做一个抽象,这个抽象描述称为进程控制块(Process Control Block,PCB)。进程控制块需要描述如下几类信息。

❑ 进程的运行状态:包括就绪、运行、等待阻塞、僵尸等状态。

❑ 程序计数器:记录当前进程运行到哪条指令了。

❑ CPU 寄存器:主要是为了保存当前运行的上下文,记录了 CPU 所有必须保存下来的寄存器信息,以便当前进程调度出去之后还能调度回来并接着运行。

❑ CPU 调度信息:包括进程优先级、调度队列和调度等相关信息。

❑ 内存管理信息:进程使用的内存信息,比如进程的页表等。

❑ 统计信息:包含进程运行时间等相关的统计信息。

❑ 文件相关信息:包括进程打开的文件等。

因此进程控制块是用来描述进程运行状况以及控制进程运行所需要的全部信息,是操作系统用来感知进程存在的一个非常重要的数据结构。在任何一个操作系统的实现中,都需要有一个数据结构来描述这个进程控制块,所以在 Linux 内核里面,采用一个名为 task_struct 的结构体来描述。task_struct 数据结构很大,它包含进程的所有相关的属性和信息。在进程的生命周期内,进程要和内核的很多模块进行交互,比如内存管理模块、进程调度模块以及文件系统等模块。因此,它还包含了内存管理方面、进程调度、文件管理等方面的信息和状态。Linux 内核利用链表 task_list 来存放所有进程描述符,task_struct 数据结构定义在 include/linux/sched.h 文件中。

task_struct 数据结构很大,它包含的内容很多,可以简单归纳成如下几类。

❑ 进程的属性。

❑ 进程间的关系。

❑ 进程调度相关信息。

❑ 内存相关信息。

❑　文件管理相关信息。
❑　信号相关信息。
❑　资源限制相关信息。

1．进程属性相关信息

进程属性的相关信息主要包括和进程状态相关的信息，比如进程状态、进程的 PID 等信息。

❑　state 成员：用来记录进程的状态，进程的状态主要有 TASK_RUNNING、TASK_INTERRUPTIBLE、TASK_UNINTERRUPTIBLE、EXIT_ZOMBIE、TASK_DEAD 等几个状态。
❑　pid 成员：这是进程唯一的进程标识符（Process Identifier）。pid_t 的定义是整数类型，pid 默认最大值是 32768。
❑　flag 成员：用来描述进程属性的一些标志位，这些标志位是在 include/linux/schude.h 中定义的。例如，进程退出时会设置 PF_EXITING；这个进程是一个 workqueue 类型的工作线程时会设置 PF_WQ_WORKER；fork 完成之后不执行 exec 命令时，会设置 PF_FORKNOEXEC 等。
❑　exit_code 和 exit_signal 成员：用来存放进程退出值和终止信号，这样父进程可以知道子进程的退出原因。
❑　pdeath_signal 成员：父进程消亡时发出的信号。
❑　comm 成员：存放可执行程序的名称。
❑　real_cred 和 cred 成员：用来存放进程的一些认证信息，struct cred 数据结构里包含了 uid、gid 等信息。

2．调度相关的信息

进程的很重要的角色是作为一个调度实体参与操作系统里的调度，这样就可以实现 CPU 的虚拟化，也就是每个进程都感觉直接拥有了 CPU。宏观上看各个进程都是并行执行的，但是微观上看每个进程都是串行执行。进程调度是操作系统中一个很热门的核心功能，这里先暂时列出 Linux 内核 task_struct 数据结构中关于进程调度重要的一些成员。

❑　prio 成员：保存着进程的动态优先级，是调度类考虑的优先级。
❑　static_prio 成员：静态优先级，在进程启动时分配。内核不存储 nice 值，取而代之的是 static_prio。
❑　normal_prio 成员：基于 static_prio 和调度策略计算出来的优先级。
❑　rt_priority 成员：实时进程的优先级。
❑　sched_class 成员：调度类。
❑　se 成员：普通进程调度实体。

❑　rt 成员：实时进程调度实体。

❑　dl 成员：deadline 进程调度实体。

❑　policy 成员：用来确定进程的类型，比如是普通进程还是实时进程。

❑　cpus_allowed 成员：进程可以在哪几个 CPU 上运行。

3．进程间的关系

系统中最初的第一个进程是 idle 进程（或者叫作 0 号进程），此后每个进程都有一个创建它的父进程，进程本身也可以创建其他的进程，父进程可以创建多个进程，进程类似一个家族，有父进程、子进程，还有兄弟进程。

❑　real_parent 成员：指向当前进程的父进程的 task_struct 数据结构。

❑　children 成员：指向当前进程的子进程的链表。

❑　sibling 成员：指向当前进程的兄弟进程的链表。

❑　group_leader 成员：进程组的组长。

4．内存管理和文件管理相关信息

进程在加载运行之前需要加载到内存，因此进程描述符里必须有一个抽象描述内存相关的信息，有一个指向 mm_struct 数据结构的指针 mm。此外，进程在生命周期内总是需要通过打开文件、读写文件等操作来完成一些任务，这就和文件系统密切相关了。

❑　mm 成员：指向进程所管理的内存的一个总的抽象的数据结构 mm_struct。

❑　fs 成员：保存一个指向文件系统信息的指针。

❑　files 成员：保存一个指向进程的文件描述符表的指针。

8.1.3　进程的生命周期

虽然每个进程都是一个独立的个体，但是进程间经常需要相关沟通和交流，典型的例子是文本进程需要等待键盘的输入。典型的操作系统中的进程如图 8.2 所示，应该包含如下状态。

❑　创建态：创建了新进程。

❑　就绪态：进程获得了可以运作的所有资源和准备条件。

❑　执行态：进程正在 CPU 中执行。

❑　阻塞态：进程因为等待某项资源而被暂时踢出了 CPU。

❑　终止态：进程消亡。

Linux 内核也为进程的状态定义了 5 种状态，如图 8.3 所示，和上述的典型的状态略有不同。

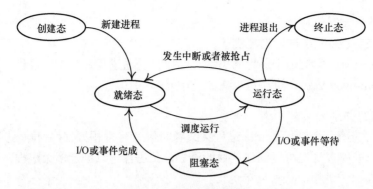

图8.2　典型的进程状态

❑ TASK_RUNNING（可运行态或者就绪态）：这个状态的英文描述是正在运行的意思，可是在 Linux 内核里却不一定是指进程正在运行，所以很容易让人混淆。它是指进程处于可执行的状态，或许正在执行，或许在就绪队列中等待执行。因此 Linux 对当前正在执行的进程没有给出一个明确的状态，不像典型操作系统里给出两个很明确的状态，比如就绪态和执行态。它是运行态和就绪态的一个集合，所以读者需要额外注意。

❑ TASK_INTERRUPTIBLE（可中断睡眠态）：进程进入睡眠状态（被阻塞）来等待某些条件的达成或者某些资源的就位，一旦条件达成或者资源就位，内核就可以把进程的状态设置成可运行状态（TASK_RUNNING）并加入就绪队列中。也有人将这个状态称为浅睡眠状态。

❑ TASK_UNINTERRUPTIBLE（不可中断态）：这个状态和上面的 TASK_INTERRUPTIBLE 状态类似，唯一不同的是，进程在睡眠等待时不受干扰，对信号不做任何反应，所以这个状态称为不可中断的状态。通常使用 ps 命令看到被标记为 D 状态的进程，就是处于不可中断态的进程，你不可以发送 SIGKILL 信号把它们杀死，因为它们不响应信号。也有人把这个状态称为深度睡眠状态。

❑ __TASK_STOPPED（终止态）：进程停止运行了。

❑ EXIT_ZOMBIE（僵尸态）：进程已经消亡，但是 task_struct 数据结构还没有释放，这个状态叫作僵尸状态，每个进程在它生命周期中都要经历这个状态。子进程退出时，父进程可以通过 wait() 或者 waitpid() 来获取子进程消亡的原因。

上述 5 种状态在某种条件下是可以相互转换的，如表 8.1 所示，也就是说进程可以从一种状态转换到另外一种状态，比如进程在等待某些条件或者资源时从可运行态转换到可中断态。

表 8.1 进程状态转换表

起始状态	结束状态	转换原因
TASK_RUNNING	TASK_RUNNING	Linux进程的状态没有变化，但是有可能进程在调度器里被移入或者移出
TASK_RUNNING	TASK_INTERRUPTIBLE	进程等待某些资源，进入睡眠等待队列
TASK_RUNNING	TASK_UNINTERRUPTIBLE	进程等待某些资源，进入睡眠等待队列
TASK_RUNNING	__TASK_STOPPED	进程收到SIGSTOP信号或者进程被跟踪
TASK_RUNNING	EXIT_ZOMBIE	进程已经被杀死，处于僵尸状态，等待父进程调用wait()函数
TASK_INTERRUPTIBLE	TASK_RUNNING	进程获得了等待的资源，进程进入就绪态
TASK_UNINTERRUPTIBLE	TASK_RUNNING	进程获得了等待的资源，进程进入就绪态

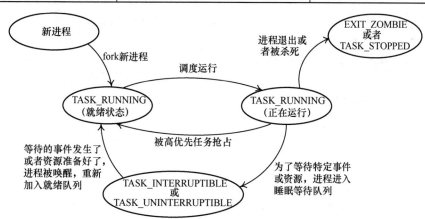

图8.3 Linux内核的进程状态

对于进程状态的设置，虽然可以通过简单的赋值语句来设置，如：

```
p->state = TASK_RUNNING;
```

但是建议读者采用 Linux 内核里提供的两个常用的 API 函数来设置进程的状态。

```
#define set_task_state(tsk, state_value)            \
    set_mb((tsk)->state, (state_value))
```

```
#define set_current_state(state_value)          \
    set_mb(current->state, (state_value))
```

　　set_task_state()和 set_current_state()在设置进程状态时会考虑在 SMP 多核环境下的竞争情况。

8.1.4　进程标识

　　进程被创建时会分配唯一的号码来标识，这个号码就是进程标识符 PID（Process Identifier）。PID 存放在进程描述符的 pid 字段中，PID 是 int 类型，所以默认最大值是 32768。为了循环使用 PID 编号，内核使用 bitmap 机制来管理当前已经分配的 PID 编号和空闲的 PID 编号，bitmap 机制可以保证每个进程创建时都能分配到唯一的号码。

　　除了 PID 之外，Linux 内核引入了线程组的概念。一个线程组中所有的线程使用和该线程组组长相同的 PID，即该组中第一个进程的 PID，它会被存入 task_struct 数据结构的 tgid 成员中。这与 POSIX 1003.1c 标准里的规定有关系，一个多线程应用程序中所有的线程都必须有相同的 PID，这样可以把指定的 PID 的信号发送给组里所有的线程。比如一个进程创建之后，这时只有进程自己，它的 PID 和 TGID 是一样的。当这个进程创建了一个新的线程之后，新线程有属于自己的 PID，但是它的 TGID 还是指向父进程的 TGID，因为它和父进程同属一个线程组里。

　　getpid()系统调用返回当前进程的 tgid 值，而不是线程的 pid 值，因为一个多线程应用程序中所有线程都共享相同的 PID。

　　系统调用 gettid 会返回线程的 PID。

8.1.5　进程间的家族关系

　　Linux 内核维护了进程之间的家族关系，比如：

❑　　Linux 内核在启动时会有一个 init_task 进程，它是系统中所有进程的"鼻祖"，称为 0 号进程或 idle 进程。当系统没有进程需要调度时，调度器就会去执行 idle 进程。idle 进程在内核启动（start_kernel()函数）时静态创建，所有的核心数据结构都预先静态赋值。

❑　　系统初始化快完成时会创建一个 init 进程，这就是常说的 1 号进程，它是所有进程的祖先，从这个进程开始所有的进程都参与了调度。

❑　　如果进程 A 创建了进程 B，那么进程 A 称为父进程，进程 B 称为子进程。

❑　　如果进程 B 创建了进程 C，那么进程 A 和进程 C 之间的关系就是祖孙关系进程。

❑　　如果进程 A 创建了 B1，B2，…，Bn 多个进程，那么这些 Bi 进程之间称为兄弟进程。

进程描述符 task_struct 数据结构有 4 个成员来描述进程间的关系，如表 8.2 所示。

表8.2 进程间的关系成员

成 员	描 述
real_parent	指向创建了该进程A的进程描述符，如果进程A的父进程不存在了，则指向进程1（init进程）的进程描述符
parent	指向进程的当前父进程，通常和real_parent一致
children	所有的子进程都链成一个链表，这是链表头
sibling	所有兄弟进程都链接成一个链表，链表头在父进程的sibling成员中

init_task 进程 的 task_struct 数据结构通过 INIT_TASK 宏来赋值，定义在 include/linux/init_task.h 文件中。

[init/init_task.c]

```
struct task_struct init_task = INIT_TASK(init_task);
EXPORT_SYMBOL(init_task);
```

[include/linux/init_task.h]

```
#define INIT_TASK(tsk)      \
{                                       \
    .state        = 0,                  \
    .stack        = &init_thread_info,      \
    .usage        = ATOMIC_INIT(2),         \
    .flags        = PF_KTHREAD,             \
    .prio     = MAX_PRIO-20,                \
    .static_prio  = MAX_PRIO-20,            \
    .normal_prio  = MAX_PRIO-20,            \
    .policy       = SCHED_NORMAL,           \
    .cpus_allowed     = CPU_MASK_ALL,           \
    .nr_cpus_allowed= NR_CPUS,              \
    .mm       = NULL,               \
    .active_mm    = &init_mm,               \
    .tasks        = LIST_HEAD_INIT(tsk.tasks),  \
    .real_parent  = &tsk,               \
    .parent       = &tsk,               \
    .group_leader = &tsk,               \
    .comm         = INIT_TASK_COMM,         \
    .thread       = INIT_THREAD,            \
    .fs       = &init_fs,               \
    .files        = &init_files,            \
  .signal   = &init_signals,                \
```

```
    …
}
```

此外，系统中所有进程的 task_struct 数据结构都通过 list_head 类型的双向链表链在一起，因此每个 task_struct 数据结构都包含一个 list_head 类型的 tasks 成员。这个进程链表的头是 init_task 进程，也就是所谓的 0 号进程。init_task 进程的 tasks.prev 字段指向链表中最后插入的进程 task_struct 数据结构的 tasks 成员。

Linux 内核提供一个很常用的宏 for_each_process(p)，用来扫描系统中所有的进程。这个宏从 init_task 进程开始遍历，一直循环到 init_task 为止。

```
#define next_task(p) \
    list_entry_rcu((p)->tasks.next, struct task_struct, tasks)

#define for_each_process(p) \
    for (p = &init_task ; (p = next_task(p)) != &init_task ; )
```

8.1.6　获取当前进程

在内核编程中，访问进程的相关信息通常需要获取进程的 task_struct 数据结构的指针。Linux 内核提供了 current 宏来很方便地找到当前正在运行进程的 task_struct 数据结构的指针。这个 current 宏的实现和具体的系统体系结构相关，有的体系结构的处理器会有专门的寄存器来存放指向当前进程的 task_struct 数据结构的指针，但是 ARM32 系统结构里没有这样的硬件，所以只能通过内核栈的尾端来创建 thread_info 结构，并通过计算偏移间接来查找到 task_struct 数据结构。下面以 ARM32 为例进行介绍。

init 进程的内核栈大小通常是 8KB，即两个物理页面的大小[①]，它存放在内核映像文件中的 data 段中，在编译链接时预先分配好，具体见 arch/arm/kernel/vmlinux.lds.S 链接文件；而其他进程的内核栈是在进程派生时动态分配的。这个内核栈里存放了一个 thread_union 联合数据结构，开始的地方存放了 struct thread_info 数据结构，顶部往下的空间用于内核栈空间。ARM32 处理器从汇编代码跳转到 C 语言的入口点在 start_kernel() 函数之前，设置了 SP 寄存器指向 8KB 内核栈顶部区域（要预留 8 字节的空洞）。

所以，current() 宏首先通过 ARM32 的 sp 寄存器来获取当前内核栈的地址，对齐后可以获取 struct thread_info 数据结构指针，最后通过 thread_info->task 成员获取 task_struct 数据结构，如图 8.4 所示。

[arch/arm/include/asm/thread_info.h]

```
register unsigned long current_stack_pointer asm ("sp");
static inline struct thread_info *current_thread_info(void)
```

---

① 内核栈大小通常和体系结构相关，ARM32 架构中内核栈大小是 8KB，ARM64 架构中内核栈大小是 16KB。

```
{
    return (struct thread_info *)
        (current_stack_pointer & ~(THREAD_SIZE - 1));
}
```

[include/asm-generic/current.h]

```
#define get_current() (current_thread_info()->task)
#define current get_current()
```

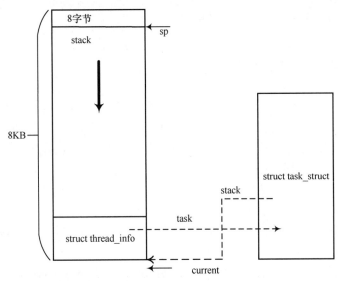

图8.4 获取当前进程的task_struct数据结构

thread_info 数据结构保存了进程描述符中频繁访问和需要快速访问的字段以及和体系结构相关的部分, 以前的内核是把整个 task_struct 数据结构存放在内核栈中。task_struct 数据结构很大, 比较浪费空间, 后来改用 thread_info 数据结构来代替。这样既可以实现通过 thread_info 数据结构内嵌的 task 指针快速得到 task_struct 数据结构指针, 也可以实现体系结构相关部分和无关部分的分离设计, 如 ARM32 的 thread_info 数据结构中的 cpu_domain、cpu_context 等字段。

struct thread_info 数据结构定义如下。

[arch/arm/include/asm/thread_info.h]

```
struct thread_info {
    unsigned long       flags;          /* 低层使用的标志位 */
    int             preempt_count;   /* 0表示可抢占, 小于0表示这是个漏洞 */
    mm_segment_t        addr_limit;     /* 地址大小的范围 */
    struct task_struct *task;           /* 进程的核心结构 */
```

```
    struct exec_domain *exec_domain;      /* 可执行的域  */
    __u32              cpu;        /* cpu */
    __u32              cpu_domain;      /* cpu 域 */
    struct cpu_context_save cpu_context;      /* 硬件上下文 */
    __u32              syscall;      /* 系统调用号 */
    __u8               used_cp[16];
    unsigned long      tp_value[2];      /* TLS 寄存器 */
    union fp_state        fpstate __attribute__((aligned(8)));
    union vfp_state       vfpstate;
};
```

8.2　进程的创建和终止

当用 GCC 将一个最简单的程序（比如 hello word 程序）编译成 ELF 可执行文件后，在 shell 提示符下输入该可执行文件并且按下回车键之后，可以发现这个程序开始执行了。其实这里 shell 会通过调用 fork() 来创建一个新的进程，然后调用 execve() 来执行这个新的程序。Linux 的进程创建和执行通常是由两个单独的函数去完成，即 fork() 和 execve()。fork() 通过写时复制技术复制当前进程的相关信息来复制和创建一个全新的子进程。这时子进程和父进程的区别在于 PID（每个进程的 PID 是唯一的）、PPID 和某些资源以及统计量，但它们共享相同的进程地址空间。execve() 函数负责读取可执行文件，并将其装入子进程的地址空间中开始运行，这时父进程和子进程才开始分道扬镳。

Linux 内核提供了相应的系统调用，比如 sys_fork、sys_exec、sys_vfork、sys_clone 等，另外 C 函数库提供了这些系统调用的对应的函数封装。

fork()、vfork()、clone() 以及内核线程都是通过调用 do_fork() 函数来完成的，只是调用的参数不一样。

```
fork实现:
    do_fork(SIGCHLD, 0, 0, NULL, NULL);

vfork实现:
    do_fork(CLONE_VFORK | CLONE_VM | SIGCHLD, 0, 0, NULL, NULL);

clone实现:
    do_fork(clone_flags, newsp, 0, parent_tidptr, child_tidptr);

内核线程:
    do_fork(flags|CLONE_VM|CLONE_UNTRACED, (unsigned long)fn, (unsigned
long)arg, NULL, NULL);
```

8.2.1　写时复制技术

在传统的 UNIX 操作系统中，创建新进程时会复制父进程所拥有的所有资源，这样进程的创建变得很低效。每次创建子进程时都要把父进程的进程地址空间的内容复制给子进程，子进程还不一定全盘吸收，甚至完全不用父进程的资源，子进程调用 execve() 之后，就完全有可能和父进程分道扬镳了。

现代的操作系统都采用写时复制（copy on write，COW）的技术进行优化。写时复制技术就是父进程在创建子进程时，不需要复制进程地址空间的内容给子进程，只需要复制父进程的进程地址空间的页表给子进程，这样父子进程就共享了相同的进程地址空间。当父子进程有一方需要修改某个物理页面的内容时，会发生写保护的缺页异常，然后才把共享页面的内容复制出来，从而让父子进程拥有各自的副本。也就是说，进程地址空间是以只读的方式共享，当需要写入时才发生复制。写时复制是一种可以推迟甚至避免复制数据的技术，在现代操作系统中有广泛的应用。

在采用了写时复制技术的 Linux 内核中，用 fork() 函数创建一个新进程的开销变得很小，只有复制父进程页表的一点开销了。

8.2.2 fork() 函数

使用 fork() 函数来创建子进程，子进程会从父进程那里继承整个进程地址空间，包括进程上下文、进程堆栈、内存信息、打开的文件描述符、进程优先级、根目录、资源限制、控制终端等。子进程和父进程也有如下一些区别。

❑ 子进程和父进程的 PID 不一样。
❑ 子进程不会继承父进程的内存方面的锁，比如 mlock()。
❑ 子进程不会继承父进程的一些定时器，比如 setitimer()、alarm()、timer_create()。

fork() 函数在用户空间的 C 库函数定义如下。

```
#include <unistd.h>

pid_t fork(void);
```

fork() 函数会有两次返回，一次是在父进程，另一次是在子进程。如果返回值为 0，说明是在子进程中，否则在父进程中会返回子进程的 PID。如果返回-1，表示创建失败。

fork() 函数通过系统调用进入 Linux 内核，然后通过 do_fork() 函数来实现。

```
SYSCALL_DEFINE0(fork)
{
    return do_fork(SIGCHLD, 0, 0, NULL, NULL);
}
```

fork() 函数只使用 SIGCHLD 标志位，在子进程终止后发送 SIGCHLD 信号通知父进程。fork 是重量级调用，为子进程建立了一个基于父进程的完整副本，然后子进程基于此运行。为了减少工作量，子进程采用写时复制技术，只复制父进程的页表，不会复制页面内容。当子进程需要写入新内容时才触发写时复制机制，并为子进程创建一个副本。

8.2.3　vfork()函数

vfork()函数和 fork()函数很类似，但是 vfork()的父进程会一直阻塞，直到子进程调用 exit()或者 execve()为止。在 fork()还没有实现写时复制之前，UNIX 的设计者很关心 fork()之后马上执行 execve()所造成的地址空间浪费和效率低下问题，因此设计了 vfork()这个系统调用。

```
#include <sys/types.h>
#include <unistd.h>

pid_t vfork(void);
```

vfork()函数通过系统调用进入 Linux 内核，然后通过 do_fork()函数来实现。

```
SYSCALL_DEFINE0(vfork)
{
    return do_fork(CLONE_VFORK | CLONE_VM | SIGCHLD, 0,
            0, NULL, NULL);
}
```

vfork()的实现比 fork()多了两个标志位，分别是 CLONE_VFORK 和 CLONE_VM。CLONE_VFORK 表示父进程会被挂起，直至子进程释放虚拟内存资源。CLONE_VM 表示父子进程运行在相同的内存空间中。vfork()的另一个优势是连复制父进程的页表项也省去了。

8.2.4　clone()函数

clone()函数通常用来创建用户线程。在 Linux 内核中没有专门的线程这个概念，而是把线程当成普通进程来看待，在内核中还是以 task_struct 数据结构来描述，并没有特殊的数据结构或者调度算法来描述线程。

clone()函数功能强大，可以传递众多参数，可以有选择地继承父进程的资源，比如可以和 vfork()一样和父进程共享一个进程地址空间，从而创建线程；也可以不和父进程共享进程地址空间，甚至可以创建兄弟关系进程。

```
/* glibc库的封装*/
#include <sched.h>

int clone(int (*fn)(void *), void *child_stack,
        int flags, void *arg, ...);

/* 原始的系统调用*/
long clone(unsigned long flags, void *child_stack,
            void *ptid, void *ctid,
```

```
        struct pt_regs *regs);
```

以 glibc 封装的 clone 为例，fn 是子进程执行的函数指针，child_stack 为子进程分配堆栈，flags 设置 clone 标志位，表示需要从父进程继承哪些资源，arg 是传递给子进程的参数。

clone()函数通过系统调用进入 Linux 内核，然后通过 do_fork()函数来实现。

```
SYSCALL_DEFINE5(clone, unsigned long, clone_flags, unsigned long, newsp,
    int __user *, parent_tidptr,
    int __user *, child_tidptr,
    int, tls_val)
{
    return do_fork(clone_flags, newsp, 0, parent_tidptr, child_tidptr);
}
```

8.2.5　内核线程

内核线程（Kernel Thread）其实就是独立运行在内核空间的进程，它和普通用户进程的区别在于内核线程没有独立的进程地址空间，即 task_struct 数据结构中 mm 指针设置为 NULL，它只能运行在内核空间，和普通进程一样参与到系统的调度中。常见的内核线程有页面回收线程"kswapd"等。

Linux 内核提供多个 API 来创建内核线程。

```
kthread_create(threadfn, data, namefmt, arg...)
kthread_run(threadfn, data, namefmt, ...)
```

kthread_create()函数创建的内核线程被命名为 namefmt。namefmt 可以接受类似 printk() 的格式化参数，新建的内核线程将运行 threadfn 函数。新建的内核线程处于不可运行状态，需要调用 wake_up_process()函数来将其唤醒并添加到就绪队列中。

创建一个马上可以运行的内核线程，可以使用 kthread_run()函数。

内核线程最终还是通过 do_fork()函数来实现。

```
pid_t kernel_thread(int (*fn)(void *), void *arg, unsigned long flags)
{
    return do_fork(flags|CLONE_VM|CLONE_UNTRACED, (unsigned long)fn,
        (unsigned long)arg, NULL, NULL);
}
```

8.2.6　do_fork()函数

在内核中，这 3 个系统的调用都通过同一个函数来实现，即 do_fork()函数，该函数定义在 fork.c 文件中。

```
[kernel/fork.c]
```

```
long do_fork(unsigned long clone_flags, unsigned long stack_start, unsigned
long stack_size, int __user *parent_tidptr, int __user *child_tidptr)
```

do_fork()函数有 5 个参数，具体含义如下。

❑ clone_flags：创建进程的标志位集合。

❑ stack_start：用户态栈的起始地址。

❑ stack_size：用户态栈的大小，通常设置为 0。

❑ parent_tidptr 和 child_tidptr：指向用户空间中地址的两个指针，分别指向父子进程的 PID。

clone_flags 常见的标志位如表 8.3 所示。

表 8.3 常见的 clone-flags 标志位

参数标志	含　义
CLONE_VM	父子进程共享进程地址空间
CLONE_FS	父子进程共享文件系统信息
CLONE_FILES	父子进程共享打开的文件
CLONE_SIGHAND	父子进程共享信号处理函数以及被阻断的信号
CLONE_PTRACE	父进程被跟踪，子进程也会被跟踪
CLONE_VFORK	在创建子进程时启用Linux内核的完成机制。wait_for_completion()会使父进程进入睡眠等待，直到子进程调用execve()或exit()释放虚拟内存资源
CLONE_PARENT	指定子进程和父进程拥有同一个父进程
CLONE_THREAD	父子进程在同一个线程组里
CLONE_NEWNS	为子进程创建新的命名空间
CLONE_SYSVSEM	父子进程共享System V等语义
CLONE_SETTLS	为子进程创建新的TLS（Thread Local Storage）
CLONE_PARENT_SETTID	设置父进程的TID
CLONE_CHILD_CLEARTID	清除子进程的TID
CLONE_UNTRACED	保证没有进程可以跟踪这个新创建的进程
CLONE_CHILD_SETTID	设置子进程的TID
CLONE_NEWUTS	为子进程创建新的utsname命名空间
CLONE_NEWIPC	为子进程创建新的ipc命名空间
CLONE_NEWUSER	为子进程创建新的user命名空间
CLONE_NEWPID	为子进程创建新的pid命名空间
CLONE_NEWNET	为子进程创建新的network命名空间
CLONE_IO	复制I/O上下文

do_fork()函数主要调用 copy_process()函数来创建子进程的 task_struct 数据结构,以及完成从父进程复制必要的内容到子进程的 task_struct 数据结构中,完成子进程的创建,如图 8.5 所示。

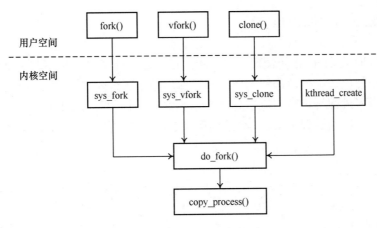

图8.5　do_fork()函数

8.2.7　终止进程

系统中有源源不断的进程诞生,当然也有进程会终止。进程的终止有两种方式:一种方式是自愿的终止,包括显式地调用 exit()系统调用或者从某个程序的主函数返回;另一种方式是被动地接收到杀死的信号或者异常时被动地终止。

进程主动终止主要有如下两个途径。

❑　从 main()函数返回,链接程序会自动添加对 exit()系统调用。

❑　主动调用 exit()系统调用。

进程被动终止主要有如下 3 个途径。

❑　进程收到一个自己不能处理的信号。

❑　进程在内核态执行时产生了一个异常。

❑　进程收到 SIGKILL 等终止信号。

当一个进程终止时,Linux 内核会释放它所占有的资源,并把这个不幸告知父进程,而一个进程的终止可能有两种情况。

❑　它有可能先于父进程终止,那么子进程会变成一个僵尸进程,直到父进程调用 wait() 才算最终消亡。

❑　也有可能在父进程之后终止,这时 init 进程将成为子进程的新父进程。

exit()系统调用把退出码转换成内核要求的格式,并且调用 do_exit()函数来处理。

```
SYSCALL_DEFINE1(exit, int, error_code)
{
    do_exit((error_code&0xff)<<8);
}
```

8.2.8　僵尸进程和托孤进程

当一个进程通过 exit()系统调用已经终止之后,进程处于僵尸状态。在僵尸状态中,除了进程描述符依然保留之外,进程的所有资源都已经归还给内核。Linux 内核这么做是为了让系统可以知道子进程终止原因等信息,因此进程终止时所需的清理工作和释放进程描述符是分开的。当父进程通过调用 wait()系统调用来获取已终结的子进程的信息之后,内核才会去释放子进程的 task_struct 数据结构。

```
asmlinkage long sys_wait4(pid_t pid, int __user *stat_addr,
            int options, struct rusage __user *ru);
asmlinkage long sys_waitid(int which, pid_t pid,
            struct siginfo __user *infop,
            int options, struct rusage __user *ru);
asmlinkage long sys_waitpid(pid_t pid, int __user *stat_addr, int options);
```

Linux 内核实现了几个 wait 相关的系统调用,如 sys_wait4、sys_waitid 和 sys_waitpid 等,其主要功能如下。

❑　获取进程终止的原因等信息。

❑　销毁进程 task_struct 数据结构等最后的资源。

所谓的托孤进程是指如果父进程先于子进程消亡,那么子进程就变成孤儿进程,这时 Linux 内核会让它托孤给 init 进程(1 号进程),这时 init 进程就成了子进程的父进程。

8.2.9　进程 0 和进程 1

进程 0 是指 Linux 内核初始化阶段从无到有创建的一个内核线程,它是所有进程的祖先,有好几个别名,比如进程 0、idle 进程或者 swapper 进程。进程 0 是通过静态变量 init_task 预先设定好的,由 INIT_TASK 宏来完成对 task_struct 的初始化。

[init/init_task.c]

```
struct task_struct init_task = INIT_TASK(init_task);
```

[include/linux/init_task.h]

```
#define INIT_TASK(tsk)          \
{                               \
    .state       = 0,           \
    .signal   = &init_signals,      \
```

```
    …
}
```

Linux 内核初始化函数 start_kernel()在初始化完内核所需要的所有数据结构之后会创建另一个内核线程，这个内核线程就是进程 1 或 init 进程。进程 1 的 PID 为 1，与进程 0 共享进程所有的数据结构。

```
static noinline void __init_refok rest_init(void)
{
    …
    kernel_thread(kernel_init, NULL, CLONE_FS);
    …
}
```

创建完 init 进程之后，进程 0 将会执行 cpu_idle()函数。当这个 CPU 上的就绪队列中没有其他可运行的进程时，调度器才会选择执行进程 0，并让 CPU 进入空闲（idle）状态。在 SMP 多核处理器中，每个 CPU 都有一个进程 0。

进程 1 会执行 kernel_init()函数，它会调用 execve()系统调用装入可执行程序 init，最后进程 1 变成了一个普通进程。这些 init 程序就是常见的 "/sbin/init" "/bin/init" 或者 "/bin/sh" 等可执行的 init 程序。

进程 1 从内核线程变成普通用户进程 init 之后，它的主要作用是根据/etc/inittab 文件的内容启动所需要的任务，包括初始化系统配置、启动一个登录对话等。下面是本书 ARM32+QEMU 实验中的/etc/inittab 文件，是基于 busybox 实现的。

```
::sysinit:/etc/init.d/rcS
::respawn:-/bin/sh
::askfirst:-/bin/sh
::ctrlaltdel:/bin/umount -a -r
```

8.3　进程调度

进程调度的概念比较简单。假设在一个单核处理器的系统中，同一时刻只有一个进程可以拥有处理器资源，那么其他的进程只能在就绪队列（Runqueue）中等待，等到处理器空闲之后才有机会获取处理器资源并且运行。在这种场景下，操作系统就需要从众多的就绪进程中选择一个最合适的进程来运行，这就是进程调度器（Scheduler）。调度器产生的最大原因是为了提高处理器的利用率。一个进程在运行的过程中有可能需要等待某些资源，比如等待磁盘操作的完成、等待键盘输入、等待物理页面的分配等。如果处理器和进程一起等待，那么会明显浪费处理器资源，所以一个进程睡眠等待时，调度器可以调度其他进程来运行，这样就提高了处理器的利用率。

8.3.1　进程分类

站在处理器的角度来看进程的运行行为，会发现有的进程一直占用处理器，有的进程只需要一部分处理器的计算资源即可。因此进程可以分成两类：一类是 CPU 消耗型（CPU-Bound），另一类是 I/O 消耗型（I/O-Bound）。

CPU 消耗型的进程会把大部分时间用在执行代码上，也就是一直占用 CPU。一个常见的例子就是 while 循环执行，比如执行大量数学计算的程序 MATLAB 等。

I/O 消耗型的进程是指大部分时间用来提交 I/O 请求或者等待 I/O 请求，这类型的进程通常只用很少的处理器计算资源。比如需要键盘输入的进程，或者等待网络 I/O 的进程。

有时鉴别一个进程是 CPU 消耗型还是 I/O 消耗型其实挺困难的，一个典型的例子就是 Linux 图形服务器 x-windows 进程，它既是 I/O 消耗型，也是 CPU 消耗型，调度器有必要在系统吞吐率和系统响应性方面做出一些妥协和平衡。Linux 内核的调度器通常倾向于提高系统的响应性，比如提高桌面系统的实时响应等。

8.3.2　进程优先级

操作系统采用的调度算法中最经典的莫过于基于优先级调度了。优先级调度的核心思想是把进程按照优先级进行分类，紧急的进程优先级高，不紧急的进程优先级低。调度器总是从就绪队列中选择优先级高的进程进行调度，而且优先级高的进程分配的时间片也会比优先级低的进程要多，体现了一种等级制度。

Linux 系统最早采用 nice 值来调整进程的优先级，取值范围-20~19，默认值是 0；nice 值越大、优先级越低，nice 值越低，优先级越高。-20 表示这个进程的任务是非常重要的，优先级最高；而 19 则允许其他所有进程都可以优先享有宝贵的 CPU 时间，这也是 nice 这个名称的来由。

目前，Linux 内核使用 0～139 的数值表示进程的优先级，数值越低，优先级越高。优先级 0～99 给实时进程使用，100～139 给普通进程使用。另外，在用户空间有一个传统的变量 nice 值映射到普通进程的优先级，即 100～139。

进程 PCB 描述符 struct task_struct 数据结构中有 3 个成员描述进程的优先级。

```
struct task_struct {
    …
int prio;
int static_prio;
int normal_prio;
unsigned int rt_priority;
…
};
```

static_prio 是静态优先级，在进程启动时分配。内核不存储 nice 值，取而代之的是 static_prio。内核中的宏 NICE_TO_PRIO()实现由 nice 值转换成 static_prio。它之所以被称为静态优先级，是因为它不会随着时间而改变，用户可以通过 nice 或 sched_setscheduler 等系统调用来修改该值。

normal_prio 是基于 static_prio 和调度策略计算出来的优先级，在创建进程时会继承父进程的 normal_prio。对于普通进程来说，normal_prio 等同于 static_prio；对于实时进程，会根据 rt_priority 重新计算 normal_prio，详见 effective_prio()函数。

prio 保存着进程的动态优先级，是调度类考虑的优先级，有些情况下需要暂时提高进程优先级，例如实时互斥量等。rt_priority 是实时进程的优先级。

- ❑ 普通进程的优先级：100～139。
- ❑ 实时进程的优先级：0～99。
- ❑ Deadline 进程优先级：-1。

在用户空间提供了 nice()函数来调整进程的优先级。

```
#include <unistd.h>
int nice(int inc);
```

8.3.3 时间片

时间片是操作系统进程调度的一个很重要的术语，它表示进程在被抢占和调度之前所能持续运行的时间。通常操作系统都会规定一个默认的时间片，但是多长的时间片是一个合适的值，这难住了操作系统的设计者。时间片过长会导致交互型的进程得不到及时响应，时间片过短会增大进程切换带来的处理器消耗。所以 I/O 消耗型和 CPU 消耗型进程之间的矛盾很难得到平衡。I/O 消耗型的进程不需要很长的时间片，而 CPU 消耗型的进程则希望时间片越长越好。

早期的 Linux 的调度器是采用固定时间片的，但是现在的 CFS 调度器已经抛弃固定时间片的做法，而是采用进程权重占比的方法来公平地划分 CPU 的时间，这样进程获得的 CPU 时间和进程的权重以及 CPU 上的总权重有关系。权重和优先级相关，优先级高的进程权重也高，那么就有机会占用更多的 CPU 时间；而优先级低的进程权重也低，那么占用的 CPU 时间也少。

8.3.4 经典调度算法

1962 年，由 Corbato 等人提出的多级反馈队列（Multi-level Feedack Queue，MLFQ）算

法对操作系统的进程调度器的设计产生了深远的影响。很多操作系统的进程调度器都是基于这个多级反馈队列算法，比如 Solaris、FreeBSD、Windows NT、Linux 的 O(1)调度器等，因此 Corbato 在 1990 年获得了图灵奖。

多级反馈队列算法的核心思想是把进程按照优先级分成多个队列，相同优先级的进程在同一个队列中。

如图 8.6 所示，系统中有 5 个优先级，每个优先级有一个队列，队列 5 是最高优先级的，队列 1 是最低优先级的。

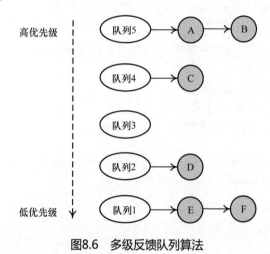

图8.6　多级反馈队列算法

多级反馈队列算法有如下两条基本的规则。

❑ 规则 1：如果进程 A 的优先级大于进程 B 的优先级，那么调度器选择进程 A。

❑ 规则 2：如果进程 A 和进程 B 优先级一样，那么它们同属一个队列里，使用轮转调度算法来选择。

其实多级反馈队列算法的精髓在"反馈"两字，也就是调度器可以动态地修改进程的优先级。进程可以大致分成两类：一类是 I/O 消耗型的，这类进程很少会完全吃满时间片，通常都是在发送 I/O 请求或者在等待 I/O 请求，比如等待鼠标操作、等待键盘输入等，这里进程和系统的用户体验很相关；另一类是 CPU 消耗型的，这类进程会吃满时间片，比如计算密集型的应用程序、批处理应用程序等。多级反馈队列算法需要区分进程属于哪种类型，然后做出不同的反馈。

❑ 规则 3：当一个新进程进入调度器时，把它放入最高优先级的队列里。

❑ 规则 4a：当一个进程吃满了时间片，说明这是一个 CPU 消耗型的进程，那么需要把优先级降一级，从高优先级队列中迁移到低一级的队列里。

❑ 规则 4b：当一个进程在时间片还没有结束之前放弃 CPU，说明这是一个 I/O 消耗型的进程，那么优先级保持不变，维持原来的高优先级。

这个反馈算法看起来很不错，可是在实际应用过程中还是有不少问题的。

第一个问题就是产生饥饿，当系统中有大量的 I/O 消耗型的进程时，这些 I/O 消耗型的进程会把 CPU 完全占满，因为它们的优先级最高，所以那些 CPU 消耗型的进程就得不到 CPU 时间片，从而产生饥饿。

第二问题是有些进程会欺骗调度器。比如有的进程在时间片快要结束时突然发起一个 I/O 请求并且放弃 CPU，那么按照规则 4b，调度器把这个进程判断是 I/O 消耗型的进程，从而欺骗了调度器，它继续保留在高优先级的队列里面。这种进程 99% 的时间都在占用时间片，到了最后时刻还巧妙利用规则欺骗调度器。如果系统中有大量的这种进程，那么系统的交互性就会变差。

第三个问题是一个老大难问题，即一个进程在它生命周期里，有可能一会儿是 I/O 消耗型的，一会儿是 CPU 消耗型的，所以很难去判断一个进程究竟是哪个类型。

针对第一个问题，多级反馈队列算法提出了一个改良方案，也就是系统在一定的时间周期后，把系统中全部的进程都提升到最高的优先级，相当于系统的进程过了一段时间又重新开始一样。

❏ 规则 5：每隔时间周期 S 之后，把系统中所有进程的优先级都提到最高。

规则 5 可以解决进程饥饿的问题，因为系统每隔一段时间（S）就会把低优先级的进程提高到最高优先级中，这样低优先级的 CPU 消耗型的进程有机会和那些长期处于高优先级的 I/O 消耗型的进程同场竞技了。但是也有一个问题，这个时间周期 S 设置为多少合适呢？如果 S 太长，那么 CPU 消耗型的进程会饥饿；如果 S 太短，那么会影响系统的交互性。

针对第二个问题，需要对规则 4 做一些改进。

❏ 新规则 4：当一个进程使用完时间片，不管它是否在时间片最末尾发生 I/O 请求从而放弃 CPU，都把它的优先级降一级。

经过改进后的新规则 4 可以有效地避免进程的欺骗行为。

介绍完多级反馈队列算法的核心实现，在实际工程应用中还有很多问题需要思考和解决，一个最难的问题是参数如何确定和优化。比如，系统需要设计多少个优先级队列？时间片应该设置成多少？规则 5 中的时间间隔 S 又应该设置成多少，才能实现既不会让进程饥饿，也不会降低系统交互性？这些问题很难回答，需要具体问题，具体分析。

现在很多 UNIX 系统中采用多级反馈队列算法的变种，它们允许动态改变时间片，也就是不同的优先级队列有不同的时间片。例如高优先级队列里通常都是 I/O 消耗型的进程，那么设置的时间片比较短，比如 10ms。低优先级队列的通常都是 CPU 消耗型的进程，可以将时间片设置长一些，比如 20ms。Sun 公司开发的 Solaris 操作系统也是基于多级反馈队列算法的，它提供一个表（Table）让系统管理员优化这些参数；FreeBSD（version 4.3）则使用另一种变种，即称为 decay-usage 的变种算法，使用公式来动态计算这些参数。

Linux 2.6 里使用的 O(1)调度器就是基于多级反馈队列算法的一个变种，但是由于交互性能常常达不到令人满意的程度，因此需要加入大量难以维护和阅读的代码来修复各种问题，在 Linux 2.6.23 之后被 CFS 调度器所取代。

8.3.5　Linux $O(n)$调度算法

$O(n)$调度器是 Linux 内核最早采用的一种基于优先级的调度算法。Linux 2.4 内核以及更早期的 Linux 内核都采用这种算法。

就绪队列是一个全局的链表，从就绪队列中查找下一个最佳就绪进程和就绪队列里进程的数目有关，所耗费的时间是 $O(n)$，所以称为 $O(n)$调度器。当就绪队列里的进程很多时，选择下一个就绪进程会变得很慢，从而导致系统整体性能下降。

每个进程在创建时被赋予一个固定时间片。当前进程的时间片使用完后，调度器会选择下一个进程来运行。当所有进程的时间片都用完之后，才会对所有进程重新分配时间片。

8.3.6　Linux $O(1)$调度算法

Linux 2.6 采用 Red Hat 公司 Ingo Molnar 设计的 $O(1)$调度算法，该调度算法的核心思想是基于 Corbato 等人提出的多级反馈队列算法。

每个 CPU 维护一个自己的就绪队列，减小了锁的争用。

就绪队列由两个优先级数组组成，即活跃优先级数组和过期优先级数组。每个优先级数组包含 MAX_PRIO（140）个优先级队列，也就是每个优先级对应一个队列，其中前 100 个对应实时进程，后 40 个对应普通进程。这样设计的好处在于，调度器选择下一个被调度进程就显得高效和简单多了，只需要在活跃优先级数组中选择优先级最高，并且队列中有就绪进程的优先级队列即可。这里使用位图来定义给定优先级队列上是否有可运行的进程，如果有，则位图中相应的比特位会被置 1。

这样选择下一个被调度进程的时间就变成了查询位图操作，而且和系统中就绪进程数量不相关，时间复杂度是 $O(1)$，因此称为 $O(1)$调度器。

当活跃数组中所有进程用完了时间片之后，活跃数组和过期数组会进行互换。

8.3.7　Linux CFS 调度算法

CFS 调度器抛弃以前固定时间片和固定调度周期的算法，采用进程权重值的比重来量化和计算实际运行时间。另外，CFS 调度器引入虚拟时钟的概念，每个进程的虚拟时间是实际运行时间相对 nice 值为 0 的权重的比例值。进程按照各自不同的速率比在物理时钟节拍内前进。nice 值小的进程，优先级高且权重大，其虚拟时钟比真实时钟跑得慢，但是可以获得比较多的运行时间；反之，nice 值大的进程，优先级低，权重也低，其虚拟时钟比真实时钟跑得快，反而获得比较少的运行时间。CFS 调度器总是选择虚拟时钟跑得慢的进程，它像一个多级变速箱，nice 为 0 的进程是基准齿轮，其他各个进程在不同的变速比下相互追赶，从而达到公正、公平，如图 8.7 所示。

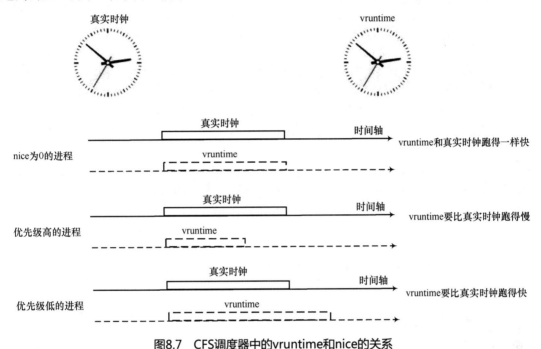

图8.7　CFS调度器中的vruntime和nice的关系

CFS 调度器的核心是计算进程的 vruntime 以及选择下一个运行的进程。

1．vruntime 的计算

在 CFS 调度器中有一个计算虚拟时间的核心函数 calc_delta_fair()，它的计算公式为：

$$\text{vruntime} = \frac{\text{delta\_exec} \times \text{nice\_0\_weight}}{\text{weight}}$$

其中，vruntime 表示进程虚拟的运行时间，delta_exec 表示实际运行时间，nice_0_weight 表示 nice 为 0 的权重值，weight 表示该进程的权重值。

内核使用 struct load_weight 数据结构来记录调度实体的权重信息。

```
struct load_weight {
    unsigned long weight;
    u32 inv_weight;
};
```

其中，weight 是调度实体的权重，inv_weight 是 inverse weight 的缩写，它是权重的一个中间计算结果，稍后会介绍如何使用。调度实体的数据结构中已经内嵌了 struct load_weight 结构体，用于描述调度实体的权重。

```
struct sched_entity {
    struct load_weight load;
…
}
```

因此，代码中经常通过 p->se.load 来获取进程 p 的权重信息。nice 值从-20～19，进程默认的 nice 值为 0。这些值的含义类似级别，可以理解成有 40 个等级，nice 值越高，则优先级越低，反之亦然。例如一个 CPU 密集型的应用程序 nice 值从 0 增加到 1，那么相对于其他 nice 值为 0 的应用程序将减少 10%的 CPU 时间。进程每降低一个 nice 级别，优先级则提高一个级别，相应的进程多获得 10%的 CPU 时间；反之，每提升一个 nice 级别，优先级则降低一个级别，相应的进程少获得 10%的 CPU 时间。为了计算方便，内核约定 nice 值为 0 的权重值为 1 024，其他 nice 值对应的权重值可以通过查表的方式[①]来获取，内核预先计算好了一个表 prio_to_weight[40]，表下标对应 nice 值[-20～19]。

```
[kernel/sched/sched.h]

static const int prio_to_weight[40] = {
 /* -20 */     88761,     71755,     56483,     46273,     36291,
 /* -15 */     29154,     23254,     18705,     14949,     11916,
 /* -10 */      9548,      7620,      6100,      4904,      3906,
 /*  -5 */      3121,      2501,      1991,      1586,      1277,
 /*   0 */      1024,       820,       655,       526,       423,
 /*   5 */       335,       272,       215,       172,       137,
 /*  10 */       110,        87,        70,        56,        45,
 /*  15 */        36,        29,        23,        18,        15,
};
```

前文所述的 10%的影响是相对及累加的，例如一个进程增加了 10%的 CPU 时间，则另一个进程减少 10%，那么差距大约是 20%，因此这里使用一个系数 1.25 来计算。举个例子，进程 A 和进程 B 的 nice 值都为 0，那么权重值都是 1024，它们获得 CPU 的时间都是 50%，计算公式为 1024/(1024+1024)=50%。假设进程 A 增加一个 nice 值，即 nice=1，进程 B 的 nice 值不变，那么进程 B 应该获得 55%的 CPU 时间，进程 A 应该是 45%。利用 prio_to_weight[] 表来计算，进程 A 获得= 820/(1024+820) = 45%，而进程 B CPU 时间的比例= 1024/(1024+820) = 55%，注意是近似等于。

内核中还提供另一个表 prio_to_wmult[40]，也是预先计算好的。

[①] 查表的方式是一种比较快的优化方法，写一个函数来计算 prio_to_weight 永远不如查表来得快。例如程序中需要用到 100 以内的质数，预先定义好一个 100 以内的质数表，查表的方式比用函数的方式要快很多。

[kernel/sched/sched.h]

```
static const u32 prio_to_wmult[40] = {
 /* -20 */     48388,     59856,     76040,       92818,     118348,
 /* -15 */    147320,    184698,    229616,      287308,     360437,
 /* -10 */    449829,    563644,    704093,      875809,    1099582,
 /*  -5 */   1376151,   1717300,   2157191,     2708050,    3363326,
 /*   0 */   4194304,   5237765,   6557202,     8165337,   10153587,
 /*   5 */  12820798,  15790321,  19976592,    24970740,   31350126,
 /*  10 */  39045157,  49367440,  61356676,    76695844,   95443717,
 /*  15 */ 119304647, 148102320, 186737708,   238609294,  286331153,
};
```

prio_to_wmult[]表的计算公式如下：

$$inv\_weight = \frac{2^{32}}{weight}$$

其中，inv_weight 是 inverse weight 的缩写，指权重被倒转了，作用是为后面计算方便。

内核提供一个函数来查询这两个表，然后把值存放在 p->se.load 数据结构中，即 struct load_weight 结构中。

```
static void set_load_weight(struct task_struct *p)
{
    int prio = p->static_prio - MAX_RT_PRIO;
    struct load_weight *load = &p->se.load;

    load->weight = scale_load(prio_to_weight[prio]);
    load->inv_weight = prio_to_wmult[prio];
}
```

prio_to_wmult[]表有什么用途呢？

假设某个进程的 nice 值为 1，其权重值为 820，delta_exec=10ms，代入公式可得：vrumtime = (10×1024)/820，这里会涉及浮点运算。为了计算高效，函数 calc_delta_fair()的计算方式变成乘法和移位运行，公式如下：

$$vruntime = (delta\_exec \times nice\_0\_weight \times inv\_weight) >> shift$$

把 inv_weight 代入计算公式后，得到如下计算公式：

$$vruntime = (\frac{delta\_exec \times nice\_0\_weight \times 2^{32}}{weight}) >> 32$$

这里巧妙地运用 prio_to_wmult[]表预先做了除法，实际的计算只有乘法和移位操作，2^{32} 是为了预先做除法和移位操作。calc_delta_fair()函数等价于如下代码片段：

```
static inline u64 calc_delta_fair(u64 delta, struct sched_entity *se)
{
    if (unlikely(se->load.weight != NICE_0_LOAD))
        delta = __calc_delta(delta, NICE_0_LOAD, &se->load);
    return delta;
```

```
}
static u64 __calc_delta(u64 delta_exec, unsigned long weight, struct
load_weight *lw)
{
    u64 fact = weight;
    int shift = 32;

    fact = (u64)(u32)fact * lw->inv_weight;

    while (fact >> 32) {
        fact >>= 1;
        shift--;
    }
    return (u64)((delta_exec * fact) >> shift);
}
```

以上讲述了进程权重、优先级和 vruntime 的计算方法。

2．调度类

内核中主要实现了 4 套调度策略，分别是 SCHED_FAIR、SCHED_RT、SCHED_DEADLINE 和 SCHED_IDLE，并且都按照 sched_class 类来实现。

这 4 种调度类通过 next 指针串联在一起，用户空间程序可以使用调度策略 API 函数（sched_setscheduler()[①]）来设定用户进程的调度策略。其中，SCHED_NORMAL 和 SCHED_BATCH 使用 CFS 调度器，SCHED_FIFO 和 SCHED_RR 使用 realtime 调度器，SCHED_IDLE 指 idle 调度，SCHED_DEADLINE 指 deadline 调度器。

```
[include/uapi/linux/sched.h]

/*
 * 调度策略
 */
#define SCHED_NORMAL       0
#define SCHED_FIFO       1
#define SCHED_RR         2
#define SCHED_BATCH        3
/* SCHED_ISO保留但是没有实现 */
#define SCHED_IDLE       5
#define SCHED_DEADLINE     6
```

每个调度类都定义了一套操作方法集，调用 CFS 调度器的 task_fork 方法做一些 fork() 相关的初始化。CFS 调度器调度类定义的操作方法集如下。

```
[kernel/sched/fair.c]
```

_____

[①] sched_setscheduler()和 sched_getscheduler()是用户空间程序系统调用 API 设置和获取内核调度器的调度策略和参数。

```
const struct sched_class fair_sched_class = {
    .next                = &idle_sched_class,
    .enqueue_task          = enqueue_task_fair,
    .dequeue_task          = dequeue_task_fair,
    .yield_task        = yield_task_fair,
    .yield_to_task         = yield_to_task_fair,
    .check_preempt_curr    = check_preempt_wakeup,
    .pick_next_task        = pick_next_task_fair,
    .put_prev_task         = put_prev_task_fair,

#ifdef CONFIG_SMP
    .select_task_rq        = select_task_rq_fair,
    .migrate_task_rq     = migrate_task_rq_fair,
    .rq_online         = rq_online_fair,
    .rq_offline        = rq_offline_fair,
    .task_waking       = task_waking_fair,
#endif
    .set_curr_task         = set_curr_task_fair,
    .task_tick         = t ask_tick_fair,
    .task_fork         = task_fork_fair,
    .prio_changed          = prio_changed_fair,
    .switched_from         = switched_from_fair,
    .switched_to           = switched_to_fair,
    .get_rr_interval     = get_rr_interval_fair,
    .update_curr           = update_curr_fair,
#ifdef CONFIG_FAIR_GROUP_SCHED
    .task_move_group     = task_move_group_fair,
#endif
};
```

3. 选择下一个进程

CFS 调度器选择下一个进程来运行的规则也比较简单，就是挑选 vruntime 值最小的进程。CFS 使用红黑树来组织就绪队列，因此可以快速找到 vruntime 最小的那个进程，只需要查找树中最左侧的叶子节点即可。

CFS 调度器通过 pick_next_task_fair()函数来调用调度类中的 pick_next_task()方法。

8.3.8　进程切换

__schedule()是调度器的核心函数,其作用是让调度器选择和切换到一个合适的进程并运行。调度的时机可以分为如下 3 种。

1）触发调度的时机有阻塞操作：如互斥量、信号量、等待队列等。

2）在中断返回前和系统调用返回用户空间时，去检查 TIF_NEED_RESCHED 标志位以判断是否需要调度。

3）将要被唤醒的进程不会马上调用 schedule()要求被调度，而是被添加到 CFS 就绪队列中，并且设置 TIF_NEED_RESCHED 标志位。那么唤醒进程什么时候被调度呢？这要根据内核是否具有可抢占功能（CONFIG_PREEMPT=y）分两种情况进行。

如果内核可抢占，则按以下情况进行处理。

- ❑ 如果唤醒动作发生在系统调用或者异常处理上下文中，在下一次调用 preempt_enable()时会检查是否需要抢占调度。
- ❑ 如果唤醒动作发生在硬中断处理上下文中，硬件中断处理返回前夕会检查是否要抢占当前进程。

如果内核不可抢占，则按以下情况进行处理。

- ❑ 当前进程调用 cond_resched()时会检查是否要调度。
- ❑ 主动调用 schedule()。
- ❑ 系统调用或者异常处理返回用户空间时。
- ❑ 中断处理完成返回用户空间时。

硬件中断返回前夕和硬件中断返回用户空间前夕是两个不同的概念。前者是每次硬件中断返回前夕都会检查是否有进程需要被抢占调度，不管中断发生点是在内核空间，还是用户空间；后者是只有中断发生点在用户空间才会检查。

schedule()函数的核心代码片段如下。

```
static void __sched __schedule(void)
{
    next = pick_next_task(rq, prev);

    if (likely(prev != next)) {
        rq = context_switch(rq, prev, next);
    }
}
```

这里主要是实现了两个功能：一个是选择下一个要运行的进程，另一个是调用 context_switch()函数来进行上下文切换。

在操作系统中把当前正在运行的进程挂起并且恢复以前挂起的某个进程的执行，这个过程称为进程切换或者上下文切换。

context_switch()的代码片段如下。

```
static inline struct rq *
context_switch(struct rq *rq, struct task_struct *prev,
        struct task_struct *next)
{
    struct mm_struct *mm, *oldmm;

    mm = next->mm;
    oldmm = prev->active_mm;

    switch_mm(oldmm, mm, next);
```

```
    /* 切换进程上下文 */
    switch_to(prev, next, prev);
    barrier();

    return finish_task_switch(prev);
}
```

该函数涉及 3 个参数，其中 rq 表示进程切换所在的就绪队列，prev 指将要被换出的进程，next 指将要被换入执行的进程。首先，需要调用 switch_mm()函数来做一些进程地址空间切换的处理，然后调用 switch_to()函数切换进程，从 prev 进程切换到 next 进程来运行。该函数执行完成时，CPU 运行 next 进程，prev 进程被调度出去，俗称"睡眠"。

再思考一个问题，当被调度出去的"prev 进程"再次被调度运行时，它有可能在原来的 CPU 上，也有可能被迁移到其他 CPU 上，总之是在 switch_to()函数切换完进程后开始执行的。

总而言之，switch_to()函数是新旧进程的切换点。所有进程在受到调度时的切入点都在 switch_to()函数中，即完成 next 进程堆栈切换后开始执行 next 进程。next 进程一直在运行，直到下一次执行 switch_to()函数，并且把 next 进程的堆栈保存到硬件上下文为止。有一个特殊情况是新建的进程，其第一次执行的切入点在 copy_thread()函数中指定的 ret_from_fork 汇编函数中，pc 指针指向该汇编函数，因此当 switch_to()函数切换到新建进程时，新进程从 ret_from_fork 汇编函数开始执行。

虽然每个进程可以拥有属于自己的进程地址空间，但是所有进程都必须共享 CPU 的寄存器，所以在进程切换时，必须把 next 进程在挂起保存的寄存器值重新装载到 CPU 中。进程恢复执行前必须装入的 CPU 寄存器的数据，称之为硬件上下文。进程切换可以总结为如下两步。

1）切换进程的进程地址空间，也就是切换 next 进程的页表到硬件页表中，这是 switch_mm()函数实现的。

2）切换到 next 进程的内核态堆栈和硬件上下文，这是 switch_to()函数实现的。硬件上下文提供了内核执行 next 进程所需要的所有硬件信息。

switch_mm()和 switch_to()函数都和体系结构密切相关。switch_mm()函数实质是把新进程的页表基地址设置到页目录表基地址的寄存器中。对于基于 ARMv7-A 架构的处理器来说，最终会调用到 cpu_v7_switch_mm()函数中。其中，参数 pgd_phys 指 next 进程的页表基地址，tsk 指 next 进程的 struct task_struct 数据结构。

[arch/arm/mm/proc-v7-2level.S]

```
10ENTRY(cpu_v7_switch_mm)
11#ifdef CONFIG_MMU
12  mov     r2, #0
13  mmid    r1, r1                      @ get mm->context.id
14  ALT_SMP(orr    r0, r0, #TTB_FLAGS_SMP)
15  ALT_UP(orr     r0, r0, #TTB_FLAGS_UP)
```

```
16#ifdef CONFIG_ARM_ERRATA_430973
17  mcr    p15, 0, r2, c7, c5, 6          @ flush BTAC/BTB
18#endif
19#ifdef CONFIG_PID_IN_CONTEXTIDR
20  mrc    p15, 0, r2, c13, c0, 1          @ read current context ID
21  lsr    r2, r2, #8            @ extract the PID
22  bfi    r1, r2, #8, #24          @ insert into new context ID
23#endif
24#ifdef CONFIG_ARM_ERRATA_754322
25  dsb
26#endif
27  mcr    p15, 0, r1, c13, c0, 1          @ set context ID
28  isb
29  mcr    p15, 0, r0, c2, c0, 0        @ set TTB 0
30  isb
31#endif
32  bx     lr
33ENDPROC(cpu_v7_switch_mm)
```

　　cpu_v7_switch_mm()函数除了会设置页表基地址 TTB（Translation Table Base）寄存器之外，还会设置硬件 ASID，即把进程 mm->context.id 存储的硬件 ASID 设置到 CONTEXTIDR 寄存器的低 8 位，见第 27 行代码。

　　处理完 TLB 和页表基地址后，还需要进行栈空间的切换，这样 next 进程才能开始运行。下面来看 context_switch()->switch_to()函数。

```
#define switch_to(prev,next,last)                       \
do {                                          \
    last = __switch_to(prev,task_thread_info(prev), \
task_thread_info(next));     \
} while (0)
```

　　switch_to()函数最终调用__switch_to 汇编函数。

[arch/arm/kernel/entry-armv.S]

```
5  ENTRY(__switch_to)
6  UNWIND(.fnstart    )
7  UNWIND(.cantunwind    )
8   add    ip, r1, #TI_CPU_SAVE
9  ARM(    stmia    ip!, {r4 - sl, fp, sp, lr} )    @ Store most regs on stack
10  ldr    r4, [r2, #TI_TP_VALUE]
11  ldr    r5, [r2, #TI_TP_VALUE + 4]
12#ifdef CONFIG_CPU_USE_DOMAINS
13  ldr    r6, [r2, #TI_CPU_DOMAIN]
14#endif
15  switch_tls r1, r4, r5, r3, r7
16#if defined(CONFIG_CC_STACKPROTECTOR) && !defined(CONFIG_SMP)
17  ldr    r7, [r2, #TI_TASK]
```

```
18  ldr     r8, =__stack_chk_guard
19  ldr     r7, [r7, #TSK_STACK_CANARY]
20#endif
21#ifdef CONFIG_CPU_USE_DOMAINS
22  mcr     p15, 0, r6, c3, c0, 0          @ Set domain register
23#endif
24  mov     r5, r0
25  add     r4, r2, #TI_CPU_SAVE
26  ldr     r0, =thread_notify_head
27  mov     r1, #THREAD_NOTIFY_SWITCH
28  bl      atomic_notifier_call_chain
29#if defined(CONFIG_CC_STACKPROTECTOR) && !defined(CONFIG_SMP)
30  str     r7, [r8]
31#endif
32 THUMB(    mov      ip, r4                )
33  mov     r0, r5
34 ARM(     ldmia    r4, {r4 - sl, fp, sp, pc} )    @ Load all regs saved
previously
35ENDPROC(__switch_to)
```

　　__switch_to()函数带有 3 个参数：r0 是移出进程（prev 进程）的 task_struct 结构，r1 是移出进程（prev 进程）的 thread_info 结构，r2 是移入进程（next 进程）的 thread_info 结构。这里把 prev 进程的相关寄存器上下文保存到该进程的 thread_info->cpu_context 结构体中，然后把 next 进程的 thread_info->cpu_context 结构体中的值设置到物理 CPU 的寄存器中，从而实现进程的堆栈切换。

　　struct thread_info 数据结构保存了进程切换所需要的硬件信息，其中 struct cpu_context_save 数据结构包含了 ARM 处理器相关的寄存器。

```
/*thread_info包含的硬件上下文信息*/
struct thread_info {
    ...
    __u32           cpu;          /* CPU */
    __u32           cpu_domain;    /* CPU域 */
    struct cpu_context_save  cpu_context;    /* 保存CPU硬件上下文 */
    unsigned long       tp_value[2];    /* TLS寄存器 */
    ...
};

/*ARM处理器硬件上下文CPU寄存器*/
struct cpu_context_save {
    __u32   r4;
    __u32   r5;
    __u32   r6;
    __u32   r7;
```

```
    __u32     r8;
    __u32     r9;
    __u32     sl;
    __u32     fp;
    __u32     sp;
    __u32     pc;
    __u32     extra[2];
};
```

进程切换还有一个比较神奇的地方，是关于 switch_to() 函数的。

1）为什么 switch_to() 函数有 3 个参数？prev 和 next 就够了，为何还需要 last？

2）switch_to() 函数后面的代码如 finish_task_switch(prev)，该由谁来执行？什么时候执行？

如图 8.8（a）所示，switch_to() 函数被切分成两部分，前半部分是"代码 A0"，后半部分是"代码 A1"，这两部分代码其实都属于同一个进程。

如图 8.8（b）所示，假设现在进程 A 在 CPU0 上执行了 switch_to(A, B, last) 函数去主动切换进程 B 来运行，那么进程 A 执行了"代码 A0"，然后运行了 switch_to() 函数。在 switch_to() 函数里，CPU0 切换到了进程 B 的硬件上下文，让进程 B 运行了。注意这时候进程 B 会直接从自己的进程代码中运行，而不会运行"代码 A1"。而进程 A 则被换出，也就是说进程 A 睡眠了。注意，在这个时间点上，"代码 A1"暂时没有人执行；last 指向进程 A。

如图 8.8（c）所示，经过一段时间，某个 CPU 核上某个进程（这里假设是进程 X）执行了 switch_to(x, A, last) 函数，进程 X 要切换进程 A 来运行。注意，这时进程 A 相当于从 CPU0 切换到了 CPU*n*。这时进程 X 睡觉了，进程 A 被加载到 CPU*n* 上运行，它会从上次睡眠点开始运行，也就是开始执行"代码 A1"片段，这时 last 指向进程 X。通常"代码 A1"是 finish_task_switch(last) 函数，在这个场景下会对进程 X 进行一些清理工作。

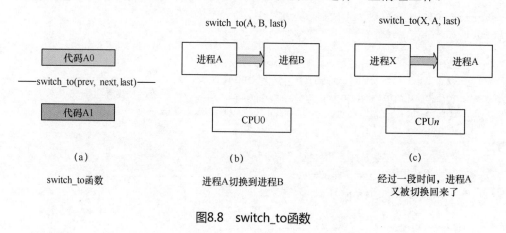

图8.8　switch_to函数

238

8.3.9 与调度相关的数据结构

　　系统中每个 CPU 都有一个就绪队列，它是 Per-CPU 类型，即每个 CPU 有一个 struct rq 数据结构。this_rq()可以获取当前 CPU 的就绪队列数据结构 struct rq。

[kernel/sched/sched.h]

```
DECLARE_PER_CPU_SHARED_ALIGNED(struct rq, runqueues);

#define cpu_rq(cpu)            (&per_cpu(runqueues, (cpu)))
#define this_rq()           this_cpu_ptr(&runqueues)
#define task_rq(p)          cpu_rq(task_cpu(p))
#define cpu_curr(cpu)       (cpu_rq(cpu)->curr)
#define raw_rq()            raw_cpu_ptr(&runqueues)
```

　　struct rq 数据结构是描述 CPU 的通用就绪队列，rq 数据结构中记录了一个就绪队列所需要的全部信息，包括一个 CFS 调度器就绪队列数据结构 struct cfs_rq、一个实时进程调度器就绪队列数据结构 struct rt_rq 和一个 Deadline 调度器就绪队列数据结构 struct dl_rq，以及就绪队列的权重 load 等信息。struct rq 重要的数据结构定义如下。

```
struct rq {
    unsigned int nr_running;
    struct load_weight load;
    struct cfs_rq cfs;
    struct rt_rq rt;
    struct dl_rq dl;
    struct task_struct *curr, *idle, *stop;
    u64 clock;
    u64 clock_task;
    int cpu;
    int online;
    …
};
```

　　struct cfs_rq 是 CFS 调度器就绪队列的数据结构，定义如下。

```
/* 就绪队列和CFS相关的域 */
struct cfs_rq {
    struct load_weight load;
    unsigned int nr_running, h_nr_running;
    u64 exec_clock;
    u64 min_vruntime;
    struct sched_entity *curr, *next, *last, *skip;
    unsigned long runnable_load_avg, blocked_load_avg;
    …
};
```

内核中调度器数据结构的关系如图 8.9 所示，看起来很复杂，其实它们是有关联的。

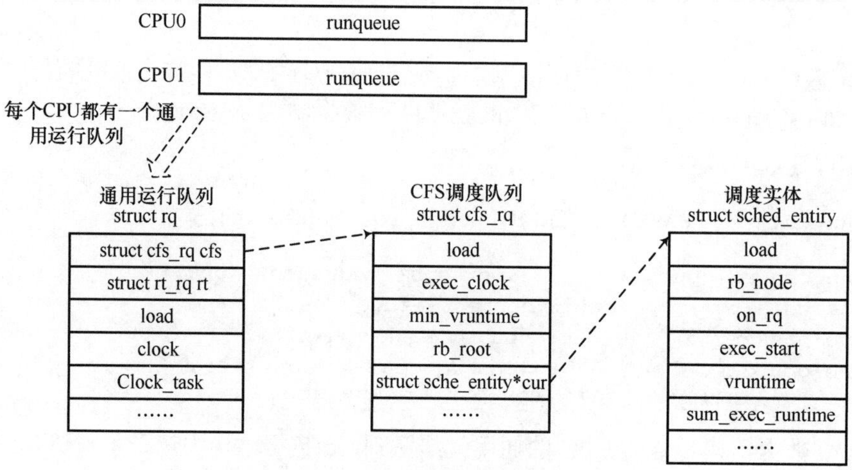

图8.9　Linux调度器相关数据结构

内核根据进程的优先级属性支持多个调度类，包括 Deadline、Realtime、CFS 和 idle 调度类。为了更好管理，定义了很多数据结构以及一些重要的变量，包括就绪队列 struct rq、CFS 调度器就绪队列 struct cfs_rq、调度实体 struct sched_entity、调度平均负载 struct sched_avg、虚拟时间 vruntime、min_vruntime 等，归纳如下。

- ❑ 每个 CPU 有一个通用就绪队列 struct rq（例如 rq=this_rq()）。
- ❑ 每个进程 task_struct 中内嵌一个调度实体 struct sched_entity se 结构体（例如 se=&p->se）。
- ❑ 每个通用就绪队列数据结构中内嵌 CFS 就绪队列、RT 就绪队列和 Deadline 就绪队列结构体（例如 cfs_rq = &rq->cfs）。
- ❑ 每个调度实体 se 内嵌一个权重 struct load_weight load 结构体。
- ❑ 每个调度实体 se 内嵌一个平均负载 struct sched_av avg 结构体。
- ❑ 每个调度实体 se 有一个 vruntime 成员，表示该调度实体的虚拟时钟。
- ❑ 每个调度实体 se 有一个 on_rq 成员，表示该调度实体是否在就绪队列中接受调度。
- ❑ 每个 CFS 就绪队列中内嵌一个权重 struct load_weight load 结构体。
- ❑ 每个 CFS 就绪队列中有一个 min_vruntime 来跟踪该队列红黑树中最小的 vruntime 值。
- ❑ 每个 CFS 就绪队列有一个 runnable_load_avg 变量来跟踪该队列中总平均负载。
- ❑ task_struct 数据结构中有一个 on_cpu 成员表示进程是否正在执行状态中，on_rq 成员表示进程的调度状态。另外，调度实体 se 中也有一个 on_rq 的成员表示调度实体是否在就绪队列中接受调度。上述三者易混淆，注意区分。

8.4　多核调度

之前我们介绍进程调度器都是假设系统只有一个 CPU 的情况，现在绝大部分的设备都是多核处理器。在多核处理器中，以 SMP 类型的多核形态最为常见。SMP（Symmetrical Multi-Processing）的全称是"对称多处理"技术，是指在一个计算机上汇集了一组处理器，这些处理器都是对等的，它们之间共享内存子系统和系统总线。

图 8.10 所示为 SMP 处理器架构，在一个 4 核处理器中，每个物理 CPU 核心拥有独立 L1 缓存且不支持超线程技术，分成簇 0 和簇 1，每个簇包含两个物理 CPU 核，簇中的 CPU 核共享 L2 缓存。

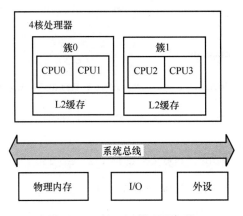

图8.10　4核SMP处理器架构

8.4.1　调度域和调度组

根据处理器的实际物理属性，CPU 域分成如下几类，见表 8.4。

表 8.4　CPU 域的分类

CPU 分类	Linux 内核分类	说　　明
超线程（Simultaneous Multi Threading，SMT）	CONFIG_SCHED_SMT	一个物理核心可以有两个执行线程，被称为超线程技术。超线程使用相同的CPU资源且共享L1缓存，迁移进程不会影响缓存利用率
多核（MC）	CONFIG_SCHED_MC	每个物理核心独享L1缓存，多个物理核心可以组成一个簇，簇里的CPU共享L2缓存
处理器（SoC）	内核称为DIE	SoC级别

内核中由一个数据结构 struct sched_domain_topology_level 来描述 CPU 的层次关系，本节称为 SDTL 层级。

[include/linux/sched.h]

```
struct sched_domain_topology_level {
    sched_domain_mask_f mask; //函数指针，用于指定某个SDTL层级的cpumask位图
    sched_domain_flags_f sd_flags; //函数指针，用于指定某个SDTL层级的标志位
    int             flags;
    struct sd_data      data;
};
```

另外，内核默认定义了一个数组 default_topology[] 来概括 CPU 物理域的层次结构。

[kernel/sched/core.c]

```
/*
 * Topology list, bottom-up.
 */
static struct sched_domain_topology_level default_topology[] = {
#ifdef CONFIG_SCHED_SMT
    { cpu_smt_mask, cpu_smt_flags, SD_INIT_NAME(SMT) },
#endif
#ifdef CONFIG_SCHED_MC
    { cpu_coregroup_mask, cpu_core_flags, SD_INIT_NAME(MC) },
#endif
    { cpu_cpu_mask, SD_INIT_NAME(DIE) },
    { NULL, },
};

struct sched_domain_topology_level *sched_domain_topology = default_topology;
```

从 default_topology[] 数组来看，DIE 类型是标配，SMT 和 MC 类型需要在内核配置时和实际硬件架构配置相匹配，这样才能发挥硬件的性能和均衡效果。目前 ARM 架构不支持 SMT 技术，对于 ARM 设备通常配置 CONFIG_SCHED_MC。

内核对 CPU 的管理是通过 bitmap 实现的，并且定义了 possible、present、online 和 active 这 4 种状态。

❑ cpu_possible_mask：表示系统中有多少个可以运行（现在运行或者将来某个时间点运行）的 CPU 核心。

❑ cpu_online_mask：表示系统中有多少个处于正在运行状态的 CPU 核心。

❑ cpu_present_mask：表示系统中有多少个具备处于正在运行状态条件的 CPU 核心，它们不一定都处于正在运行状态，有的 CPU 核心可能被热插拔了。

❑ cpu_active_mask：表示系统中有多少个活跃的 CPU 核心。

Linux 内核把所有同一个级别的 CPU 归为一个调度组，然后把同一个级别的所有调度组组成一个调度域。调度域使用 struct sched_domain 数据结构来表示，调度组使用 struct sched_group 数据结构来表示。

struct sched_domain 数据结构主要的成员如下。

```
struct sched_domain {
    struct sched_domain *parent;
    struct sched_domain *child;
    struct sched_group *groups;
    unsigned long span[0];
};
```

其中 parent 指向该调度域的上一级调度域，child 指向下一级调度域，groups 是该调度域包含的调度组的链表，span 包含该调度域所管辖的 CPU。

struct sched_group 数据结构的主要成员如下。

```
struct sched_group {
    struct sched_group *next;
    unsigned long cpumask[0];
};
```

其中，next 指向下一个调度组，cpumask 表示该调度组所管辖的 CPU。

下面以实例来说明，如图 8.10 所示，假设在一个 4 核处理器中，每个物理 CPU 核心拥有独立 L1 Cache 且不支持超线程技术，分成两个簇 Cluster0 和 Cluster1，每个簇包含两个物理 CPU 核，簇中的 CPU 核共享 L2 Cache。请画出该处理器在 Linux 内核里调度域和调度组的拓扑关系图。

这是一个非常有意思的问题，因为多核调度的算法是围绕着调度域和调度组的拓扑关系来展开的。

下面是 Linux 内核里构建 CPU 调度域和调度组拓扑关系图的一些原则。

❑ 根据 CPU 物理属性分层次，从下到上，由 SMT→MC→DIE 的递进关系来分层，用数据结构 struct sched_domain_topology_level 来描述，简称为 SDTL 层级。

❑ 每个 SDTL 层级都为调度域和调度组都建立一个 Per-CPU 变量，并且为每个 CPU 分配相应的数据结构。

❑ 在同一个 SDTL 层级中，由芯片设计决定哪些 CPUs 是兄弟关系。调度域由 span 成员来描述，调度组由 cpumask 成员来描述兄弟关系。

❑ 同一个 CPU 的不同 SDTL 层级的调度域有父子关系。每个调度域里包含了相应的调度组，并且这些调度组串联成一个链表，调度域的 groups 成员是链表头。

因为每个 CPU 核心只有一个执行线程，所以 4 核处理器没有 SMT 属性。簇由两个 CPU 物理核组成，这两个 CPU 是 MC 层级且是兄弟关系。整个处理器可以看作一个 DIE 级别，因此该处理器只有两个层级，即 MC 和 DIE。根据上述原则，画出上述 4 核处理器的调度域和调度组的拓扑关系图，如图 8.11 所示。

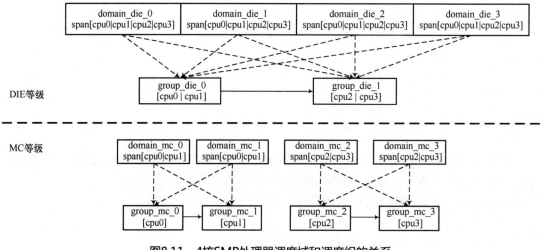

图8.11 4核SMP处理器调度域和调度组的关系

每个 SDTL 层级为每个 CPU 分配了对应的调度域和调度组，以 CPU0 为例，在图 8.11 中，虚线表示管辖。

1）对于 DIE 级别，CPU0 对应的调度域是 domain_die_0，该调度域中管辖着 4 个 CPU，并包含两个调度组，分别为 group_die_0 和 group_die_1。

❑ 调度组 group_die_0 管辖 CPU0 和 CPU1。

❑ 调度组 group_die_1 管辖 CPU2 和 CPU3。

2）对于 MC 级别，CPU0 对应的调度域是 domain_mc_0，该调度域中管辖着 CPU0 和 CPU1，并包含两个调度组，分别为 group_mc_0 和 group_mc_1。

❑ 调度组 group_mc_0 管辖 CPU0。

❑ 调度组 group_mc_1 管辖 CPU1。

8.4.2 负载计算

要在多核处理器中实现负载均衡，首先需要衡量每个 CPU 当前负载重不重，找出哪些 CPU 处于重负荷状态，哪些 CPU 处于悠闲状态，这会涉及 CPU 的负载的计算方法问题。计算一个 CPU 的负载，最简单的方法是计算 CPU 上就绪队列上所有进程的权重。仅考虑优先级权重是有问题的，因为没有考虑该进程的行为。有的进程使用的 CPU 是突发性的，有的是恒定的，有的是 CPU 密集型，也有的是 I/O 密集型。进程调度考虑优先级权重的方法是否可行，如果延伸到多 CPU 之间的负载均衡就显得不准确了，因此从 Linux 3.8 内核以后，进程的负载计算不仅考虑权重，而且跟踪每个调度实体的负载情况，该方法称为 PELT（Pre-entity Load Tracking）。调度实体数据结构中有一个 struct sched_avg 用于描述进程的负载。

```
struct sched_avg {
    u32 runnable_avg_sum, runnable_avg_period;
    u64 last_runnable_update;
    s64 decay_count;
    unsigned long load_avg_contrib;
};

struct sched_entity {
    …
struct sched_avg       avg;
}
```

load_avg_contrib 的计算公式如下：

$$load\_avg\_contrib = \frac{runnable\_avg\_sum \times weight}{runnable\_avg\_period}$$

可见一个调度实体的平均负载和以下 3 个因素相关。

❑　调度实体的权重值 weight。

❑　调度实体的可运行状态下的总衰减累加时间 runnable_avg_sum。

❑　调度实体在调度器中的总衰减累加时间 runnable_avg_period。

负载的计算比较复杂，有兴趣的读者可以阅读《奔跑吧 Linux 内核》一书中的相关章节。

8.4.3　负载均衡算法

SMP 负载均衡机制从注册软中断开始，系统处理每次调度 tick 中断时，都会检查当前是否需要处理 SMP 负载均衡。

rebalance_domains()函数是负载均衡的核心入口。下面是简化后的代码片段，省略了一些逻辑控制代码。

```
[rebalance_domains()]
0 static void rebalance_domains(struct rq *rq, enum cpu_idle_type idle)
1 {
2     int cpu = rq->cpu;
3     unsigned long interval;
4     struct sched_domain *sd;
5     /* Earliest time when we have to do rebalance again */
6     unsigned long next_balance = jiffies + 60*HZ;
7
8     rcu_read_lock();
9     for_each_domain(cpu, sd) {
10        ...
11        if (!(sd->flags & SD_LOAD_BALANCE))
12            continue;
```

```
13        interval = get_sd_balance_interval(sd, idle != CPU_IDLE);
14        if (time_after_eq(jiffies, sd->last_balance + interval)) {
15            if (load_balance(cpu, rq, sd, idle, &continue_balancing)) {
16                idle = idle_cpu(cpu) ? CPU_IDLE : CPU_NOT_IDLE;
17            }
18            sd->last_balance = jiffies;
19            interval = get_sd_balance_interval(sd, idle != CPU_IDLE);
20        }
21        ...
22    }
23    rcu_read_unlock();
24}
```

load_balance()函数主要流程总结如下。

❑ 负载均衡以当前 CPU 开始，由下至上地遍历调度域，从最底层的调度域开始做负载均衡。

❑ 允许做负载均衡的首要条件是当前 CPU 是该调度域中第一个 CPU，或者当前 CPU 是空闲 CPU。详见 should_we_balance()函数。

❑ 在调度域中查找最繁忙的调度组，更新调度域和调度组的相关信息，最后计算出该调度域的不均衡负载值。

❑ 在最繁忙的调度组中找出最繁忙的 CPU，然后把繁忙 CPU 中的进程迁移到当前 CPU 上，迁移的负载量为不均衡负载值。

8.5　实验

8.5.1　实验 1：fork 和 clone

1. 实验目的
了解和熟悉 Linux 中 fork 系统调用和 clone 系统调用的用法。

2. 实验步骤
1）使用 fork()函数创建一个子进程，然后在父进程和子进程中分别使用 printf 语句来判断谁是父进程和子进程。

2）使用 clone()函数创建一个子进程。如果父进程和子进程共同访问一个全局变量，结果会如何？如果父进程比子进程先消亡，结果会如何？

3）请思考，如下代码中会打印几个 "_"？

```
int main(void)
{
    int i;
    for(i=0; i<2; i++){
```

```
        fork();
        printf("_\n");
    }
    wait(NULL);
    wait(NULL);
    return 0;
}
```

8.5.2 实验 2：内核线程

1．实验目的
了解和熟悉 Linux 内核中是如何创建内核线程的。

2．实验步骤
1）写一个内核模块，创建一组内核线程，每个 CPU 一个内核线程。

2）在每个内核线程中，打印当前 CPU 的状态，比如 ARM 通用寄存器的值。

3）在每个内核线程中，打印当前进程的优先级等信息。

8.5.3 实验 3：后台守护进程

1．实验目的
通过本实验了解和熟悉 Linux 是如何创建和使用后台守护进程的。

2．实验步骤
1）写一个用户程序，创建一个守护进程。

2）该守护进程每隔 5 秒去查看当前内核的日志中是否有 oops 错误。

8.5.4 实验 4：进程权限

1．实验目的
了解和熟悉 Linux 是如何进行进程的权限管理的。

2．实验步骤
写一个用户程序，限制该程序的一些资源，比如进程的最大虚拟内存空间等。

8.5.5 实验 5：设置优先级

1．实验目的
了解和熟悉 Linux 中 getpriority()和 setpriority()系统调用的用法。

2．实验步骤

1）写一个用户进程，使用 setpriority() 来修改进程的优先级，然后使用 getpriority() 函数来验证。

2）可以通过一个 for 循环来依次修改进程的优先级（–20~19）。

8.5.6　实验 6：per-cpu 变量

1．实验目的

学会 Linux 内核中 per-cpu 变量的用法。

2．实验详解

1）写一个简单的内核模块，创建一个 per-cpu 变量，并且初始化该 per-cpu 变量，修改 per-cpu 变量的值，然后输出这些值。

2）per-cpu 变量是 Linux 内核中同步机制的一种。当系统中所有的 CPU 都访问共享的一个变量 v 时，CPU0 修改了变量 v 的值时，CPU1 也在同时修改变量 v 的值，那么就会导致变量 v 值不正确。一个可行的办法就是 CPU0 访问变量 v 时使用原子加锁指令，CPU1 访问变量 v 时只能等待了，可是这会有两个比较明显的缺点。

❑　原子操作是比较耗时的。

❑　现代处理器中，每个 CPU 都有 L1 缓存，那么多 CPU 同时访问同一个变量时会导致缓存一致性问题。当某个 CPU 对共享数据变量 v 修改后，其他 CPU 上对应的缓存行需要做无效操作，这对性能是有所损耗的。

per-cpu 变量为了解决上述问题出现一种有趣的特性，它为系统中每个处理器都分配该变量的副本。这样在多处理器系统中，当处理器只能访问属于它自己的那个变量副本，不需要考虑与其他处理器的竞争问题，还能充分利用处理器本地的硬件缓存来提升性能。

3）声明 per-cpu 变量。per-cpu 变量的定义和声明有两种方式：一个是静态声明，另一个是动态分配。

静态 per-cpu 变量通过 DEFINE_PER_CPU 和 DECLARE_PER_CPU 宏定义和声明一个 per-cpu 变量。这些变量与普通变量的主要区别是放在一个特殊的段中。

```
#define DECLARE_PER_CPU(type, name)                       \
    DECLARE_PER_CPU_SECTION(type, name, "")

#define DEFINE_PER_CPU(type, name)                        \
    DEFINE_PER_CPU_SECTION(type, name, "")
```

动态分配和释放 per-cpu 变量的 API 函数如下。

```
#define alloc_percpu(type)                                \
    (typeof(type) __percpu *)__alloc_percpu(sizeof(type),          \
```

```
                          __alignof__(type))

void free_percpu(void __percpu *ptr)
```

4）使用 per-cpu 变量。对于静态定义的 per-cpu 变量，可以通过 get_cpu_var()和 put_cpu_var()函数来访问和修改 per-cpu 变量，这两个函数内置了关闭和打开内核抢占的功能。另外需要注意的是，这两个函数需要配对使用。

```
#define get_cpu_var(var)                        \
(*({                                            \
    preempt_disable();                          \
    this_cpu_ptr(&var);                         \
}))

#define put_cpu_var(var)                        \
do {                                            \
    (void)&(var);                               \
    preempt_enable();                           \
} while (0)
```

访问动态分配的 per-cpu 变量需要通过下面的接口函数来访问。

```
#define put_cpu_ptr(var)                        \
do {                                            \
    (void)(var);                                \
    preempt_enable();                           \
} while (0)

#define get_cpu_ptr(var)                        \
({                                              \
    preempt_disable();                          \
    this_cpu_ptr(var);                          \
})
```

第**9**章

同步管理

编写内核代码或驱动代码时需要留意共享资源的保护，防止共享资源被并发访问。所谓并发访问，是指多个内核路径同时访问和操作数据，有可能发生相互覆盖共享数据的情况，造成被访问数据的不一致。内核路径可以是一个内核执行路径、中断处理程序或者内核线程等。并发访问可能会造成系统不稳定或产生错误，且很难跟踪和调试。

在早期不支持 SMP 对称多处理器的 Linux 内核中，导致并发访问的因素是中断服务程序，只有在中断发生时，或者内核代码路径显式地要求重新调度并且执行另一个进程时，才有可能发生并发访问。在支持 SMP 对称多处理器的 Linux 内核中，并发运行在不同 CPU 中的内核线程完全有可能在同一时刻并发访问共享数据，并发访问随时可能发生。特别是现在的 Linux 内核已经支持内核抢占，调度器可以抢占正在运行的进程，重新调度其他进程来执行。

在计算机术语中，临界区是指访问和操作共享数据的代码段，这些资源无法同时被多个执行线程访问，访问临界区的执行线程或代码路径称为并发源。为了避免临界区中的并发访问，开发者必须保证访问临界区的原子性，也就是说在临界区内不能有多个并发源同时执行，整个临界区就像一个不可分割的整体。

在内核中产生并发访问的并发源主要有如下 4 种。

❑ 中断和异常：中断发生后，中断处理程序和被中断的进程之间有可能产生并发访问。

❑ 软中断和 tasklet：软中断或者 tasklet 可能随时被调度执行，从而打断当前正在执行的进程上下文。

❑ 内核抢占：调度器支持可抢占特性，会导致进程和进程之间的并发访问。

❑ 多处理器并发执行：多处理器上可以同时运行多个进程。

上述情况需要将单核和多核系统区别对待。对于单处理器的系统，主要有如下并发源。

❑ 中断处理程序可以打断软中断、tasklet 和进程上下文的执行。

❑ 软中断和 tasklet 之间不会并发，但是可以打断进程上下文的执行。

❑ 在支持抢占的内核中，进程上下文之间会产生并发。

❑ 在不支持抢占的内核中，进程上下文之间不会产生并发。

对于 SMP 系统，情况会更为复杂。

❑ 同一类型的中断处理程序不会并发，但是不同类型的中断有可能被送到不同的 CPU

上，因此不同类型的中断处理程序可能存在并发执行。

□ 同一类型的软中断会在不同的 CPU 上并发执行。

□ 同一类型的 tasklet 是串行执行的，不会在多个 CPU 上并发。

□ 不同 CPU 上的进程上下文会并发。

例如进程上下文在操作某个临界资源时发生了中断，恰巧某个中断处理程序中也访问了这个资源，如果不使用内核同步机制来保护，那么会发生并发访问的漏洞；如果进程上下文正在访问和修改临界区资源时发生了抢占调度，可能会发生并发访问的漏洞；如果在 spinlock 临界区中主动睡眠并让出 CPU，那也可能是一个并发访问的漏洞；如果两个 CPU 同时修改一个临界区资源，那也可能是一个漏洞。在实际工程中，真正困难的是如何发现内核代码存在并发访问的可能性并采取有效的保护措施。在编写代码时，应该考虑哪些资源是临界区，采取哪些保护机制。如果在代码设计完成之后再回溯查找哪些资源需要保护，会非常困难。

在复杂的内核代码中，找出需要被保护的地方是一件不容易的事情，任何可能被并发访问的数据都需要被保护。究竟什么样的数据需要被保护呢？如果有多个内核代码路径可能访问到该数据，那就应该对此数据加以保护。有一个原则要记住：**是保护资源或者数据，而不是保护代码**，包括静态局部变量、全局变量、共享的数据结构、缓存、链表、红黑树等各种形式所隐含的资源数据。在实际内核代码以及驱动编写过程中，对资源数据需要做如下一些思考。

□ 除了当前内核代码路径外，是否还有其他内核代码路径会访问它？例如中断处理程序、工作者（worker）处理程序、tasklet 处理程序、软中断处理程序等。

□ 当前内核代码路径访问该资源数据时被抢占，被调度执行的进程会不会访问该数据？

□ 进程会不会睡眠阻塞等待该资源？

Linux 内核提供了多种并发访问的保护机制，例如原子操作、自旋锁、信号量、互斥体、读写锁、RCU 等，本章将详细分析这些锁机制的实现。了解 Linux 内核中各种锁的实现机制只是第一步，重要的是要想清楚哪些地方是临界区，该用什么机制来保护这些临界区。

9.1 原子操作与内存屏障

9.1.1 原子操作

原子操作是指保证指令以原子的方式执行，执行过程不会被打断。在如下代码片段中，假设线程 A 和线程 B 都尝试进行 i++ 操作，请问线程 A 和 B 函数执行完后，i 的值是多少？

```
static int i =0;
```

```
//线程A函数
void thread_A_func()
{
    i++;
}

//线程B函数
void thread_B_func()
{
    i++;
}
```

有的读者可能认为是2，但也有可能不是2。

```
        CPU0                                    CPU1
------------------------------------------------------------------------
  thread_A_func
    load i= 0
                                        thread_B_func
                                          Load i=0

     i++
                                           i++
    store i (i=1)
                                          store i  (i=1)
```

从上面代码的执行示意图来看，最终结果有可能等于 1。因为变量 i 是一个临界资源，CPU0 和 CPU1 都有可能同时访问它，从而发生并发访问。从 CPU 角度来看，变量 i 作为一个静态全局变量存储在数据段中，首先读取变量的值到通用寄存器中，然后在通用寄存器里做 i++运算，最后把寄存器的数值写回变量 i 所在的内存中。在多处理器架构中，上述动作有可能同时进行。如果线程 B 函数在某个中断处理函数中执行，在单处理器架构上仍可能会发生并发访问。

针对上述例子，有的读者认为可以使用加锁的方式，例如用 spinlock 来保证 i++操作的原子性，但是加锁操作导致比较大的开销，用在这里有些浪费。Linux 内核提供了 atomic_t 类型的原子变量，它的实现依赖于不同的体系结构。atomic_t 类型的具体定义如下：

[include/linux/types.h]

```
typedef struct {
    int counter;
} atomic_t;
```

Linux 内核提供了很多原子变量操作的函数。

[include/asm-generic/atomic.h]

```
#define ATOMIC_INIT(i) 声明一个原子变量并初始化为i
#define atomic_read(v) 读取原子变量的值
#define atomic_set(v,i) 设置变量v的值为i
#define atomic_inc(v)    原子地给v加1
#define atomic_dec(v)     原子地给v减1
```

```
#define atomic_add(i,v)    原子地给v增加i
#define atomic_inc_and_test(v) 原子地给v加1，结果为0返回true，否则返回false
#define atomic_dec_and_test(v) 原子地给v减1，结果为0返回true，否则返回false
#define atomic_inc_return(v) 原子地给v加1，并且返回最新v的值
#define atomic_dec_return(v) 原子地给v减1，并且返回最新v的值
#define atomic_add_negative(i,v) 给原子变量v增加i，然后判断v的最新值是否为负数
#define atomic_cmpxchg(v, old, new) 比较old和原子变量v的值，如果相等，则把new赋值
给v，返回原子变量v的旧值
#define atomic_xchg(v, new) 把new赋值给原子变量v，返回原子变量v的旧值
```

9.1.2 内存屏障

ARM 体系结构中有如下 3 条内存屏障指令。

❑ 数据存储屏障 DMB（Data Memory Barrier）。

❑ 数据同步屏障 DSB（Data Synchronization Barrier）。

❑ 指令同步屏障 ISB（Instruction Synchronization Barrier）。

下面介绍 Linux 内核中的内存屏障接口函数，如表 9.1 所示。

表 9.1 Linux 内核中的内存屏障接口函数

内存屏蔽接口函数	描　　述
barrier()	编译优化屏障，阻止编译器为了性能优化而进行指令重排
mb()	内存屏障（包括读和写），用于SMP和UP
rmb()	读内存屏障，用于SMP和UP
wmb()	写内存屏障，用于SMP和UP
smp_mb()	用于SMP场合的内存屏障。对于UP不存在内存顺序的问题（对汇编指令），在UP上就是一个优化屏障，确保汇编和C代码的内存顺序一致
smp_rmb()	用于SMP场合的读内存屏障
smp_wmb()	用于SMP场合的写内存屏障
smp_read_barrier_depends()	读依赖屏障

在 ARM Linux 内核中，内存屏障函数实现的代码如下。

< arch/arm/include/asm/barrier.h>

```
#define mb()      do { dsb(); outer_sync(); } while (0)
#define rmb()     dsb()
#define wmb()     do { dsb(st); outer_sync(); } while (0)
#define smp_mb()  dmb(ish)
#define smp_rmb() smp_mb()
```

```
#define smp_wmb()    dmb(ishst)
```

9.2 自旋锁机制

如果临界区只是一个变量，那么原子变量可以解决问题。但是临界区大多是一个数据操作的集合，例如先从一个数据结构中移出数据，对其进行数据解析，再写回到该数据结构或者其他数据结构中，类似"read->modify->write"操作；再比如临界区是一个链表操作等。整个执行过程需要保证原子性，在数据被更新完毕前，不能有其他内核代码路径访问和改写这些数据。这个过程使用原子变量显得不合适，需要锁机制来完成。自旋锁（spinlock）是Linux 内核中最常见的锁机制。

自旋锁同一时刻只能被一个内核代码路径持有，如果有另一个内核代码路径试图获取一个已经被持有的自旋锁，那么该内核代码路径需要一直忙等待，直到锁持有者释放了该锁。如果该锁没有被别人持有（或争用），那么可以立即获得该锁。自旋锁的特性如下。

- ❑ 忙等待的锁机制。操作系统中锁的机制分为两类，一类是忙等待，另一类是睡眠等待。自旋锁属于前者，当无法获取自旋锁时会不断尝试，直到获取锁为止。
- ❑ 同一时刻只能有一个内核代码路径可以获得该锁。
- ❑ 要求自旋锁持有者尽快完成临界区的执行任务。如果临界区执行时间过长，在锁外面忙等待的 CPU 比较浪费，特别是自旋锁临界区里不能睡眠。
- ❑ 自旋锁可以在中断上下文中使用。

9.2.1 自旋锁定义

先看自旋锁数据结构的定义。

[include/linux/spinlock_types.h]

```
typedef struct spinlock {
    struct raw_spinlock rlock;
} spinlock_t;

typedef struct raw_spinlock {
    arch_spinlock_t raw_lock;
} raw_spinlock_t;
```

[arch/arm/include/asm/spinlock_types.h]

```
typedef struct {
    union {
        u32 slock;
        struct __raw_tickets {
            u16 owner;
```

```
            u16 next;
        } tickets;
    };
} arch_spinlock_t;
```

自旋锁数据结构定义考虑了不同处理器体系结构的支持和实时性内核（RT patches）的要求，定义了 raw_spinlock 和 arch_spinlock_t 数据结构，其中 arch_spinlock_t 数据结构和体系结构有关，下面给出 ARM32 架构上的实现。在 Linux 2.6.25 之前，自旋锁数据结构就是一个简单的无符号类型变量，slock 值为 1 表示锁未被持有，值为 0 或者负数表示锁被持有。之前的自旋锁机制实现比较简洁，特别是在没有锁争用的情况下，但是也存在很多问题，特别是在很多 CPU 争用同一个自旋锁时，会导致严重的不公平性及性能下降。当该锁被释放时，事实上刚刚释放该锁的 CPU 有可能又马上获得该锁的使用权，或者说在同一个 NUMA 节点上的 CPU 有可能抢先获取了该锁，而没有考虑那些已经在锁外面等待了很久的 CPU。刚刚释放锁的 CPU 的 L1 缓存中存储了该锁，它比别的 CPU 更快获得锁，这对于那些已经等待很久的 CPU 是不公平的。在 NUMA 处理器中，锁争用的情况会严重影响系统的性能。有测试表明，在一个两插槽的 8 核处理器中，自旋锁争用情况愈发明显，有些线程甚至需要尝试 1000000 次才能获取锁。为此在 Linux 2.6.25 内核后，自旋锁实现了一套名为 "FIFO ticket-based" 算法的自旋锁机制，本书称之为排队自旋锁。

ticket-based 的自旋锁仍然使用原来的数据结构，但 slock 被拆分成两个部分，如图 9.1 所示，owner 表示锁持有者的等号牌，next 表示外面排队队列中末尾者的等号牌。这类似于排队吃饭的场景，在用餐高峰时段，各大饭店人满为患，顾客来晚了都需要排队。为了模型简化，假设某个饭店只有一张饭桌，刚开市时，next 和 owner 都是 0。

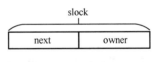

图9.1　slock域定义

第一个客户 A 来时，因为 next 和 owner 都是 0，说明锁没有人持有。此时因为饭馆还没有顾客，所以客户 A 的等号牌是 0，直接进餐，这时 next++。

第二个客户 B 来时，因为 next 为 1，owner 为 0，说明锁被人持有。这时服务员给他 1 号的等号牌，让他在饭店门口等待，next++。

第三个客户 C 来时，因为 next 为 2，owner 为 0，服务员给他 2 号的等号牌，让他在饭店门口排队等待，next++。

这时第一个客户 A 吃完埋单了，owner++，owner 的值变为 1。服务员会让等号牌和 owner 值相等的客户就餐，客户 B 的等号牌是 1，所以现在客户 B 就餐。有新客户来时 next++，服务员分配等号牌；客户埋单时 owner++，服务员叫号，owner 值和等号牌相等的客户就餐。

9.2.2 自旋锁变种

在驱动代码编写过程中常常会遇到这样一个问题：假设某个驱动程序中有一个链表 a_driver_list，在驱动中很多操作都需要访问和更新该链表，例如 open、ioctl 等。操作链表的地方就是一个临界区，需要自旋锁来保护。当处于临界区时发生了外部硬件中断，此时系统暂停当前进程的执行而转去处理该中断。假设中断处理程序恰巧也要操作该链表，链表的操作是一个临界区，那么在操作之前要调用 spin_lock() 函数对该链表进行保护。中断处理函数试图去获取该自旋锁，但因为它已经被别人持有了，导致中断处理函数进入忙等待状态或者睡眠状态。在中断上下文出现忙等待或者睡眠状态是致命的，中断处理程序要求"短"和"快"，锁的持有者因为被中断打断而不能尽快释放锁，而中断处理程序一直在忙等待锁，从而导致死锁的发生。Linux 内核的自旋锁的变种 spin_lock_irq() 函数在获取自旋锁时关闭本地 CPU 中断，可以解决该问题。

```
[include/linux/spinlock.h]
static inline void spin_lock_irq(spinlock_t *lock)
{
     raw_spin_lock_irq(&lock->rlock);
}
static inline void __raw_spin_lock_irq(raw_spinlock_t *lock)
{
     local_irq_disable();
     preempt_disable();
     do_raw_spin_lock();
}
```

spin_lock_irq() 函数的实现比 spin_lock() 函数多了一个 local_irq_disable() 函数，该函数用于关闭本地处理器中断，这样在获取自旋锁时可以确保不会发生中断，从而避免发生死锁问题，spin_lock_irq() 主要防止本地中断处理程序和持有锁者之间存在锁的争用。可能有的读者会有疑问，既然关闭了本地 CPU 的中断，那么别的 CPU 依然可以响应外部中断，会不会也有可能死锁呢？持有锁者在 CPU0 上，CPU1 响应了外部中断且中断处理函数同样试图去获取该锁，因为 CPU0 上的锁持有者也在继续执行，所以它很快会离开临界区并释放锁，这样 CPU1 上的中断处理函数可以很快获得该锁。

在上述场景中，如果 CPU0 在临界区中发生了进程切换，会是什么情况？注意进入自旋锁之前已经显式地调用 preempt_disable() 关闭了抢占，因此内核不会主动发生抢占。但令人担心的是，驱动程序编写者主动调用睡眠函数，从而发生了调度。使用自旋锁的重要原则是：**拥有自旋锁的临界区代码必须是原子执行，不能休眠和主动调度**。但在实际工程中，驱动代码编写者却常常容易犯错误。例如调用分配内存函数 kmalloc() 时，就有可能因为系统空闲内存不足而睡眠等待，除非显式地使用 GFP_ATOMIC 分配掩码。

spin_lock_irqsave()函数会保存本地 CPU 当前的 irq 状态并且关闭本地 CPU 中断，然后获取自旋锁。local_irq_save()函数在关闭本地 CPU 中断前把 CPU 当前的中断状态保存到 flags 变量中；在调用 local_irq_restore()函数时把 flags 值恢复到相关寄存器中，例如 ARM 的 CPSR 寄存器中，这样做的目的是防止破坏掉中断响应的状态。

自旋锁还有另一个常用的变种 spin_lock_bh()函数，用于处理进程和延迟处理机制导致的并发访问的互斥问题。

9.2.3 自旋锁和 raw_spin_lock

如果在一次项目中有的代码使用 spin_lock()，而有的代码使用 raw_spin_lock()，并且发现 spin_lock()直接调用 raw_spin_lock()，读者可能会有困惑。

这要从 Linux 内核的实时补丁 RT-patch 说起。实时补丁旨在提升 Linux 内核的实时性，它允许在自旋锁的临界区内被抢占，且临界区内允许进程睡眠等待，这样会导致自旋锁语义被修改。当时内核中大约有 10 000 多处使用了自旋锁，直接修改自旋锁的工作量巨大，但是可以修改那些真正不允许抢占和休眠的地方，大概有 100 多处，因此改为使用 raw_spin_lock。自旋锁和 raw_spin_lock 的区别在于：在绝对不允许被抢占和睡眠的临界区，应该使用 raw_spin_lock，否则使用自旋锁。

因此对于没有打上 RT-patch 的 Linux 内核来说，spin_lock()直接调用 raw_spin_lock()；对于打上了 RT-patch 的 Linux 内核，自旋锁变成可抢占和睡眠的锁，这一点需要特别注意。

9.2.4 自旋锁的改进

在 Linux 2.6.25 内核中，为了解决自旋锁在锁争用激烈时导致的性能低下的问题，引入了"FIFO ticket-based"算法。但是 ticket-based 算法依然没能解决 CPU cacheline bouncing 现象，学术界因此提出了 MCS 锁的概念。MCS 锁机制会导致自旋锁数据结构变大，在内核很多数据结构内嵌自旋锁结构，这些数据结构对大小很敏感，这也导致了 MCS 锁机制一直没能在自旋锁上应用，只能屈就于 Mutex 和读写信号量。

但内核社区的专家 Waiman Long 和 Peter Zijlstra 并没有放弃对自旋锁的持续优化，在 Linux 4.2 内核中引进了队列自旋锁（Queued Spinlock）机制。Waiman Long 在 2-socket 的机器上运行一些系统测试项目时发现，队列自旋锁机制比 ticket-based 机制提高了 20%的性能，特别是在一些锁争用激烈的场景下，文件系统的跑分测试会提高 116%。队列自旋锁机制非常适合 NUMA 架构的机器，特别是有大量的 CPU 核心并且锁争用异常激烈的场景，因此目前只支持 x86 架构的 Linux 内核，ARM32 和 ARM64 暂时没有机会利用队列自旋锁机制。从 Linux 4.2 内核开始，队列自旋锁机制已经成为 Linux x86 内核的自旋锁默认实现。

9.3　信号量

信号量（semaphore）是操作系统中最常用的同步原语之一。自旋锁是实现一种忙等待的锁，信号量则允许进程进入睡眠状态。简单来说，信号量是一个计数器，它支持两个操作原语，即 P 和 V 操作。P 和 V 取自荷兰语中的两个单词，分别表示减少和增加，后来美国人把它改成 down 和 up，现在 Linux 内核里也叫这两个名字。

信号量中最经典的例子莫过于生产者和消费者问题，它是一个操作系统发展历史上最经典的进程同步问题，最早由 Dijkstra 提出。假设生产者生产商品，消费者购买商品，通常消费者需要到实体商店或者网上商城购买。用计算机来模拟这个场景，一个线程代表生产者，另一个线程代表消费者，内存代表商店。生产者生产的商品被放置到内存中供消费者线程消费；消费者线程从内存中获取物品，然后释放内存。当生产者线程生产商品时发现没有空闲内存可用，那么生产者必须等待消费者线程释放出一个空闲内存。当消费者线程购买商品时发现商店没货了，那么消费者必须等待，直到新的商品生产出来。如果是自旋锁，当消费者发现商品没货，那就搬个凳子坐在商店门口一直等送货员送货过来；如果是信号量，商店服务员会记录消费者的电话，等到货了通知消费者来购买。显然在现实生活中，如果是面包等一类可以很快做好的商品，大家愿意在商店里等；如果是家电等商品，大家肯定不会在商店里等。

信号量数据结构定义如下。

```
[include/linux/semaphore.h]
struct semaphore {
    raw_spinlock_t          lock;
    unsigned int        count;
    struct list_head    wait_list;
};
```

- ❑ lock 是自旋锁变量，用于对信号量数据结构里 count 和 wait_list 成员的保护。
- ❑ count 表示允许进入临界区的内核执行路径个数。
- ❑ wait_list 链表用于管理所有在该信号量上睡眠的进程，没有成功获取锁的进程会睡眠在这个链表上。

信号量初始化函数如下。

```
void sema_init(struct semaphore *sem, int val)
```

下面来看 down 操作，down()函数有如下一些变种。其中 down()和 down_interruptible()

的区别在于，down_interruptible()在争用信号量失败时进入可中断的睡眠状态，而 down()进入不可中断的睡眠状态。down_trylock()函数返回 0 表示成功获取了锁，返回 1 表示获取锁失败。

```
void down(struct semaphore *sem);
int down_interruptible(struct semaphore *sem);
int down_killable(struct semaphore *sem);
int down_trylock(struct semaphore *sem);
int down_timeout(struct semaphore *sem, long jiffies);
```

与 down 对应的 up 操作函数如下。

```
void up(struct semaphore *sem)
```

信号量有一个有趣的特点，它可以同时允许任意数量的锁持有者。信号量初始化函数为 sema_init(struct semaphore *sem, int count)，其中 count 的值可以大于等于 1。当 count 大于 1 时，表示允许在同一时刻至多有 count 个锁持有者，操作系统书中把这种信号量叫作计数信号量；当 count 等于 1 时，同一时刻仅允许一个人持有锁，操作系统书中把这种信号量称为互斥信号量或者二进制信号量。在 Linux 内核中，大多使用 count 计数为 1 的信号量。相比自旋锁，信号量是一个允许睡眠的锁。信号量适用于一些情况复杂、加锁时间比较长的应用场景，例如内核与用户空间复杂的交互行为等。

9.4 互斥体

在 Linux 内核中，还有一个类似信号量的实现叫作互斥体（Mutex）。信号量是在并行处理环境中对多个处理器访问某个公共资源进行保护的机制，互斥体则用于互斥操作。

信号量根据初始化 count 的大小，可以分为计数信号量和互斥信号量。根据操作系统书籍上著名的"洗手间理论"，信号量相当于一个可以同时容纳 N 个人的洗手间，只要人不满就可以进去，如果人满了就要在外面等待。互斥体类似街边的移动洗手间，每次只能一个人进去，里面的人出来后才能让排队中的下一个人使用。既然互斥体类似 count 计数等于 1 的信号量，为什么内核社区要重新开发互斥体，而不是复用信号量的机制呢？

互斥体最早是在 Linux 2.6.16 中由 Red Hat 公司的资源内核专家 Ingo Molnar 设计和实现的。信号量的 count 成员可以初始化为 1，并且 down 和 up 操作也实现类似互斥体的作用，为什么要单独实现互斥体机制呢？在设计之初，Ingo Molnar 解释信号量在 Linux 内核中的实现没有任何问题，但是互斥体的语义相对于信号量要简单、轻便一些，在锁争用激烈的测试场景下，互斥体比信号量执行速度更快，可扩展性更好。另外，互斥体数据结构的定义比信号量小，这些都是在互斥体设计之初 Ingo Molnar 提到的优点。互斥体上的一些优化方案已经被移植到了读写信号量中，例如自旋等待被已应用在读写信号量上。

下面来看互斥体数据结构的定义。

[include/linux/mutex.h]

```
struct mutex {
    atomic_t        count;
    spinlock_t          wait_lock;
    struct list_head    wait_list;
#if defined(CONFIG_MUTEX_SPIN_ON_OWNER)
    struct task_struct *owner;
#endif
#ifdef CONFIG_MUTEX_SPIN_ON_OWNER
    struct optimistic_spin_queue osq; /* Spinner MCS lock */
#endif
};
```

- ❏ count：原子计数，1 表示没人持有锁；0 表示锁被持有；负数表示锁被持有且有人在等待队列中等待。
- ❏ wait_lock：自旋锁，用于保护 wait_list 睡眠等待队列。
- ❏ wait_list：用于管理所有在 Mutex 上睡眠的进程，没有成功获取锁的进程会睡眠在此链表上。
- ❏ owner：要打开 CONFIG_MUTEX_SPIN_ON_OWNER 选项才会有 owner，用于指向锁持有者的 task_struct 数据结构。
- ❏ osq：用于实现 MCS 锁机制。

互斥锁实现了自旋等待的机制，准确地说，应该是互斥锁比读写信号量更早地实现了自旋等待机制。自旋等待机制的核心原理是当发现持有锁者正在临界区执行并且没有其他优先级高的进程要被调度时，那么当前进程坚信锁持有者会很快离开临界区并释放锁，因此与其睡眠等待不如乐观地自旋等待，以减少睡眠唤醒的开销。在实现自旋等待机制时，内核实现了一套 MCS 锁机制来保证只有一个人自旋等待持锁者释放锁。

MCS 锁是一种自旋锁的优化方案，它是由两个发明者 Mellor-Crummey 和 Scott 的名字来命名的，论文"Algorithms for Scalable Synchronization on Shared-Memory Multiprocessor"发表在 1991 年的 *ACM Transactions on Computer Systems* 期刊上。自旋锁是 Linux 内核使用最广泛的一种锁机制，长期以来内核社区一直在关注自旋锁的高效性和可扩展性。在 Linux 2.6.25 内核中，自旋锁已经采用排队自旋算法进行优化，以解决早期自旋锁争用不公平的问题。但是在多处理器和 NUMA 系统中，排队自旋锁仍然存在一个比较严重的问题。假设在一个锁争用激烈的系统中，所有自旋等待锁的线程都在同一个共享变量上自旋，申请和释放锁都在同一个变量上修改，由缓存一致性原理（例如 MESI 协议）导致参与自旋的 CPU 中的高速缓存行变得无效。在锁争用的激烈过程中，导致严重的 CPU 高速缓存行颠簸现象，即多个 CPU 上的高速缓存行反复失效，大大降低系统整体性能。

互斥锁的初始化有两种方式：一种是静态使用 DEFINE_MUTEX 宏，另一种是在内核代码中动态使用 mutex_init()函数。

[include/linux/mutex.h]

```
#define DEFINE_MUTEX(mutexname) \
    struct mutex mutexname = __MUTEX_INITIALIZER(mutexname)
```

互斥锁的 API 函数接口比较简单。

```
void __sched mutex_lock(struct mutex *lock)
void __sched mutex_unlock(struct mutex *lock)
```

总的来说，互斥锁比信号量的实现要高效很多。

❑ 互斥锁最先实现自旋等待机制。

❑ 互斥锁在睡眠之前尝试获取锁。

❑ 互斥锁实现 MCS 锁来避免多个 CPU 争用锁而导致 CPU 高速缓存行颠簸现象。

正是因为互斥体的简洁性和高效性，互斥体的使用场景比信号量要更严格，使用 Mutex 需要注意的约束条件如下。

❑ 同一时刻只有一个线程可以持有互斥体。

❑ 只有锁持有者可以解锁。不能在一个进程中持有互斥体，而在另一个进程中释放它。 互斥体不适合内核同用户空间复杂的同步场景，信号量和读写信号量比较适合。

❑ 不允许递归地加锁和解锁。

❑ 当进程持有互斥体时，进程不可以退出。

❑ 互斥体必须使用官方 API 来初始化。

❑ 互斥体可以睡眠，所以不允许在中断处理程序或者中断下半部中使用，例如 tasklet、 定时器等。

在实际工程项目中，该如何选择自旋锁、信号量和互斥体呢？

在中断上下文中毫不犹豫地使用自旋锁，如果临界区有睡眠、隐含睡眠的动作及内核 API，应避免选择自旋锁。在信号量和互斥体中该如何选择呢？除非代码场景不符合上述互 斥体的约束中的某一条，否则都优先使用互斥体。

9.5 读写锁

9.5.1 读写锁定义

上述介绍的信号量有一个明显的缺点——没有区分临界区的读写属性。读写锁通常允许 多个线程并发地读访问临界区，但是写访问只限制于一个线程。读写锁能有效地提高并发性， 在多处理器系统中允许同时有多个读者访问共享资源，但写者是排他的，读写锁具有如下特性。

- ❑ 允许多个读者同时进入临界区，但同一时刻写者不能进入。
- ❑ 同一时刻只允许一个写者进入临界区。
- ❑ 读者和写者不能同时进入临界区。

读写锁有两种，分别是自旋锁类型和信号量类型。自旋锁类型的读写锁数据结构定义在 include/linux/rwlock_types.h 头文件中。

[include/linux/rwlock_types.h]

```
typedef struct {
    arch_rwlock_t raw_lock;
} rwlock_t;
```

[arch/arm/include/asm/spinlock_types.h]
```
typedef struct {
    u32 lock;
} arch_rwlock_t;
```

常用的函数如下。

[include/linux/rwlock.h]

```
rwlock_init() 初始化rwlock
write_lock()  申请写者锁
write_unlock() 释放写者锁
read_lock() 申请读者锁
read_unlock() 释放读者锁
read_lock_irq() 关闭中断并且申请读者锁
write_lock_irq() 关闭中断并且申请写者锁
write_unlock_irq() 打开中断并且释放写者锁
…
```

和自旋锁一样，读写锁有关闭中断和下半部的版本。

9.5.2 读写信号量

读写信号量的定义如下。

[include/linux/rwsem.h]

```
struct rw_semaphore {
    long count;
    struct list_head wait_list;
    raw_spinlock_t wait_lock;
#ifdef CONFIG_RWSEM_SPIN_ON_OWNER
    struct optimistic_spin_queue osq; /* MCS锁 */
```

```
        struct task_struct *owner;
#endif
};
```

❑ wait_lock 是一个自旋锁变量，用于实现对读写信号量数据结构中 count 成员的原子操作和保护。

❑ count 用于表示读写信号量的计数。以前读写信号量的实现用 activity 来表示，activity=0 表示没有读者和写者，activity=-1 表示有写者，activity>0 表示有读者。现在 count 的计数方法已经发生了变化。

❑ wait_list 链表用于管理所有在该信号量上睡眠的进程，没有成功获取锁的进程会睡眠在这个链表上。

❑ osq：MCS 锁。

❑ owner：当写者成功获取锁时，owner 指向锁持有者的 task_struct 数据结构。

count 成员的语义定义如下。

[include/asm-generic/rwsem.h]

```
#ifdef CONFIG_64BIT
# define RWSEM_ACTIVE_MASK      0xffffffffL
#else
# define RWSEM_ACTIVE_MASK      0x0000ffffL
#endif

#define RWSEM_UNLOCKED_VALUE       0x00000000L
#define RWSEM_ACTIVE_BIAS          0x00000001L
#define RWSEM_WAITING_BIAS         (-RWSEM_ACTIVE_MASK-1)
#define RWSEM_ACTIVE_READ_BIAS     RWSEM_ACTIVE_BIAS
#define RWSEM_ACTIVE_WRITE_BIAS    (RWSEM_WAITING_BIAS + RWSEM_ACTIVE_BIAS)
```

把 count 值当作十六进制或者十进制数来看待不是代码作者的原本设计意图，其实应该把 count 值分成两个域。bit [0～15]为低字段域，表示正在持有锁的读者或者写者的个数；bit[16～31]为高字段域，通常为负数，表示有一个正在持有或者等待状态的写者，以及睡眠等待队列中有人在睡眠等待。count 值可以看作一个二元数，举例如下。

❑ RWSEM_ACTIVE_READ_BIAS = 0x0000_0001 = [0, 1]，表示有一个读者。

❑ RWSEM_ACTIVE_WRITE_BIAS = 0xffff_0001 = [-1, 1]，表示当前只有一个活跃的写者。

❑ RWSEM_WAITING_BIAS = 0xffff_0000 = [-1, 0]，表示睡眠等待队列中有人在睡眠等待。

读写信号量的 API 函数定义如下。

```
init_rwsem(struct rw_semaphore *sem);
void __sched down_read(struct rw_semaphore *sem)
void up_read(struct rw_semaphore *sem)
```

```
void __sched down_write(struct rw_semaphore *sem)
void up_write(struct rw_semaphore *sem)
int down_read_trylock(struct rw_semaphore *sem)
int down_write_trylock(struct rw_semaphore *sem)
```

读写锁在内核中应用广泛，特别是在内存管理中，除了前文介绍的 mm->mmap_sem 读写信号量外，还有反向映射 RMAP 系统中的 anon_vma->rwsem，地址空间 address_space 数据结构中的 i_mmap_rwsem 等。

下面再次总结读写锁的重要特性。

- ❑ down_read()：如果一个进程持有了读者锁，那么允许继续申请多个读者锁，申请写者锁则要睡眠等待。
- ❑ down_write()：如果一个进程持有了写者锁，那么第二个进程申请该写者锁要自旋等待，申请读者锁则要睡眠等待。
- ❑ up_write()/up_read()：如果等待队列中第一个成员是写者，那么唤醒该写者，否则唤醒排在等待队列中最前面连续的几个读者。

9.6 RCU

RCU 的全称是 read-copy-update，是 Linux 内核中一种重要的同步机制。Linux 内核中已经有了原子操作、自旋锁、读写锁、读写信号量、互斥锁等锁机制，为什么要单独设计一个比它们的实现复杂得多的新机制呢？回忆自旋锁、读写信号量和互斥锁的实现，它们都使用了原子操作指令，即原子地访问内存，多 CPU 争用共享的变量会让缓存一致性变得很糟，导致性能下降。以读写信号量为例，除了上述缺点外，读写信号量还有一个致命弱点，即它只允许多个读者同时存在，但是读者和写者不能同时存在。RCU 机制要实现的目标是希望读者线程没有同步开销，或者说同步开销变得很小，甚至可以忽略不计，不需要额外的锁，不需要使用原子操作指令和内存屏障，即可畅通无阻地访问；而把需要同步的任务交给写者线程，写者线程等待所有读者线程完成后才会把旧数据销毁。在 RCU 中，如果有多个写者同时存在，那么需要额外的保护机制。RCU 机制的原理可以概括为 RCU 记录了所有指向共享数据的指针的使用者，当要修改该共享数据时，首先创建一个副本，并在副本中修改。所有读访问线程都离开读临界区之后，使用者的指针指向新修改后的副本，并且删除旧数据。

RCU 的一个重要的应用场景是链表，可有效地提高遍历读取数据的效率。读取链表成员数据时通常只需要 rcu_read_lock()，允许多个线程同时读取该链表，并且允许一个线程同时修改链表。为什么这个过程能保证链表访问的正确性呢？

在读者遍历链表时，假设另外一个线程删除了一个节点。删除线程会把这个节点从链表中移出，不会直接销毁它。RCU 会等到所有读线程读取完成后，才会销毁这个节点。

RCU 提供的接口如下。

- ❏ rcu_read_lock()/ rcu_read_unlock()：组成一个 RCU 读临界。
- ❏ rcu_dereference()：用于获取被 RCU 保护的指针，读者线程要访问 RCU 保护的共享数据，需要使用该函数创建一个新指针，并且指向 RCU 被保护的指针。
- ❏ rcu_assign_pointer()：通常用在写者线程。在写者线程完成新数据的修改后，调用该接口可以让被 RCU 保护的指针指向新建的数据，用 RCU 的术语是发布了更新后的数据。
- ❏ synchronize_rcu()：同步等待所有现存的读访问完成。
- ❏ call_rcu()：注册一个回调函数，当所有现存的读访问完成后，调用这个回调函数销毁旧数据。

下面通过一个 RCU 简单的例子理解上述接口的含义，该例子来源于内核源代码中的 Documents/RCU/whatisRCU.txt，并且省略了一些异常处理情况。

[RCU的一个简单例子]

```
0  #include <linux/kernel.h>
1  #include <linux/module.h>
2  #include <linux/init.h>
3  #include <linux/slab.h>
4  #include <linux/spinlock.h>
5  #include <linux/rcupdate.h>
6  #include <linux/kthread.h>
7  #include <linux/delay.h>
8
9  struct foo {
10     int a;
11     struct rcu_head rcu;
12 };
13
14 static struct foo *g_ptr;
15 static void myrcu_reader_thread(void *data) //读者线程
16 {
17     struct foo *p = NULL;
18
19     while (1) {
20         msleep(200);
21         rcu_read_lock();
22         p = rcu_dereference(g_ptr);
23         if (p)
24             printk("%s: read a=%d\n", __func__, p->a);
25         rcu_read_unlock();
26     }
27 }
28
29 static void myrcu_del(struct rcu_head *rh)
30 {
31     struct foo *p = container_of(rh, struct foo, rcu);
32     printk("%s: a=%d\n", __func__, p->a);
33     kfree(p);
```

```
34  }
35
36  static void myrcu_writer_thread(void *p)  //写者线程
37  {
38      struct foo *new;
39      struct foo *old;
40      int value = (unsigned long)p;
41
42      while (1) {
43          msleep(400);
44          struct foo *new_ptr = kmalloc(sizeof (struct foo), GFP_KERNEL);
45          old = g_ptr;
46          printk("%s: write to new %d\n", __func__, value);
47          *new_ptr = *old;
48          new_ptr->a = value;
49          rcu_assign_pointer(g_ptr, new_ptr);
50          call_rcu(&old->rcu, myrcu_del);
51          value++;
52      }
53  }
54
55  static int __init my_test_init(void)
56  {
57      struct task_struct *reader_thread;
58      struct task_struct *writer_thread;
59      int value = 5;
60
61      printk("figo: my module init\n");
62      g_ptr = kzalloc(sizeof (struct foo), GFP_KERNEL);
63
64      reader_thread = kthread_run(myrcu_reader_thread, NULL, "rcu_reader");
65      writer_thread = kthread_run(myrcu_writer_thread, (void *)(unsigned
              long)value, "rcu_writer");
66
67      return 0;
68  }
69  static void __exit my_test_exit(void)
70  {
71      printk("goodbye\n");
72      if (g_ptr)
73          kfree(g_ptr);
74  }
75  MODULE_LICENSE("GPL");
76  module_init(my_test_init);
```

　　该例子的目的是通过 RCU 机制保护 my_test_init() 分配的共享数据结构 g_ptr，另外创建了一个读者线程和一个写者线程来模拟同步场景。

　　对于读者线程 myrcu_reader_thread：

❑　通过 rcu_read_lock() 和 rcu_read_unlock() 来构建一个读者临界区。

❑　调用 rcu_dereference() 获取被保护数据 g_ptr 指针的一个副本，即指针 p，这时 p 和

g_ptr 都指向旧的被保护数据。

❑　读者线程每隔 200ms 读取一次被保护数据。

对于写者线程 myrcu_writer_thread：

❑　分配一个新的保护数据 new_ptr，并修改相应数据。

❑　rcu_assign_pointer() 让 g_ptr 指向新数据。

❑　call_rcu() 注册一个回调函数，确保所有对旧数据的引用都执行完成之后，才调用回调函数来删除旧数据 old_data。

❑　写者线程每隔 400ms 修改被保护数据。

上述过程如图 9.2 所示。

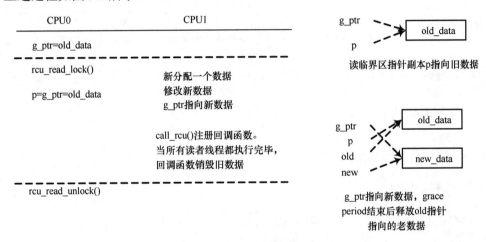

图9.2　RCU时序图

在所有的读访问完成之后，内核可以释放旧数据。对于何时释放旧数据，内核提供了两个 API 函数：synchronize_rcu() 和 call_rcu()。

9.7　等待队列

等待队列本质上是一个双向链表，当运行中的进程需要获取某一个资源而该资源暂时不能提供时，可以把进程挂入等待队列中等待该资源的释放，进程会进入睡眠状态。

9.7.1　等待队列头

等待队列头的定义如下。

```
<include/linux/wait.h>
```

```
struct __wait_queue_head {
    spinlock_t          lock;
    struct list_head    task_list;
};
typedef struct __wait_queue_head wait_queue_head_t;
```

其中：

❑　lock 为等待队列的自旋锁，用来保护等待队列的并发访问。

❑　task_list 为等待队列的双向链表。

等待队列的初始化有两种方式：一种是 DECLARE_WAIT_QUEUE_HEAD 宏来静态初始化，另一种是通过 init_waitqueue_head()函数在程序运行期间动态初始化。

```
//静态初始化
#define DECLARE_WAIT_QUEUE_HEAD(name) \
    wait_queue_head_t name = __WAIT_QUEUE_HEAD_INITIALIZER(name)

//动态初始化
init_waitqueue_head(q)
```

9.7.2　等待队列节点

等待队列节点数据结构定义如下。

```
<include/linux/wait.h>

struct __wait_queue {
    unsigned int        flags;
    void                *private;
    wait_queue_func_t   func;
    struct list_head    task_list;
};
```

❑　flags 为等待队列上的操作行为。

❑　private 为等待队列的私有数据，通常用来指向进程的 task_struct 数据结构。

❑　func 为进程被唤醒时执行的唤醒函数。

❑　task_list 为链表的节点。

等待队列节点的初始化同样有两种方式。

```
//静态初始化一个等待队列节点
#define DECLARE_WAITQUEUE(name, tsk)                        \
    wait_queue_t name = __WAITQUEUE_INITIALIZER(name, tsk)

//动态初始化一个等待队列节点
void init_waitqueue_entry(wait_queue_t *q, struct task_struct *p)
```

9.8　实验

9.8.1　实验 1：自旋锁

1．实验目的
了解和熟悉自旋锁的使用。

2．实验详解
写一个简单的内核模块，然后测试如下功能。
- ❑ 在自旋锁里面，调用 alloc_page(GFP_KERNEL)函数来分配内存，观察会发生什么情况。
- ❑ 手工创造递归死锁，观察会发生什么情况。
- ❑ 手工创造 AB-BA 死锁，观察会发生什么情况。

9.8.2　实验 2：互斥锁

1．实验目的
了解和熟悉互斥锁的使用。

2．实验详解
在第 5 章的虚拟 FIFO 设备中，我们并没有考虑多个进程同时访问设备驱动的情况，请使用互斥锁对虚拟 FIFO 设备驱动程序进行并发保护。

我们首先要思考在这个虚拟 FIFO 设备驱动中有哪些资源是共享资源或者临界资源的。

9.8.3　实验 3：RCU

1．实验目的
了解和熟悉 RCU 锁的使用。

2．实验详解
编写一个简单的内核模块，创建一个读者内核线程和一个写者内核线程来模拟同步访问共享变量的情景。

第 **10** 章

中断管理

除了前文中介绍的内存管理、进程管理、并发与同步之外，操作系统还有一个很重要的功能就是管理众多的外设，例如键盘鼠标、显示器、无线网卡、声卡等。处理器和外设之间的运算能力和处理速度通常不在一个数量级上。假设现在处理器需要去获取一个键盘的事件，如果处理器发出一个请求信号之后一直在轮询键盘的响应，由于键盘响应速度比处理器慢得多并且等待用户输入，那么处理器是很浪费资源的。与其这样，不如键盘有事件发生时发送一个信号给处理器，让处理器暂停当前的工作来处理这个响应，这比处理器一直在轮询效率要高，这就是中断管理机制产生的背景。

轮询机制也不完全比中断机制差。例如，在网络吞吐量大的应用场景下，网卡驱动采用轮询机制比中断机制效率要高，比如开源组件 DPDK（Data Plane Development Kit）。

本章介绍 ARM 架构下中断是如何管理的，Linux 内核中的中断管理机制是如何设计与实现的，以及常用的下半部机制，例如软中断、tasklet、工作队列机制等。

10.1 Linux 中断管理机制

Linux 内核支持众多的处理器体系结构，从系统角度来看，Linux 内核中断管理可以分成如下 4 层。

❑ 硬件层，例如 CPU 和中断控制器的连接。

❑ 处理器架构管理，例如 CPU 中断异常处理。

❑ 中断控制器管理，例如 IRQ 中断号的映射。

❑ Linux 内核通用中断处理器层，例如中断注册和中断处理。

不同的体系结构对中断控制器有着不同的设计理念，例如 ARM 公司提供了一个通用中断控制器（Generic Interrupt Controller，GIC），x86 体系架构则采用高级可编程中断控制器（Advanced Programmable Interrupt Controller，APIC）。目前最新版本的 GIC 技术规范是 Version 3/4，Version 2 通常在 ARM v7 架构处理器中使用，例如 Cortex-A7 和 Cortex-A9 等，它最多可以支持 8 核；Version 3 和 Version 4 则支持 ARM v8 架构，例如 Cortex-A53 等。本

书以 ARM Vexpress 平台[1]为例来介绍中断管理的实现，它支持 GIC Version 2 版本。

10.1.1　ARM 中断控制器

ARM Vexpress V2P-CA15_CA7 平台支持 Cortex A15 和 Cortex-A7 两个 CPU 集群，中断控制器采用 GIC-400 控制器，支持 GIC Version 2 技术规范，如图 10.1 所示。GIC-V2 规范支持如下中断类型。

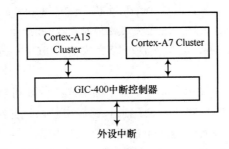

图10.1　Vexpress V2P-CA15_CA7平台中断管理框图

❑ SGI 软件触发中断（Software Generated Interrupt），通常用于多核之间通信。最多支持 16 个 SGI 中断，硬件中断号从 ID0～ID15。SGI 通常在 Linux 内核中被用作 IPI 中断（Inter-process Interrupts），并会送达到系统指定的 CPU 上。

❑ PPI 私有外设中断（Private Peripheral Interrupt），这是每个处理核心私有的中断。最多支持 16 个 PPI 中断，硬件中断号从 ID16～ID31。PPI 通常会送达到指定的 CPU 上，应用场景有 CPU 本地时钟。

❑ SPI 外设中断（Shared Peripheral Interrupt），公用的外设中断。最多可以支持 988 个外设中断，硬件中断号从 ID32～ID1019[2]。

GIC 中断控制器主要由两部分组成，分别是仲裁单元和 CPU 接口（Interface）模块。仲裁单元为每一个中断源维护一个状态机，支持有 inactive、pending、active 和 active and pending 状态[3]。

GIC 检测中断的流程如下。

1）当 GIC 检测到一个中断发生时，会将该中断标记为 pending 状态。

2）对于处于 pending 状态的中断，仲裁单元会确定目标 CPU，将中断请求发送到这个 CPU 上。

3）对于每个 CPU，仲裁单元会从众多 pending 状态的中断中选择一个优先级最高的中

---

① Vexpress V2P-CA15_CA7 平台详见 *ARM CoreTile Express A15×2 A7×3 Technical Reference Manual*。

② GIC-400 控制器只支持 480 个 SPI 中断。

③ 关于 GIC 的中断状态机可以阅读《GIC V2 手册》中第 3.2.4 节的内容。

断，并将其发送到目标 CPU 的 CPU 接口模块上。

4）CPU 接口模块会决定这个中断是否可以发送给 CPU。如果该中断的优先级满足要求，GIC 会触发一个中断请求信号给该 CPU。

5）当一个 CPU 进入中断异常后，会去读取 GICC_IAR 寄存器来响应该中断（一般是 Linux 内核的中断处理程序来读寄存器）。寄存器会返回硬件中断号，对于 SGI 中断来说是返回源 CPU 的 ID。当 GIC 感知到软件读取了该寄存器后，又分为如下情况。

❑　如果该中断源是 pending 状态，那么状态将变成 active。

❑　如果该中断又重新产生，那么 pending 状态变成 active and pending。

❑　如果该中断是 active 状态，现在变成 active and pending。

6）当处理器完成中断服务，必须发送一个完成信号 EOI（End Of Interrupt）给 GIC 控制器。

GIC 控制器支持中断优先级抢占功能。一个高优先级中断可以抢占一个低优先级且处于 active 状态的中断，即 GIC 的仲裁单元会记录和比较出当前优先级最高的 pending 状态的中断，然后去抢占当前中断，并且发送这个最高优先级的中断请求给 CPU。CPU 应答了高优先级中断，暂停低优先级中断服务，进而去处理高优先级中断。上述是从 GIC 控制器角度来看的[①]。总之，GIC 的仲裁单元总会把 pending 状态中优先级最高的中断请求发送给 CPU。

图 10.2 所示是《GIC-400 控制器芯片手册》中的一个中断时序图，能够帮助读者理解 GIC 控制器内部工作原理。

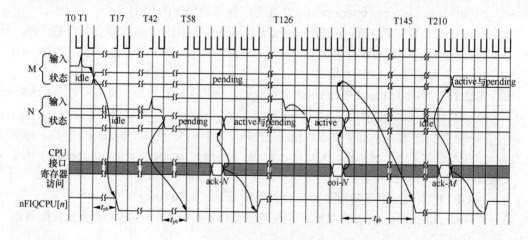

图10.2　中断时序图[②]

---

① 从 Linux 内核角度来看，如果在低优先级的中断处理程序中发生了 GIC 中断抢占，虽然 GIC 会发送高优先级中断请求给 CPU，可是 CPU 处于关中断的状态，需要等到 CPU 开中断时才会响应该高优先级中断，后文中会有所介绍。

② 该图来自 *CoreLink GIC-400 Generic Interrupt Controller Technical Reference Manual* 的 Figure B-1 Signaling physical interrupts。

假设中断 N 和 M 都是 SPI 类型的外设中断且通过 FIQ 来处理，高电平触发，N 的优先级比 M 高，它们的目标 CPU 相同。

1）T1 时刻：GIC 的仲裁单元检测到中断 M 的电平变化。

2）T2 时刻：仲裁单元设置中断 M 的状态为 pending。

3）T17 时刻：CPU 接口模块会拉低 nFIQCPU[n]信号。在中断 M 的状态变成 pending 后，大概需要 15 个时钟后会拉低 nFIQCPU[n]信号来向 CPU 报告中断请求。仲裁单元需要这些时间来计算哪个是 pending 状态下优先级最高的中断。

4）T42 时刻：仲裁单元检测到另一个优先级更高的中断 N。

5）T43 时刻：仲裁单元用中断 N 替换中断 M 为当前 pending 状态下优先级最高的中断，并设置中断 N 为 pending 状态。

6）T58 时刻：经过 t_{ph} 个时钟后，CPU 接口模块拉低 nFIQCPU[n]信号来通知 CPU。nFIQCPU[n]信号在 T17 时已经被拉低。CPU 接口模块会更新 GICC_IAR 寄存器的接口 ID 域，该域的值变成中断 N 的硬件中断号。

7）T61 时刻：CPU（Linux 内核的中断服务程序）读取 GICC_IAR 寄存器，即软件响应了中断 N。这时仲裁单元把中断 N 的状态从 pending 变成 active and pending。

8）T61～T131 时刻：Linux 内核处理中断 N 的中断服务程序。

❑　T64 时刻：在中断 N 被 Linux 内核响应后的 3 个时钟内，CPU 接口模块完成对 nFIQCPU[n]信号的清零，即拉高 nFIQCPU[n]信号。

❑　T126 时刻：外设也将该中断 N 清零。

❑　T128 时刻：移出了该中断 N 的 pending 状态。

❑　T131 时刻：处理器（Linux 内核中断服务程序）把中断 N 的硬件 ID 号写入 GICC_EOIR 寄存器来完成中断 N 的全部处理过程。

9）T146 时刻：在向 GICC_EOIR 寄存器写入中断 N 硬件 ID 号后的 t_{ph} 个时钟后，仲裁单元会选择下一个最高优先级中断，即中断 M，发送中断请求给 CPU 接口模块。CPU 接口模块拉低 nFIQCPU[n]信号来向 CPU 报告外设 M 的中断请求。

10）T211 时刻：CPU（Linux 内核中断服务程序）读取 GICC_IAR 寄存器来响应该中断，仲裁单元设置中断 M 的状态为 active and pending。

11）T214 时刻：在 CPU 响应中断后的 3 个时钟内，CPU 接口模块拉高 nFIQCPU[n]信号来完成清零动作。

更多关于 GIC 中断控制器的介绍可以参考 *ARM Generic Interrupt Controller Architecture Specification version 2* 和 *CoreLink GIC-400 Generic Interrupt Controller Technical Reference Manual*。

每一款 ARM SoC 在芯片设计阶段时，各种中断和外设的分配情况就要被固定下来，因此对于底层开发者来说，需要查询 SoC 的芯片手册来确定外设的硬件中断号。以

Cortex-A15_A7 MPCore test chip 为例，该芯片支持 32 个内部中断和 160 个外部中断。

（1）内部中断

32 个内部中断用于连接 CPU 核和 GIC 中断控制器。

（2）外部中断

- ❑ 30 个外部中断连接到主板的 IOFPGA。
- ❑ Cortex-A15 簇连接 8 个外部中断。
- ❑ Cortex-A7 簇连接 12 个外部中断。
- ❑ 芯片外部连接 21 个外设中断。
- ❑ 还有一些保留未使用的中断。

表 10.1 简单列举了 Vexpress V2P-CA15_CA7 平台的中断分配表，具体情况请参见 *ARM CoreTile Express A15×2 A7×3 Technical Reference Manual* 文档中的表 2-11。通过 QEMU 运行该平台后，在 "/proc/interrupts" 节点可以看到系统支持的外设中断信息。

表 10.1　Vexpress V2P-CA15_CA7 平台中断分配表

GIC 中断号	主板中断序号	中断源	信　号	描　　述
0:31	—	MPCore cluster	—	CPU核和GIC的内部私有中断
32	0	IOFPGA	WDOG0INT	Watchdog timer
33	1	IOFPGA	SWINT	Software interrupt
34	2	IOFPGA	TIM01INT	Dual timer 0/1 interrupt
35	3	IOFPGA	TIM23INT	Dual timer 2/3 interrupt
36	4	IOFPGA	RTCINTR	Real time clock interrupt
37	5	IOFPGA	UART0INTR	串口0中断
38	6	IOFPGA	UART1INTR	串口1中断
39	7	IOFPGA	UART2INTR	串口2中断
40	8	IOFPGA	UART3INTR	串口3中断
42:41	10	IOFPGA	MCI_INTR[1: 0]	Media Card中断[1:0]
47	15	IOFPGA	ETH_INTR	以太网中断

```
$ qemu-system-arm -nographic -M vexpress-a15  -m 1024M -kernel
arch/arm/boot/zImage  -append "rdinit=/linuxrc console=ttyAMA0 loglevel=8"
-dtb arch/arm/boot/dts/vexpress-v2p-ca15_a7.dtb
…
/ # cat /proc/interrupts
          CPU0
  18:    6205308        GIC  27  arch_timer
  20:          0        GIC  34  timer
  21:          0        GIC 127  vexpress-spc
  38:          0        GIC  47  eth0
  41:          0        GIC  41  mmci-pl18x (cmd)
```

```
42:           0            GIC  42   mmci-pl18x (pio)
43:           8            GIC  44   kmi-pl050
44:         100            GIC  45   kmi-pl050
45:          76            GIC  37   uart-pl011
51:           0            GIC  36   rtc-pl031
IPI0:         0   CPU wakeup interrupts
IPI1:         0   Timer broadcast interrupts
IPI2:         0   Rescheduling interrupts
IPI3:         0   Function call interrupts
IPI4:         0   Single function call interrupts
IPI5:         0   CPU stop interrupts
IPI6:         0   IRQ work interrupts
IPI7:         0   completion interrupts
```

以串口 0 设备为例，设备名称为 "uart-pl011"，从 "/proc/interrupts" 中可以看到该设备的硬件中断是 GIC-37，硬件中断号为 37，Linux 内核分配的中断号是 45，76 表示已经发生了 76 次中断。

10.1.2 硬件中断号和 Linux 中断号的映射

写过 Linux 驱动的读者应该知道，注册中断 API 函数 request_irq()/ request_threaded_irq() 是使用 Linux 内核软件中断号（俗称软件中断号或 IRQ 中断号），而不是硬件中断号。

```
int request_threaded_irq(unsigned int irq, irq_handler_t handler,
            irq_handler_t thread_fn, unsigned long irqflags,
            const char *devname, void *dev_id)
```

其中，参数 irq 在 Linux 内核中称为 IRQ number 或 interrupt line，这是一个 Linux 内核管理的虚拟中断号，并不是指硬件的中断号。内核中有一个宏 NR_IRQS 来表示系统支持中断数量的最大值，NR_IRQS 和平台相关，例如 Vexpress V2P-CA15_CA7 平台的定义。

[arch/arm/mach-versatile/include/mach/irqs.h]

```
#define IRQ_SIC_END          95
#define NR_IRQS              (IRQ_GPIO3_END + 1)
```

此外，Linux 内核定义了一个位图来管理这些中断号。

[kernel/irq/irqdesc.c]

```
# define IRQ_BITMAP_BITS    NR_IRQS
static DECLARE_BITMAP(allocated_irqs, IRQ_BITMAP_BITS);
```

位图变量 allocated_irqs 分配 NR_IRQS 个比特位（假设没设置 CONFIG_SPARSE_IRQ），每个比特位表示一个中断号。

另外，还有一个硬件中断号的概念，例如 Vexpress V2P-CA15_CA7 平台中的 "串口 0" 的硬件中断号是 37。37 的来由是因为 GIC 把 0～31 的硬件中断号预留给了 SGI 和 PPI，因此外设中断号从第 32 号开始计算。"串口 0"设备在主板上的序号是 5，因此该设备的硬件中断号为 37。

硬件中断号和软件中断号的映射过程如图 10.3 所示。

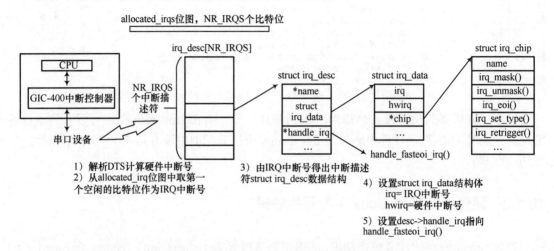

图10.3　硬件中断号和软件中断号的映射过程

10.1.3　注册中断

当一个外设中断发生后，内核会执行一个函数来响应该中断，这个函数通常被称为中断处理程序或中断服务例程。中断处理程序是内核用于响应中断的[①]，并且它运行在中断上下文中（和进程上下文不同）。中断处理程序最基本的工作是通知硬件设备中断已经被接收，不同的硬件设备的中断处理程序是不同的，有的常常需要做很多的处理工作，这也是 Linux 内核把中断处理程序分成上半部和下半部的原因。中断处理程序要求快速完成并且退出中断，但是如果中断处理程序需要完成的任务比较繁重，这两个需求就会有冲突，因此上下半部机制就诞生了。

在编写外设驱动时通常需要注册中断，注册中断的 API 如下。

```
static inline int request_irq(unsigned int irq, irq_handler_t handler, unsigned
long flags,
        const char *name, void *dev)
```

request_irq()是比较旧的 API，在 Linux 2.6.30 中新增了线程化的中断注册函数

[①] 中断处理程序包括硬件中断处理程序和其下半部处理机制，包括中断线程化、软中断和工作队列等，这里特指硬件中断处理程序。

request_threaded_irq()[①]。中断线程化是实时 Linux 项目开发的一个新特性，目的是降低中断处理对系统实时延迟的影响。Linux 内核已经把中断处理分成了上下半部，为什么还需要引入中断线程化机制呢？

在 Linux 内核中，中断具有最高的优先级，只要有中断发生，内核会暂停手头的工作转向中断处理，等到所有挂起等待的中断和软中断处理完毕后才会执行进程调度，因此这个过程会造成实时任务得不到及时处理。中断上下文总是抢占进程上下文，中断上下文不仅指中断处理程序，还包括 Softirq 软中断、tasklet 等。中断上下文是优化 Linux 实时性的最大挑战之一。假设一个高优先级任务和一个中断同时发生，那么内核首先执行中断处理程序，中断处理程序完成之后有可能触发软中断，也可能有一些 tasklet 任务要执行或有新的中断发生，这样高优先级任务的延迟变得不可预测。中断线程化的目的是把中断处理中一些繁重的任务作为内核线程来运行，实时进程可以有比中断线程更高的优先级。这样高优先级的实时进程可以得到优先处理，实时进程的延迟粒度变得小得多。当然并不是所有的中断都可以线程化，例如时钟中断。

```
int request_threaded_irq(unsigned int irq, irq_handler_t handler,
             irq_handler_t thread_fn, unsigned long irqflags,
             const char *devname, void *dev_id)
```

❑ irq：IRQ 中断号，注意这里使用的是软件中断号，而不是硬件中断号。
❑ handler：指主处理器（primary handler），有些类似于旧版本 API 函数 request_irq() 的中断处理函数 handler，中断发生时会优先执行主处理器。如果主处理器为 NULL 且 thread_fn 不为 NULL，那么会执行系统默认的主处理器：irq_default_primary_ handler() 函数。
❑ thread_fn：中断线程化的处理程序。如果 thread_fn 不为 NULL，那么会创建一个内核线程。主处理器和 thread_fn 不能同时为 NULL。
❑ irqflags：中断标志位，如表 10.2 所示。
❑ devname：该中断名称。
❑ dev_id：传递给中断处理程序的参数。

表 10.2　中断标志位

中断标志位	描　　述
IRQF_TRIGGER_*	中断触发的类型，有上升沿触发、下降沿触发、高电平触发和低电平触发
IRQF_DISABLED	此标志位已废弃，不建议继续使用[②]

① Linux 2.6.30 patch, commit 3aa551c9b, genirq: add threaded interrupt handler support, by Thomas Gleixner.

② Linux 2.6.35 patch, commit 6932bf37b, genirq: Remove IRQF_DISABLED from core code.

续表

中断标志位	描　述
IRQF_SHARED	多个设备共享一个中断号。需要外设硬件支持，因为在中断处理程序中要查询是哪个外设发生了中断，这会给中断处理带来一定的延迟，不推荐使用[①]
IRQF_PROBE_SHARED	中断处理程序允许共享失配发生
IRQF_TIMER	标记一个时钟中断
IRQF_PERCPU	属于特定某个CPU的中断
IRQF_NOBALANCING	禁止多CPU之间的中断均衡
IRQF_IRQPOLL	中断被用作轮询
IRQF_ONESHOT	ONESHOT表示一次性触发的中断，不能嵌套： 1）在硬件中断处理完成之后才能打开中断； 2）在中断线程化中保持中断关闭状态，直到该中断源上所有的thread_fn完成之后才能打开中断； 3）如果request_threaded_irq()时主处理器为NULL且中断控制器不支持硬件ONESHOT功能，那么应该显式地设置该标志位
IRQF_NO_SUSPEND	在系统睡眠过程（suspend）中不要关闭该中断
IRQF_FORCE_RESUME	在系统唤醒过程中必须强制打开该中断
IRQF_NO_THREAD	表示该中断不会被线程化

10.2　软中断和 tasklet

中断管理中有一个很重要的设计理念——上下半部机制（Top half and Bottom half）。5.1节介绍的硬件中断管理基本属于上半部的范畴，中断线程化属于下半部的范畴。在中断线程化机制合并到 Linux 内核之前，早已经有一些其他的下半部机制，例如软中断（Soft IRQ）、tasklet 和工作队列（workqueue）等。中断上半部有一个很重要的原则：硬件中断处理程序应该执行得越快越好。也就是说，希望它尽快离开并从硬件中断返回，这么做的原因如下。

❑ 硬件中断处理程序以异步方式执行，它会打断其他重要的代码执行，为了避免被打断的程序停止时间太长，硬件中断处理程序必须尽快执行完成。

❑ 硬件中断处理程序通常在关中断的情况下执行。所谓的关中断，是指关闭了本地CPU 的所有中断响应。关中断之后，本地 CPU 不能再响应中断，因此硬件中断处

[①] 如果中断控制器可以支持足够多的中断源，那么不推荐使用共享中断。共享中断需要一些额外开销，例如发生中断时需要遍历 irqaction 链表，然后 irqaction 的主处理器需要判断是否属于自己的中断。大部分的 ARM SoC 都能提供足够多的中断源。

理程序必须尽快执行完成。以 ARM 处理器为例，中断发生时，ARM 处理器会自动关闭本地 CPU 的 IRQ/FIQ 中断，直到从中断处理程序退出时才打开本地中断，这个过程都处于关中断状态。

上半部通常完成整个中断处理任务中的一小部分，例如响应中断表明中断已经被软件接收，简单的数据处理如 DMA 操作，以及硬件中断处理完成时发送 EOI 信号给中断控制器等，这些工作对时间比较敏感。此外中断处理任务还有一些计算任务，例如数据复制、数据包封装和转发、计算时间比较长的数据处理等，这些任务可以放到中断下半部来执行。Linux 内核并没有严格的规则约束究竟什么样的任务应该放到下半部来执行，这要驱动开发者来决定。中断任务的划分对系统性能会有比较大的影响。

那下半部具体在什么时候执行呢？这没有确切的时间点，一般是从硬件中断返回后某一个时间点内被执行。下半部执行的关键点是允许响应所有的中断，是一个开中断的环境。

10.2.1 SoftIRQ 软中断

软中断是 Linux 内核很早引入的机制，最早可以追溯到 Linux 2.3 开发期间。软中断是预留给系统中对时间要求最为严格和最重要的下半部使用的，而且目前驱动中只有块设备和网络子系统使用了软中断。系统静态定义了若干种软中断类型，并且 Linux 内核开发者不希望用户再扩充新的软中断类型，如有需要，建议使用 tasklet 机制。已经定义好的软中断类型如下：

```
[include/linux/interrupt.h]

enum
{
    HI_SOFTIRQ=0,
    TIMER_SOFTIRQ,
    NET_TX_SOFTIRQ,
    NET_RX_SOFTIRQ,
    BLOCK_SOFTIRQ,
    BLOCK_IOPOLL_SOFTIRQ,
    TASKLET_SOFTIRQ,
    SCHED_SOFTIRQ,
    HRTIMER_SOFTIRQ,
    RCU_SOFTIRQ,

    NR_SOFTIRQS
};
```

通过枚举类型来静态声明软中断，并且每一种软中断都使用索引来表示一种相对的优先级，索引号越小，软中断优先级高，并在一轮软中断处理中得到优先执行。其中：

❑ HI_SOFTIRQ，优先级为 0，是最高优先级的软中断类型。

- ❑ TIMER_SOFTIRQ，优先级为 1，用于定时器的软中断。
- ❑ NET_TX_SOFTIRQ，优先级为 2，用于发送网络数据包的软中断。
- ❑ NET_RX_SOFTIRQ，优先级为 3，用于接收网络数据包的软中断。
- ❑ BLOCK_SOFTIRQ 和 BLOCK_IOPOLL_SOFTIRQ，优先级分别是 4 和 5，用于块设备的软中断。
- ❑ TASKLET_SOFTIRQ，优先级为 6，专门为 tasklet 机制准备的软中断。
- ❑ SCHED_SOFTIRQ，优先级为 7，进程调度以及负载均衡。
- ❑ HRTIMER_SOFTIRQ，优先级为 8，高精度定时器。
- ❑ RCU_SOFTIRQ，优先级为 9，专门为 RCU 服务的软中断。

SoftIRQ 软中断的接口函数如下。

```
void open_softirq(int nr, void (*action)(struct softirq_action *))

void raise_softirq(unsigned int nr)
```

open_softirq()函数接口可以注册一个软中断，其中参数 nr 是软中断的序号。

raise_softirq()函数是主动触发一个软中断的 API 接口函数。

10.2.2　tasklet

tasklet 是利用软中断实现的一种下半部机制，本质上是软中断的一个变种，运行在软中断上下文中。tasklet 由 tasklet_struct 数据结构来描述。

[include/linux/interrupt.h]

```
struct tasklet_struct
{
    struct tasklet_struct *next;
    unsigned long state;
    atomic_t count;
    void (*func)(unsigned long);
    unsigned long data;
};
```

- ❑ next：多个 tasklet 串成一个链表。
- ❑ state：TASKLET_STATE_SCHED 表示 tasklet 已经被调度，正准备运行。TASKLET_STATE_RUN 表示 tasklet 正在运行中。
- ❑ count：为 0 表示 tasklet 处于激活状态；不为 0 表示该 tasklet 被禁止，不允许执行。
- ❑ func：tasklet 处理程序，类似软中断中的 action 函数指针。
- ❑ data：传递参数给 tasklet 处理函数。

每个 CPU 维护两个 tasklet 链表：一个用于普通优先级的 tasklet_vec，另一个用于高优先级的 tasklet_hi_vec，它们都是 Per-CPU 变量。链表中每个 tasklet_struct 代表一个 tasklet。

```
[kernel/softirq.c]
struct tasklet_head {
    struct tasklet_struct *head;
    struct tasklet_struct **tail;
};

static DEFINE_PER_CPU(struct tasklet_head, tasklet_vec);
static DEFINE_PER_CPU(struct tasklet_head, tasklet_hi_vec);
```

其中，tasklet_vec 使用软中断中的 TASKLET_SOFTIRQ 类型，它的优先级是 6；而 tasklet_hi_vec 使用软中断中的 HI_SOFTIRQ，优先级是 0，是所有软中断中优先级最高的。

要想在驱动中使用 tasklet，首先定义一个 tasklet，可以静态申明，也可以动态初始化。

```
[include/linux/interrupt.h]
#define DECLARE_TASKLET(name, func, data) \
struct tasklet_struct name = { NULL, 0, ATOMIC_INIT(0), func, data }

#define DECLARE_TASKLET_DISABLED(name, func, data) \
struct tasklet_struct name = { NULL, 0, ATOMIC_INIT(1), func, data }
```

上述两个宏都是静态地申明一个 tasklet 数据结构，它们的唯一区别在于 count 成员的初始化值不同，DECLARE_TASKLET 宏把 count 初始化为 0，表示 tasklet 处于激活状态；而 DECLARE_TASKLET_DISABLED 宏把 count 成员初始化为 1，表示该 tasklet 处于关闭状态。

当然，也可以在驱动代码中调用 tasklet_init()函数动态初始化 tasklet。

```
void tasklet_init(struct tasklet_struct *t,
            void (*func)(unsigned long), unsigned long data)
```

在驱动程序中调度 tasklet 可以使用 tasklet_schedule()函数。

```
[include/linux/interrupt.h]
static inline void tasklet_schedule(struct tasklet_struct *t)
```

10.2.3 local_bh_disable/local_bh_enable

local_bh_disable()和 local_bh_enable()是内核中提供的关闭软中断的锁机制，它们组成的临界区禁止本地 CPU 在中断返回前夕执行软中断，这个临界区简称 BH 临界区。local_bh_disable()/local_bh_enable()是关于 BH 的接口 API，运行在进程上下文中，内核中网络子系统有大量使用该接口的例子。

10.2.4　本节小结

软中断是 Linux 内核中最常见的一种下半部机制,适合系统对性能和实时响应要求很高的场合,例如网络子系统、块设备、高精度定时器、RCU 等。

❑ 软中断类型是静态定义的,Linux 内核不希望驱动开发者新增软中断类型。

❑ 软中断的回调函数在开中断的环境下执行。

❑ 同一类型的软中断可以在多个 CPU 上并行执行。以 TASKLET_SOFTIRQ 类型的软中断为例,多个 CPU 可以同时 tasklet_schedule,并且多个 CPU 也可能同时从中断处理返回,然后同时触发和执行 TASKLET_SOFTIRQ 类型的软中断。

❑ 假如有驱动开发者要新增一个软中断类型,那么软中断的处理函数需要考虑同步问题。

❑ 软中断的回调函数不能睡眠。

❑ 软中断的执行时间点是在硬件中断返回前,即退出硬中断上下文时,首先检查是否有 pending 的软中断,然后才检查是否需要抢占当前进程。因此,软中断上下文总是抢占进程上下文。

tasklet 是基于软中断的一种下半部机制。

❑ tasklet 可以静态定义,也可以动态初始化。

❑ tasklet 是串行执行的。一个 tasklet 在 tasklet_schedule()时会绑定某个 CPU 的 tasklet_vec 链表,它必须要在该 CPU 上执行完 tasklet 的回调函数才会和该 CPU 松绑。

❑ TASKLET_STATE_SCHED 和 TASKLET_STATE_RUN 标志位巧妙地构成了串行执行。

10.3　工作队列机制

工作队列机制是除了软中断和 tasklet 以外最常用的下半部机制之一。工作队列的基本原理是把 work(需要推迟执行的函数)交由一个内核线程来执行,它总是在进程上下文中执行。工作队列的优点是利用进程上下文来执行中断下半部操作,因此工作队列允许重新调度和睡眠,是异步执行的进程上下文,另外它还能解决软中断和 tasklet 执行时间过长导致系统实时性下降等问题。

当驱动程序或者内核子系统在进程上下文中有异步执行的工作任务时,可以使用工作项来描述工作任务,包括该工作任务的执行回调函数,把工作项添加到一个队列中,然后一个内核线程会去执行这个工作任务的回调函数。这里内核线程称为 worker。

工作队列是在 Linux 2.5.x 内核开发期间被引入的机制。早期工作队列的设计比较简单,由多线程(Multi threaded,每个 CPU 默认一个工作线程)和单线程(Single threaded,用户可以自行创建工作线程）组成，在长期测试中发现如下问题。

❑ 内核线程数量太多。虽然系统中有默认的一套工作线程，但是有很多驱动和子系统喜欢自行创建工作线程，例如调用 create_workqueue() 函数，这样在大型系统（CPU 数量比较多的机器）中内核启动结束之后可能就耗尽了系统的 PID 资源。

❑ 并发性比较差。多线程的工作线程和 CPU 是一一绑定的，例如 CPU0 上的某个工作线程有 A、B 和 C。假设执行 A 上的回调函数时发生了睡眠和调度，CPU0 就会调度出去执行其他的进程。对于 B 和 C 来说，它们只能等待 CPU0 重新调度执行该工作线程，尽管其他 CPU 比较空闲，也没有办法迁移到其他 CPU 上执行。

❑ 死锁问题。系统有一个默认的工作队列 kevents，如果有很多工作线程运行在默认的 kevents 上，并且它们有一些数据上的依赖关系，那么很有可能会产生死锁。解决办法是为每一个有可能产生死锁的工作线程创建一个专职的工作线程，这样又回到问题 1 了。

因此，社区专家 Tejun Heo 在 Linux 2.6.36 中提出了一套解决方案——Concurrency-managed Workqueues（CMWQ）。执行工作任务的线程称为 worker 或工作线程。工作线程会串行化地执行挂入队列中所有的工作。如果队列中没有工作，那么该工作线程就会变成空闲（idle）状态。为了管理众多工作线程，CMWQ 提出了工作线程池概念，工作线程池有两种：一种是 BOUND 类型的，可以理解为 Per-CPU 类型，每个 CPU 都有工作线程池；另一种是 UNBOUND 类型的，即不和具体的 CPU 绑定。这两种工作线程池都会定义两个线程池，一个给普通优先级的工作线程使用，另一个给高优先级的工作线程使用。这些工作线程池中的线程数量是动态分配和管理的，而不是固定的。当工作线程睡眠时，会去检查是否需要唤醒更多的工作线程，如有需要，会去唤醒同一个工作线程池中空闲状态的工作线程。

10.3.1　工作队列类型

创建工作队列 API 有很多，并且基本上和旧版本的工作队列兼容。

[include/linux/workqueue.h]

```
#define alloc_workqueue(fmt, flags, max_active, args…)      \
    __alloc_workqueue_key((fmt), (flags), (max_active),      \
                NULL, NULL, ##args)
```

最常见的一个 API 是 alloc_workqueue()，它有 3 个参数，分别是 name、flags 和 max_active。其他的 API 都和该 API 类似，只是调用的 flags 不相同。

1）WQ_UNBOUND：工作任务会加入 UNBOUND 工作队列中，UNBOUND 工作队列的工作线程没有绑定到具体的 CPU 上。UNBOUND 类型的工作不需要额外的同步管理，UNBOUND 工作线程池会尝试尽快执行它的工作。这类工作会牺牲一部分性能（局部原理带来的性能提升），但是比较适用于如下场景。

- ❏ 一些应用会在不同的 CPU 上跳跃，如果创建 BOUND 类型的工作队列，就会创建很多没用的工作线程。
- ❏ 长时间运行的 CPU 消耗类型的应用（标记 WQ_CPU_INTENSIVE 标志位）通常会创建 UNBOUND 类型的工作队列，进程调度器会管理这类工作线程在哪个 CPU 上运行。

2）WQ_FREEZABLE：一个标记着 WQ_FREEZABLE 的工作队列会参与到系统挂起（suspend）过程中，这会让工作线程处理完成当前所有的工作之后才完成进程冻结，并且这个过程不会新开始一个工作的执行，直到进程被解冻。

3）WQ_MEM_RECLAIM：当内存紧张时，创建新的工作线程可能会失败，系统还有一个救助者内核线程去接管这种情况。

4）WQ_HIGHPRI：属于高优先级的线程池，即比较低的 nice 值。

5）WQ_CPU_INTENSIVE：属于特别消耗 CPU 资源的一类工作，这类工作的执行会得到系统进程调度器的监管。排在这类工作后面的 non-CPU-intensive 类型的工作可能会推迟执行。

6）__WQ_ORDERED：表示同一个时间只能执行一个工作。

系统在初始化时，会去创建系统默认的工作队列，这里使用创建工作队列的 API 函数 alloc_workqueue()。

```c
<kernel/workqueue.c>
static int __init init_workqueues(void)
{
    …

system_wq = alloc_workqueue("events", 0, 0);
    system_highpri_wq = alloc_workqueue("events_highpri", WQ_HIGHPRI, 0);
    system_long_wq = alloc_workqueue("events_long", 0, 0);
    system_unbound_wq = alloc_workqueue("events_unbound", WQ_UNBOUND,
                    WQ_UNBOUND_MAX_ACTIVE);
    system_freezable_wq = alloc_workqueue("events_freezable",
                    WQ_FREEZABLE, 0);
    system_power_efficient_wq = alloc_workqueue("events_power_efficient",
                    WQ_POWER_EFFICIENT, 0);
    system_freezable_power_efficient_wq =
alloc_workqueue("events_freezable_power_efficient",
                    WQ_FREEZABLE | WQ_POWER_EFFICIENT,
                    0);
    …
}
early_initcall(init_workqueues);
```

- ❏ 普通优先级 BOUND 类型的工作队列 system_wq，名称为“events”，可以将其理解为默认工作队列。
- ❏ 高优先级 BOUND 类型的工作队列 system_highpri_wq，名称为“events_highpri”。
- ❏ UNBOUND 类型的工作队列 system_unbound_wq，名称为“system_unbound_wq”。
- ❏ Freezable 类型的工作队列 system_freezable_wq，名称为“events_freezable”。
- ❏ 省电类型的工作队列 system_power_efficient_wq，名称为“events_power_efficient”。

10.3.2 使用工作队列

Linux 内核推荐驱动开发者使用默认的工作队列，而不是新建工作队列。要使用系统默认的工作队列，首先需要初始化一个工作，内核提供了相应的宏 INIT_WORK()。

[include/linux/workqueue.h]

```
#define INIT_WORK(_work, _func)                    \
    __INIT_WORK((_work), (_func), 0)

#define __INIT_WORK(_work, _func, _onstack)            \
    do {                                \
        __init_work((_work), _onstack);        \
        (_work)->data = (atomic_long_t) WORK_DATA_INIT();  \
        INIT_LIST_HEAD(&(_work)->entry);        \
        (_work)->func = (_func);            \
    } while (0)

#define WORK_DATA_INIT()      ATOMIC_LONG_INIT(WORK_STRUCT_NO_POOL)
```

初始化完一个工作后，就可以调用 schedule_work()函数把工作挂入系统的默认的工作队列中。

[include/linux/workqueue.h]

```
static inline bool schedule_work(struct work_struct *work)
{
    return queue_work(system_wq, work);
}
```

schedule_work()函数把工作挂入系统默认 BOUND 类型的工作队列 system_wq 中，该工作队列是在 init_workqueues()时创建的。

10.3.3 本节小结

在驱动开发中使用 workqueue 是比较简单的，特别是使用系统默认的工作队列

system_wq，步骤如下。

- ❑ 使用 INIT_WORK()宏声明一个工作和该工作的回调函数。
- ❑ 调度一个工作：schedule_work()。
- ❑ 取消一个工作：cancel_work_sync()。

此外，有的驱动程序自己会创建一个工作队列，特别是网络子系统、块设备子系统等，步骤如下。

- ❑ 使用 alloc_workqueue()创建新的工作队列。
- ❑ 使用 INIT_WORK()宏声明一个工作和该工作的回调函数。
- ❑ 在新工作队列上调度一个工作：queue_work()。
- ❑ flush 工作队列上所有工作：flush_workqueue()。

Linux 内核还提供一个工作队列机制和计时器机制结合的延时机制——delayed_work。

10.4　实验

10.4.1　实验 1：tasklet

1．实验目的

了解和熟悉 Linux 内核的 tasklet 机制的使用。

2．实验步骤

1）写一个简单的内核模块，初始化一个 tasklet，在 write()函数里调用该 tasklet 回调函数，在 tasklet 回调函数中输出用户程序写入的字符串。

2）写一个应用程序，测试该功能。

10.4.2　实验 2：工作队列

1．实验目的

通过本实验了解和熟悉 Linux 内核的工作队列机制的使用。

2．实验步骤

1）写一个简单的内核模块，初始化一个工作队列，在 write()函数里调用该工作队列回调函数，在回调函数中输出用户程序写入的字符串。

2）写一个应用程序，测试该功能。

10.4.3 实验 3：定时器和内核线程

1. 实验目的

通过本实验了解和熟悉 Linux 内核的定时器和内核线程机制的使用。

2. 实验详解

写一个简单的内核模块，首先定义一个定时器来模拟中断，再新建一个内核线程。当定时器到来时，唤醒内核线程，然后在内核线程的主程序中输出该内核线程的相关信息，如 PID、当前 jiffies 等信息。

第11章

调试和性能优化

本章通过实验的方式介绍 Linux 内核中常用的调试和优化技巧。本章的实验可以在 QEMU 或者优麒麟 Linux 18.04 中进行。

性能优化是计算机中永恒的话题，可让程序尽可能运行得更高效。在计算机发展历史中，人们总结了一些性能优化的相关理论，主要的理论如下。

- ❏ 二八定律（Pareto Principle）：大部分事物的 80%的结果是由 20%的原因引起的。这是优化可行的理论基础，也启发了程序逻辑优化的侧重点。
- ❏ 木桶定律（Liebig's Law）：木桶的容量取决于最短的那根木板。这个原理直接指明了优化方向，即先找到短板（热点）再优化。

在实际项目中的性能优化主要分为 5 个部分，也就是经典的 PAROT 模型，如图 11.1 所示。

- ❏ Profile：对要进行优化的程序进行采样。不同的应用场景有不同的采样工具，比如 Linux 里有 perf 工具，Intel 公司有 Vturn 工具。
- ❏ Analyze：分析性能的瓶颈和热点。
- ❏ Root：找出问题的根本原因。
- ❏ Optimize：优化性能瓶颈。
- ❏ Test：性能测试。

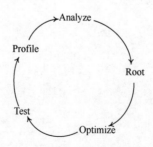

图11.1 性能优化的经典PAROT模型

本章会介绍 Linux 内核和应用开发中常用的性能分析、调试工具和技巧。

11.1 printk 和动态输出

11.1.1 printk 输出函数

很多内核开发者最喜欢的调试工具之一是 printk。printk 是内核提供的格式化打印函数，它和 C 库所提供的 printf() 函数类似。printk() 函数和 printf() 函数的一个重要区别是前者提供打印等级，内核根据这个等级来判断是否在终端或者串口中打印输出。从我多年的工程实践经验来看，printk 是最简单有效的调试方法。

```
[include/linux/kern_levels.h]

#define KERN_EMERG KERN_SOH "0"      /* 最高等级，系统可能处于工作不正常状态 */
#define KERN_ALERT  KERN_SOH "1"      /* 非常紧急 */
#define KERN_CRIT   KERN_SOH "2"      /* 紧急 */
#define KERN_ERR    KERN_SOH "3"      /* 错误等级*/
#define KERN_WARNING  KERN_SOH "4"       /* 警告等级*/
#define KERN_NOTICE KERN_SOH "5"      /* 提示等级 */
#define KERN_INFO   KERN_SOH "6"      /* 信息等级 */
#define KERN_DEBUG  KERN_SOH "7"      /* 调试等级 */
```

Linux 内核为 printk 定义了 8 个打印等级，KERN_EMERG 等级最高，KERN_DEBUG 等级最低。在内核配置时，有一个宏来设定系统默认的打印等级 CONFIG_MESSAGE_LOGLEVEL_DEFAULT，通常该值设置为 4。只有打印等级高于 4 时才会打印到终端或者串口，即只有 KERN_EMERG~KERN_ERR。通常在产品开发阶段，会把系统默认等级设置到最低，以便在开发测试阶段可以暴露更多的问题和调试信息，在产品发布时再把打印等级设置为 0 或者 4。

```
[arch/arm/configs/vexpress_defconfig]

CONFIG_MESSAGE_LOGLEVEL_DEFAULT=8 //默认打印等级设置为8，即打开所有的打印信息
```

此外，还可以通过在启动内核时传递 commandline 给内核的方法来修改系统默认的打印等级，例如传递 "loglevel=8" 给内核启动参数。

```
# qemu-system-arm -M vexpress-a9  -m 1024M -kernel arch/arm/boot/zImage
-append "rdinit=/linuxrc console=ttyAMA0 loglevel=8" -dtb
arch/arm/boot/dts/vexpress-v2p-ca9.dtb -nographic
```

在系统运行时，也可以修改系统的打印等级。

```
# cat /proc/sys/kernel/printk    //printk默认4个等级
7   4   1   7
```

```
# echo 8 > /proc/sys/kernel/printk  //打开所有的内核打印
```

上述内容分别表示控制台打印等级、默认消息打印等级、最低打印等级和默认控制台打印等级。

在实际调试中，把函数名字（__func__）和代码行号（__LINE__）打印出来也是一个很好的小技巧。

```
printk(KERN_EMERG "figo: %s, %d", __func__, __LINE__);
```

读者需要注意 printk 打印的格式，否则在编译时会出现很多的 WARNNING，如表 11.1 所示。

表 11.1　printk 打印格式

数据类型	printk 格式符
int	%d或%x
unsigned int	%u或%x
long	%ld或%lx
long long	%lld或%llx
unsigned long long	%llu或%llx
size_t	%zu或%zx
ssize_t	%zd或%zx
函数指针	%pf

内核还提供了一些在实际工程中会用到的有趣的打印。

❑ 打印内存的数据函数 print_hex_dump()。
❑ 打印堆栈函数 dump_stack()。

11.1.2　动态输出

动态输出（Dynamic Printk）是内核子系统开发者最喜欢的输出手段之一。在系统运行时，动态输出可以由系统维护者动态打开那些内核子系统的输出，也可以有选择性地打开某些模块的输出，而 printk 是全局的，只能设置输出等级。要使用动态输出，必须在内核配置时打开 CONFIG_DYNAMIC_DEBUG 宏。内核代码里使用了大量的 pr_debug()/dev_dbg()函数来输出信息，这些就使用了动态输出技术，另外还需要系统挂载 debugfs 文件系统。

动态输出在 debugfs 文件系统中有一个 control 文件节点。文件节点记录了系统中所有使用动态输出技术的文件名路径、输出所在的行号、模块名字和要打印的语句。

```
# cat /sys/kernel/debug/dynamic_debug/control
[…]
mm/cma.c:372 [cma]cma_alloc =_ "%s(cma %p, count %d, align %d)\012"
mm/cma.c:413 [cma]cma_alloc =_ "%s(): memory range at %p is busy, retrying\012"
mm/cma.c:418 [cma]cma_alloc =_ "%s(): returned %p\012"
mm/cma.c:439 [cma]cma_release =_ "%s(page %p)\012"
[…]
```

例如上面的 cma 模块，代码路径是 mm/cma.c 文件，输出语句所在行号是 372，所在函数是 cma_alloc()，要输出的语句是 "%s(cma %p, count %d, align %d)\012"。在使用动态输出技术之前，可以先通过查询 control 文件获知系统有哪些动态打印语句，例如"cat control | grep xxx"。

下面举例来说明如何使用动态输出技术。

```
// 打开svcsock.c文件中所有动态输出语句
# echo 'file svcsock.c +p' > /sys/kernel/debug/dynamic_debug/control

// 打开usbcore模块所有动态输出语句
# echo 'module usbcore +p' > /sys/kernel/debug/dynamic_debug/control

// 打开svc_process()函数中所有的动态输出语句
# echo 'func svc_process +p' > /sys/kernel/debug/dynamic_debug/control

// 关闭svc_process()函数中所有的动态输出语句
# echo 'func svc_process -p' > /sys/kernel/debug/dynamic_debug/control

// 打开文件路径中包含usb的文件里所有的动态输出语句
# echo -n '*usb* +p' > /sys/kernel/debug/dynamic_debug/control

// 打开系统所有的动态输出语句
# echo -n '+p' > /sys/kernel/debug/dynamic_debug/control
```

上面是打开动态输出语句的例子，除了能输出 pr_debug()/dev_dbg()函数中定义的输出外，还能输出一些额外信息，例如函数名、行号、模块名字和线程 ID 等。

❑ p：打开动态打印语句。

❑ f：打印函数名。

❑ l：打印行号。

❑ m：打印模块名字。

❑ t：打印线程 ID。

对于调试一些系统启动方面的代码，例如 SMP 初始化、USB 核心初始化等，这些代码在系统进入 shell 终端时已经初始化完成，因此无法及时打开动态输出语句。这时可以在内核启动时传递参数给内核，在系统初始化时动态打开它们，这是实际工程中非常好用的一个技巧。例如调试 SMP 初始化的代码，查询到 ARM SMP 模块有一些动态输出语句。

```
/ # cat /sys/kernel/debug/dynamic_debug/control | grep smp
arch/arm/kernel/smp.c:354 [smp]secondary_start_kernel =pflt "CPU%u: Booted
secondary processor\012"
```

在内核命令行中添加"smp.dyndbg=+plft"字符串。

```
#qemu-system-arm -M vexpress-a9  -m 1024M -kernel arch/arm/boot/zImage
-append "rdinit=/linuxrc console=ttyAMA0 loglevel=8 smp.dyndbg=+plft" -dtb
arch/arm/boot/dts/vexpress-v2p-ca9.dtb -nographic -smp 4

[…]
/ # dmesg | grep "Booted"  //查询SMP模块的动态输出语句是否打开
[0] secondary_start_kernel:354: CPU1: Booted secondary processor
[0] secondary_start_kernel:354: CPU2: Booted secondary processor
[0] secondary_start_kernel:354: CPU3: Booted secondary processor
/ #
```

还可以在各个子系统的 Makefile 中添加 ccflags 来打开动态输出。

```
[…/Makefile]

ccflags-y   := -DDEBUG
ccflags-y   += -DVERBOSE_DEBUG
```

11.1.3 实验 1：printk

1. 实验目的
了解如何使用内核的 printk 函数进行输出调试。

2. 实验步骤
1）编写一个简单的内核模块，使用 printk 函数来进行输出。
2）在内核中选择一个驱动程序或者内核代码，使用 printk 函数进行输出调试。

11.1.4 实验 2：动态输出

1. 实验目的
通过本实验学会使用动态输出的方式来辅助调试。

2. 实验步骤
1）选择一个你熟悉的内核模块或者驱动模块打开动态输出功能来观察日志信息。
2）编写一个简单的内核模块，使用 pr_debug()/dev_dbg()函数来添加输出信息，并且在

QEMU 或者优麒麟上实验。

11.2　proc 和 debugfs

11.2.1　proc 文件系统

　　Linux 系统中的/proc 和/sys 两个目录提供一些内核调试参数，为什么这两个不同的目录同时存在呢？在早期的 Linux 内核中是没有 proc 和 sys 这两个目录的，调试参数时显得特别麻烦，只能靠个人对代码的理解程度。后来社区开发了一套虚拟的文件系统，也就是内核和内核模块用来向进程发送消息的机制，这个机制叫作 proc。这个虚拟文件系统可以让用户和内核内部数据结构进行交互，比如获取进程的有用信息、系统的有用信息等。可以查看某个进程的相关信息，也可以查看系统的信息，比如/proc/meminfo 用来查看内存的管理信息，/proc/cpuinfo 用来观察 CPU 的信息。

　　proc 文件系统并不是真正意义上的文件系统，它存在内存中，并不占用磁盘空间。它包含一些结构化的目录和虚拟文件，向用户呈现内核中的一些信息，也可以用作一种从用户空间向内核发送信息的手段。这些虚拟文件使用查看命令查看时会返回大量信息，但文件本身的大小却显示为 0 字节。此外，这些特殊文件中大多数文件的时间及日期属性通常为当前系统时间和日期。事实上，如 ps、top 等很多 shell 命令正是从 proc 系统中读取信息，且更具可读性。

　　在 QEMU 中运行 ARM32 Linux 的如下 proc 文件系统。

```
/ # cd /proc/
/proc # ls
1          282        7            fb           partitions
10         283        703          filesystems  self
11         285        704          fs           slabinfo
12         293        8            interrupts   softirqs
13         3          9            iomem        stat
14         4          asound       ioports      swaps
15         407        buddyinfo    irq          sys
16         408        bus          kallsyms     sysrq-trigger
17         409        cgroups      kmsg         sysvipc
18         410        cmdline      kpagecount   thread-self
19         427        config.gz    kpageflags   timer_list
2          475        consoles     loadavg      tty
20         490        cpu          locks        uptime
21         5          cpuinfo      meminfo      version
22         592        crypto       misc         vmallocinfo
23         6          device-tree  modules      vmstat
24         603        devices      mounts       zoneinfo
25         604        diskstats    mtd
279        618        driver       net
280        684        execdomains  pagetypeinfo
```

proc 文件系统常用的一些节点如下。

❑ /proc/cpuinfo：CPU 的信息（型号、家族、缓存大小等）。

❑ /proc/meminfo：物理内存、交换空间等的信息。

❑ /proc/mounts：已加载的文件系统的列表。

❑ /proc/filesystems：被支持的文件系统。

❑ /proc/modules：已加载的模块。

❑ /proc/version：内核版本。

❑ /proc/cmdline：系统启动时输入的内核命令行参数。

❑ /proc/<pid>/：<pid>表示进程的 pid，这些子目录中包含可以提供有关进程的状态和环境的重要细节信息的文件。

❑ /proc/interrupts：中断使用情况。

❑ /proc/kmsg：内核日志信息。

❑ /proc/devices：可用的设备，如字符设备和块设备。

❑ /proc/ slabinfo：slab 系统的统计信息。

❑ /proc/uptime：系统正常运行时间。

例如，通过 cat /proc/cpuinfo 查看当前系统的 CPU 信息。

```
/proc # cat /proc/cpuinfo
processor       : 0
model name      : ARMv7 Processor rev 0 (v7l)
BogoMIPS        : 540.67
Features        : half thumb fastmult vfp edsp neon vfpv3 tls vfpd32
CPU implementer : 0x41
CPU architecture: 7
CPU variant     : 0x0
CPU part        : 0xc09
CPU revision    : 0
```

例如，查看进程 pid 为 718 的相关信息。

```
/proc/718 # ls -l
total 0
-r--------    1 0        0               0 Apr 28 09:42 auxv
-r--r--r--    1 0        0               0 Apr 28 09:42 cgroup
--w-------    1 0        0               0 Apr 28 09:42 clear_refs
-r--r--r--    1 0        0               0 Apr 28 09:42 cmdline
-rw-r--r--    1 0        0               0 Apr 28 09:42 comm
-rw-r--r--    1 0        0               0 Apr 28 09:42 coredump_filter
-r--r--r--    1 0        0               0 Apr 28 09:42 cpuset
lrwxrwxrwx    1 0        0               0 Apr 28 09:42 cwd -> /proc
-r--------    1 0        0               0 Apr 28 09:42 environ
lrwxrwxrwx    1 0        0               0 Apr 28 09:42 exe -> /bin/busybox
dr-x------    2 0        0               0 Apr 28 09:42 fd
dr-x------    2 0        0               0 Apr 28 09:42 fdinfo
-r--r--r--    1 0        0               0 Apr 28 09:42 limits
-r--r--r--    1 0        0               0 Apr 28 09:42 maps
-rw-------    1 0        0               0 Apr 28 09:42 mem
-r--r--r--    1 0        0               0 Apr 28 09:42 mountinfo
```

```
-r--r--r--    1 0         0         0 Apr 28 09:42 mounts
-r--------    1 0         0         0 Apr 28 09:42 mountstats
dr-xr-xr-x    5 0         0         0 Apr 28 09:42 net
dr-x--x--x    2 0         0         0 Apr 28 09:42 ns
-rw-r--r--    1 0         0         0 Apr 28 09:42 oom_adj
-r--r--r--    1 0         0         0 Apr 28 09:42 oom_score
-rw-r--r--    1 0         0         0 Apr 28 09:42 oom_score_adj
-r--------    1 0         0         0 Apr 28 09:42 pagemap
-r--------    1 0         0         0 Apr 28 09:42 personality
lrwxrwxrwx    1 0         0         0 Apr 28 09:42 root -> /
-r--r--r--    1 0         0         0 Apr 28 09:42 smaps
-r--------    1 0         0         0 Apr 28 09:42 stack
-r--r--r--    1 0         0         0 Apr 28 09:42 stat
-r--r--r--    1 0         0         0 Apr 28 09:42 statm
-r--r--r--    1 0         0         0 Apr 28 09:42 status
-r--------    1 0         0         0 Apr 28 09:42 syscall
dr-xr-xr-x    3 0         0         0 Apr 28 09:42 task
-r--r--r--    1 0         0         0 Apr 28 09:42 wchan
```

进程常见的信息如下。

- ❑ attr：提供安全相关的属性。
- ❑ cgroup：进程所属的控制组。
- ❑ cmdline：命令行参数。
- ❑ environ：环境变量值。
- ❑ fd：一个包含所有文件描述符的目录。
- ❑ mem：进程的内存被利用情况。
- ❑ stat：进程状态。
- ❑ status：进程当前状态，以可读的方式显示。
- ❑ cwd：当前工作目录的链接。
- ❑ exe：指向该进程的执行命令文件。
- ❑ maps：内存映射信息。
- ❑ statm：进程内存使用信息。
- ❑ root：链接此进程的 root 目录。
- ❑ oom_adj、oom_score、oom_score_adj：用于 OOM killer。

11.2.2 sys 文件系统

也许有读者会疑惑，为什么有了 proc 目录还要一个 sys 目录呢？

其实在 Linux 内核的开发阶段，很多内核模块，特别是驱动开发向 proc 目录中乱添加节点和目录，导致 proc 目录下面显得杂乱无章。另一个原因是，Linux 2.5 开发期间设计了一套统一的设备驱动模型，这就诞生了 sys 这个新的虚拟文件系统。

这个新的设备模型是为了对计算机上的所有设备进行统一地表示和操作，包括设备本身和设备之间的连接关系。这个模型建立在 PCI 和 USB 的总线枚举过程的分析之上，这两个总线类型能代表当前系统中的大多数设备类型。比如在一个常见的 PC 中，CPU 能直接控制的是 PCI 总线设备，而 USB 总线设备是一个具体的 PCI 设备，外部 USB 设备（比如 USB 鼠标等）再接入在 USB 总线设备上；当计算机执行挂起操作时，Linux 内核应该以"外部 USB 设备→USB 总线设备→PCI 总线设备"的顺序通知每一个设备将电源挂起；执行恢复时则以相反的顺序通知；如果不按此顺序，则有的设备得不到正确的电源状态变迁的通知，将无法正常工作。sysfs 是在这个 Linux 统一设备模型的开发过程中产生的一项副产品。

现在很多子系统、设备驱动程序已经将 sysfs 作为与用户空间友好的接口。

在 QEMU 上运行的 ARM32 Linux 中的 sys 文件系统。

```
/sys # ls
block    class    devices    fs      module
bus      dev      firmware   kernel  power
```

sys 文件系统的几个主要目录功能描述如表 11.2 所示。

表 11.2　sys 文件系统的几个主要目录功能

目　　录	描　　述
block	描述当前系统中所有的块设备的信息
class	根据设备功能分类的设备模型
devices	描述系统中所有的设备，设备根据类型来分层
fs	描述系统中所有的文件系统
module	系统中所有模块的信息
bus	系统中所有的设备头连接到某种总线里
dev	维护一个按支付设备和块设备的主次号码连接到真实设备的符号连接文件
firmware	系统加载固件相关的一些接口
kernel	内核可调参数
power	和电源管理相关的可调参数

因此，系统中整体信息可通过 procfs 来获取，设备模型相关信息可通过 sysfs 来获取。

11.2.3　debugfs

debugfs 是一种用来调试内核的内存文件系统，内核开发者可以通过 debugfs 和用户空间交换数据，有点类似于前文提到的 procfs 和 sysfs。debugfs 文件系统也并不是存储在磁盘中，而是建立到内存中。

内核调试所使用的最原始的调试手段是添加打印语句，但是有时我们需要在运行中修改某些内核的数据，这时 printk 就显得无能为力了。一个可行的办法就是修改内核代码并编译，然后重新运行，但这种办法低效并且有些场景下系统还不能重启，那就需要一个临时的文件系统可以把关心的数据映射到用户空间。之前内核实现的 procfs 和 sysfs 可以达到这个目的，但是 procfs 是为了反映系统以及进程的状态信息，sysfs 用于 Linux 设备驱动模型，把私有的调试信息加入这两个虚拟文件系统不太合适，因此内核多添加了一个虚拟文件系统，也就是 debugfs。

debugfs 一般会挂载到/sys/kernel/debug 目录，可以通过 mount 命令来实现。

```
# mount -t debugfs none /sys/kernel/debug
```

11.2.4　实验 3：procfs

1. 实验目的

1）写一个内核模块，在/proc 中创建一个名为"test"的目录。

2）在 test 目录下面创建两个节点，分别是"read"和"write"。从"read"节点中可以读取内核模块的某个全局变量的值，往"write"节点写数据可以修改某个全局变量的值。

2. 实验详解

procfs 文件系统提供了一些常用的 API，这些 API 函数定义在 fs/proc/internal.h 文件中。

proc_mkdir()可以在 parent 父目录中创建一个名字为 name 的目录，如果 parent 指定为 NULL，则在/proc 的根目录下面创建一个目录。

```
struct proc_dir_entry *proc_mkdir(const char *name,
    struct proc_dir_entry *parent)
```

proc_create()函数会创建一个新的文件节点。

```
struct proc_dir_entry *proc_create(
    const char *name, umode_t mode, struct proc_dir_entry *parent,
    const struct file_operations *proc_fops)
```

其中，name 是该节点的名称，mode 是该节点的访问权限，以 UGO 的模式来表示；parent 和 proc_mkdir()函数中的 parent 类型，指向父进程的 proc_dir_entry 对象；proc_fops 指向该文件的操作函数。

比如 misc 驱动在初始化时就创建了一个名为"misc"的文件。

```
<driver/char/misc.c>

static int __init misc_init(void)
{
    int err;
#ifdef CONFIG_PROC_FS
    proc_create("misc", 0, NULL, &misc_proc_fops);
#endif
…
```

```
}
```

proc_fops 会指向该文件的操作函数集，比如 misc 驱动中会定义 misc_proc_fops 函数集，里面有 open、read、llseek、release 等文件操作函数。

```
static const struct file_operations misc_proc_fops = {
    .owner   = THIS_MODULE,
    .open    = misc_seq_open,
    .read    = seq_read,
    .llseek  = seq_lseek,
    .release = seq_release,
};
```

下面是读取/proc/misc 这个文件的相关信息，这里列出了系统中 misc 设备的信息。

```
/proc # cat misc
 59 ubi_ctrl
 60 memory_bandwidth
 61 network_throughput
 62 network_latency
 63 cpu_dma_latency
  1 psaux
183 hw_random
```

读者可以参照 Linux 内核中的例子来完成本实验。

11.2.5　实验 4：sysfs

1．实验目的
1）写一个内核模块，在/sys/目录下面创建一个名为"test"的目录。
2）在 test 目录下面创建两个节点，分别是"read"和"write"。从"read"节点中可以读取内核模块的某个全局变量的值，往"write"节点写数据可以修改某个全局变量的值。

2．实验详解
下面介绍本实验会用到的一些 API 函数。

kobject_create_and_add()函数会动态生成一个 struct kobject 数据结构，然后将其注册到 sysfs 文件系统中。其中，name 就是要创建的文件或者目录的名称，parent 指向父目录的 kobject 数据结构，若 parent 为 NULL，说明父目录就是/sys 目录。

```
struct kobject *kobject_create_and_add(const char *name, struct kobject
*parent)
```

sysfs_create_group()函数会在参数 1 的 kobj 目录下面创建一个属性集合，并且显示该集合的文件。

```
static inline int sysfs_create_group(struct kobject *kobj,
```

```
                    const struct attribute_group *grp)
```

参数 2 中描述的是一组属性类型，其数据结构定义如下。

```
<include/linux/sysfs.h>

struct attribute_group {
    const char          *name;
    umode_t             (*is_visible)(struct kobject *,
                        struct attribute *, int);
    struct attribute    **attrs;
    struct bin_attribute    **bin_attrs;
};
```

其中，struct attribute 数据结构用于描述文件的属性。

下面以/sys/kernel/目录下面的文件为例来说明它们是如何建立的。

```
/sys/kernel # ls -l
total 0
drwx------   17 0        0              0 Jan  1  1970 debug
-r--r--r--    1 0        0           4096 Apr 29 07:08 fscaps
-r--r--r--    1 0        0           4096 Apr 29 07:08 kexec_crash_loaded
-rw-r--r--    1 0        0           4096 Apr 29 07:08 kexec_crash_size
-r--r--r--    1 0        0           4096 Apr 29 07:08 kexec_loaded
drwxr-xr-x    2 0        0              0 Apr 29 07:08 mm
-r--r--r--    1 0        0             36 Apr 29 07:08 notes
-rw-r--r--    1 0        0           4096 Apr 29 07:08 profiling
-rw-r--r--    1 0        0           4096 Apr 29 07:08 rcu_expedited
drwxr-xr-x   70 0        0              0 Apr 29 07:08 slab
-rw-r--r--    1 0        0           4096 Apr 29 07:08 uevent_helper
-r--r--r--    1 0        0           4096 Apr 29 07:08 uevent_seqnum
-r--r--r--    1 0        0           4096 Apr 29 07:08 vmcoreinfo
```

/sys/kernel 目录建立在内核源代码的 kernel/ksysfs.c 文件中。

```
static int __init ksysfs_init(void)
{
    kernel_kobj = kobject_create_and_add("kernel", NULL);
    …
    error = sysfs_create_group(kernel_kobj, &kernel_attr_group);
    return 0;
}
```

这里 kobject_create_and_add()在/sys 目录下建立一个名为"kernel"的目录，然后 sysfs_create_group()函数在该目录下面创建一些属性集合。

```
static struct attribute * kernel_attrs[] = {
    &fscaps_attr.attr,
    &uevent_seqnum_attr.attr,
&profiling_attr.attr,
    NULL
};

static struct attribute_group kernel_attr_group = {
    .attrs = kernel_attrs,
};
```

以 profiling 文件为例，这里实现 profiling_show()和 profiling_store()两个函数，分别对应读和写操作。

```
static ssize_t profiling_show(struct kobject *kobj,
            struct kobj_attribute *attr, char *buf)
{
    return sprintf(buf, "%d\n", prof_on);
}
static ssize_t profiling_store(struct kobject *kobj,
            struct kobj_attribute *attr,
            const char *buf, size_t count)
{
    int ret;

    profile_setup((char *)buf);
    ret = profile_init();
    return count;
}
KERNEL_ATTR_RW(profiling);
```

其中 KERNEL_ATTR_RW 宏定义如下。

```
#define KERNEL_ATTR_RO(_name) \
static struct kobj_attribute _name##_attr = __ATTR_RO(_name)

#define KERNEL_ATTR_RW(_name) \
static struct kobj_attribute _name##_attr = \
    __ATTR(_name, 0644, _name##_show, _name##_store)
```

上面是/sys/kernel 的一个例子，Linux 内核源代码里还有很多设备驱动的例子，读者可以参考这些例子来完成本实验。

11.2.6 实验 5：debugfs

1. 实验目的
1）写一个内核模块，在 debugfs 文件系统中创建一个名为"test"的目录。

2）在 test 目录下面创建两个节点，分别是"read"和"write"。从"read"节点中可以读取内核模块的某个全局变量的值，向"write"节点写数据可以修改某个全局变量的值。

2. 实验步骤
debufs 文件系统中有不少 API 函数可以使用，它们定义在 include/linux/debugfs.h 头文件中。

```
struct dentry *debugfs_create_dir(const char *name,
            struct dentry *parent)

void debugfs_remove(struct dentry *dentry)
```

```
struct dentry *debugfs_create_blob(const char *name, umode_t mode,
            struct dentry *parent,
            struct debugfs_blob_wrapper *blob)

struct dentry *debugfs_create_file(const char *name, umode_t mode,
            struct dentry *parent, void *data,
            const struct file_operations *fops)
```

11.3 ftrace

ftrace 最早出现在 Linux 2.6.27 版本中，其设计目标简单，基于静态代码插桩技术，不需要用户通过额外的编程来定义跟踪行为。静态代码插桩技术比较可靠，不会因为用户的不当使用而导致内核崩溃。ftrace 的名字由 function trace 而来，它利用 gcc 编译器的 profile 特性在所有函数入口处添加了一段插桩代码，ftrace 重载这段代码来实现跟踪功能。gcc 编译器的"-pg"选项会在每个函数入口处加入 mcount 的调用代码，原本 mcount 由 libc 实现，因为内核不会链接 libc 库，因此 ftrace 编写了自己的 mcount stub 函数。

在使用 ftrace 之前，需要确保内核配置编译了其配置选项。

```
CONFIG_FTRACE=y
CONFIG_HAVE_FUNCTION_TRACER=y
CONFIG_HAVE_FUNCTION_GRAPH_TRACER=y
CONFIG_HAVE_DYNAMIC_FTRACE=y
CONFIG_FUNCTION_TRACER=y
CONFIG_IRQSOFF_TRACER=y
CONFIG_SCHED_TRACER=y
CONFIG_ENABLE_DEFAULT_TRACERS=y
CONFIG_FTRACE_SYSCALLS=y
CONFIG_PREEMPT_TRACER=y
```

ftrace 相关配置选项比较多，针对不同的跟踪器有各自对应的配置选项。ftrace 通过 debugfs 文件系统向用户空间提供访问接口，因此需要在系统启动时挂载 debugfs，可以修改系统的/etc/fstab 文件或手工挂载。

```
mount -t debugfs debugfs /sys/kernel/debug
```

在/sys/kernel/debug/trace 目录下提供了各种跟踪器和事件，一些常用的选项如下。

❑ available_tracers：列出当前系统支持的跟踪器。

❑ available_events：列出当前系统支持的事件。

❑ current_tracer：设置和显示当前正在使用的跟踪器。使用 echo 命令可以把跟踪器的名字写入该文件，即可以切换不同的跟踪器。默认为 nop，即不做任何跟踪操作。

❑ trace：读取跟踪信息。通过 cat 命令查看 ftrace 记录下来的跟踪信息。

❑ tracing_on：用于开始或暂停跟踪。

❑ trace_options：设置 ftrace 的一些相关选项。

ftrace 当前包含多个跟踪器，很方便用户跟踪不同类型的信息，例如进程睡眠唤醒、抢占延迟的信息。查看 available_tracers 可以知道当前系统支持哪些跟踪器，如果系统支持的跟踪器上没有用户想要的信息，就必须在配置内核时自行打开，然后重新编译内核。常用的 ftrace 跟踪器如下。

❑ nop：不跟踪任何信息。将 nop 写入 current_tracer 文件可以清空之前收集到的跟踪信息。

❑ function：跟踪内核函数执行情况。

❑ function_graph：可以显示类似 C 语言的函数调用关系图，比较直观。

❑ wakeup：跟踪进程唤醒信息。

❑ irqsoff：跟踪关闭中断信息，并记录关闭的最大时长。

❑ preemptoff：跟踪关闭禁止抢占信息，并记录关闭的最大时长。

❑ preemptirqsoff：综合了 irqoff 和 preemptoff 两个功能。

❑ sched_switch：对内核中的进程调度活动进行跟踪。

11.3.1　irqs 跟踪器

当中断被关闭（俗称关中断）时，CPU 不能响应其他的事件，如果这时有一个鼠标中断，要在下一次开中断时才能响应这个鼠标中断，这段延迟称为中断延迟。向 current_tracer 文件写入 irqsoff 字符串即可打开 irqsoff 来跟踪中断延迟。

```
# cd /sys/kernel/debug/tracing/
# echo 0 > options/function-trace //关闭function-trace可以减少一些延迟
# echo irqsoff > current_tracer
# echo 1 > tracing_on
[...]  //停顿一会儿
# echo 0 > tracing_on
# cat trace
```

下面是 irqsoff 跟踪的一个结果。

```
# tracer: irqsoff
#
# irqsoff latency trace v1.1.5 on 4.0.0
# --------------------------------------------------------------------
# latency: 259 us, #4/4, CPU#2 | (M:preempt VP:0, KP:0, SP:0 HP:0 #P:4)
#    -----------------
#    | task: ps-6143 (uid:0 nice:0 policy:0 rt_prio:0)
#    -----------------
#  => started at: __lock_task_sighand
```

```
#  => ended at:    _raw_spin_unlock_irqrestore
#
#
#                      _------=> CPU#
#                     / _-----=> irqs-off
#                    | / _----=> need-resched
#                    || / _---=> hardirq/softirq
#                    ||| / _--=> preempt-depth
#                    |||| /     delay
#  cmd     pid       ||||| time |  caller
#    \    /          |||||  \   |   /
    ps-6143    2d...    0us!: trace_hardirqs_off <-__lock_task_sighand
    ps-6143    2d..1  259us+: trace_hardirqs_on <-_raw_spin_unlock_irqrestore
    ps-6143    2d..1  263us+: time_hardirqs_on <-_raw_spin_unlock_irqrestore
    ps-6143    2d..1  306us : <stack trace>
 => trace_hardirqs_on_caller
 => trace_hardirqs_on
 => _raw_spin_unlock_irqrestore
 => do_task_stat
 => proc_tgid_stat
 => proc_single_show
 => seq_read
 => vfs_read
 => sys_read
 => system_call_fastpath
```

文件的开头显示当前跟踪器为 irqsoff，并且显示其版本信息为 v1.1.5，运行的内核版本为 4.0。显示当前最大的中断延迟是 259μs，跟踪条目和总共跟踪条目为 4 条（#4/4），另外 VP、KP、SP、HP 值暂时没用，#P:4 表示当前系统可用的 CPU 一共有 4 个。task: ps-6143 表示当前发生中断延迟的进程是 PID 为 6143 的进程，名称为 ps。

started at 和 ended at 显示发生中断的开始函数和结束函数分别为__lock_task_sighand 和 _raw_spin_unlock_irqrestore。ftrace 信息表示的内容分别如下。

❑ cmd：进程名字为"ps"。

❑ pid：进程的 PID 号。

❑ CPU#：该进程运行在哪个 CPU 上。

❑ irqs-off："d"表示中断已经关闭。

❑ need_resched："N"表示进程设置了 TIF_NEED_RESCHED 和 PREEMPT_NEED_RESCHED 标志位；"n"表示进程仅设置了 TIF_NEED_RESCHED 标志位；"p"表示进程仅设置了 PREEMPT_NEED_RESCHED 标志位。

❑ hardirq/softirq："H"表示在一次软中断中发生了一个硬件中断；"h"表示硬件中断发生；"s"表示软中断；"."表示没有中断发生。

❑ preempt-depth：表示抢占关闭的嵌套层级。

❑ time：表示时间戳。如果打开了 latency-format 选项，表示时间从开始跟踪算起，这是一个相对时间，方便开发者观察，否则使用系统绝对时间。

❑ delay：用一些特殊符号来延迟的时间，方便开发者观察。"$"表示大于 1s，"#"表示大于 1000ms，"!"表示大于 100ms，"+"表示大于 10ms。

最后要说明的是，文件最开始显示中断延迟是 259ms，但是在<stack trace>里显示 306ms，这是因为在记录最大延迟信息时需要花费一些时间。

11.3.2　preemptoff 跟踪器

当抢占关闭时，虽然可以响应中断，但是高优先级进程在中断处理完成之后不能抢占低优先级进程直至打开抢占，这样也会导致抢占延迟。和 irqsoff 跟踪器一样，preemptoff 跟踪器用于跟踪和记录关闭抢占的最大延迟。

```
# cd /sys/kernel/debug/tracing/
# echo 0 > options/function-trace
# echo preemptoff > current_tracer
# echo 1 > tracing_on
[...]
# echo 0 > tracing_on
# cat trace
```

下面是一个 preemptoff 的例子。

```
# tracer: preemptoff
#
# preemptoff latency trace v1.1.5 on 3.8.0-test+
# --------------------------------------------------------------------
# latency: 46 us, #4/4, CPU#1 | (M:preempt VP:0, KP:0, SP:0 HP:0 #P:4)
#    -----------------
#    | task: sshd-1991 (uid:0 nice:0 policy:0 rt_prio:0)
#    -----------------
#  => started at: do_IRQ
#  => ended at:   do_IRQ
#
#
#                  _------=> CPU#
#                 / _-----=> irqs-off
#                | / _----=> need-resched
#                || / _---=> hardirq/softirq
#                ||| / _--=> preempt-depth
#                |||| /     delay
#  cmd     pid   ||||| time |   caller
#     \   /      |||||  \   |   /
    sshd-1991    1d.h.    0us+: irq_enter <-do_IRQ
    sshd-1991    1d..1    46us : irq_exit <-do_IRQ
    sshd-1991    1d..1    47us+: trace_preempt_on <-do_IRQ
```

```
   sshd-1991     1d..1        52us : <stack trace>
=> sub_preempt_count
=> irq_exit
=> do_IRQ
=> ret_from_intr
```

11.3.3   preemptirqsoff 跟踪器

在优化系统延迟时,如果能快速定位何处关中断或者关抢占,对开发者来说会很有帮助,思考如下代码片段。

```
local_irq_disable();
call_function_with_irqs_off();   //函数A
preempt_disable();
call_function_with_irqs_and_preemption_off();   //函数B
local_irq_enable();
call_function_with_preemption_off();   //函数C
preempt_enable();
```

如果使用 irqsoff 跟踪器,那么只能记录函数 A 和函数 B 的时间。如果使用 preemptoff 跟踪器,那么只能记录函数 B 和函数 C 的时间。函数 A+B+C 中都不能被调度,因此 preemptirqsoff 用于记录这段时间的最大延迟。

```
# cd /sys/kernel/debug/tracing/
# echo 0 > options/function-trace
# echo preemptirqsoff > current_tracer
# echo 1 > tracing_on
 [...]
# echo 0 > tracing_on
   # cat trace
```

preemptirqsoff 跟踪器抓取的信息如下。

```
# tracer: preemptoff
#
# preemptoff latency trace v1.1.5 on 3.8.0-test+
# --------------------------------------------------------------------
# latency: 46 us, #4/4, CPU#1 | (M:preempt VP:0, KP:0, SP:0 HP:0 #P:4)
#    -----------------
#    | task: sshd-1991 (uid:0 nice:0 policy:0 rt_prio:0)
#    -----------------
#  => started at: do_IRQ
#  => ended at:   do_IRQ
#
#
#                    _------=> CPU#
#                   / _-----=> irqs-off
```

305

```
#                   | / _----=> need-resched
#                   || / _---=> hardirq/softirq
#                   ||| / _--=> preempt-depth
#                   |||| /    delay
#  cmd     pid     ||||| time  | caller
#   \     /        ||||| \     |  /
   sshd-1991     1d.h.    0us+: irq_enter <-do_IRQ
   sshd-1991     1d..1   46us : irq_exit <-do_IRQ
   sshd-1991     1d..1   47us+: trace_preempt_on <-do_IRQ
   sshd-1991     1d..1   52us : <stack trace>
=> sub_preempt_count
=> irq_exit
=> do_IRQ
=> ret_from_intr
```

11.3.4 function 跟踪器

function 跟踪器会记录当前系统运行过程中所有的函数。如果只想跟踪某个进程，可以使用 set_ftrace_pid。

```
# cd /sys/kernel/debug/tracing/
# cat set_ftrace_pid
no pid
# echo 3111 > set_ftrace_pid  //跟踪PID为3111的进程
# cat set_ftrace_pid
3111
# echo function > current_tracer
# cat trace
```

ftrace 还支持一种更为直观的跟踪器，叫作 function_graph，其使用方法和 function 跟踪器类似。

```
# tracer: function_graph
#
# CPU  DURATION                  FUNCTION CALLS
# |     |   |                     |   |   |   |

 0)               |  sys_open() {
 0)               |    do_sys_open() {
 0)               |      getname() {
 0)               |        kmem_cache_alloc() {
 0)   1.382 us    |          __might_sleep();
 0)   2.478 us    |        }
 0)               |        strncpy_from_user() {
 0)               |          might_fault() {
 0)   1.389 us    |            __might_sleep();
 0)   2.553 us    |          }
```

```
 0)    3.807 us    |             }
 0)    7.876 us    |           }
 0)                |           alloc_fd() {
 0)    0.668 us    |             _spin_lock();
 0)    0.570 us    |             expand_files();
 0)    0.586 us    |             _spin_unlock();
```

11.3.5 动态 ftrace

在配置内核时打开了 CONFIG_DYNAMIC_FTRACE 选项,就可以支持动态 ftrace 功能。set_ftrace_filter 和 set_ftrace_notrace 这两个文件可以配对使用。其中,前者设置要跟踪的函数,后者指定不要跟踪的函数。在实际调试过程中,我们通常会被 ftrace 提供的大量信息淹没,因此动态过滤的方法非常有用。available_filter_functions 文件可以列出当前系统支持的所有函数,例如现在我们只想关注 sys_nanosleep()和 hrtimer_interrupt()这两个函数。

```
# cd /sys/kernel/debug/tracing/
# echo sys_nanosleep hrtimer_interrupt > set_ftrace_filter
# echo function > current_tracer
# echo 1 > tracing_on
# usleep 1
# echo 0 > tracing_on
# cat trace
```

抓取的数据如下。

```
# tracer: function
#
# entries-in-buffer/entries-written: 5/5    #P:4
#
#                              _-----=> irqs-off
#                             / _----=> need-resched
#                            | / _---=> hardirq/softirq
#                            || / _--=> preempt-depth
#                            ||| /     delay
#           TASK-PID   CPU#  ||||    TIMESTAMP  FUNCTION
#              | |       |   ||||       |          |
          usleep-2665  [001] ....  4186.475355: sys_nanosleep
<-system_call_fastpath
          <idle>-0     [001] d.h1  4186.475409: hrtimer_interrupt
<-smp_apic_timer_interrupt
          usleep-2665  [001] d.h1  4186.475426: hrtimer_interrupt
<-smp_apic_timer_interrupt
          <idle>-0     [003] d.h1  4186.475426: hrtimer_interrupt
<-smp_apic_timer_interrupt
          <idle>-0     [002] d.h1  4186.475427: hrtimer_interrupt
<-smp_apic_timer_interrupt
```

此外，过滤器还支持如下通配符。

❑ <match>*：匹配所有以 match 开头的函数。

❑ *<match>：匹配所有以 match 结尾的函数。

❑ *<match>*：匹配所有包含 match 的函数。

如果要跟踪所有以"hrtimer"开头的函数，可以使用"echo 'hrtimer_*' > set_ftrace_filter"。还有两个非常有用的操作符，">"表示会覆盖过滤器里的内容；">>"表示新加的函数会被增加到过滤器中，但不会覆盖。

```
# echo sys_nanosleep > set_ftrace_filter //往过滤器里写入sys_nanosleep
# cat set_ftrace_filter    //查看过滤器里的内容
sys_nanosleep

# echo 'hrtimer_*' >> set_ftrace_filter //再向过滤器中增加以"hrtimer_"开头的函数
# cat set_ftrace_filter
hrtimer_run_queues
hrtimer_run_pending
hrtimer_init
hrtimer_cancel
hrtimer_try_to_cancel
hrtimer_forward
hrtimer_start
hrtimer_reprogram
hrtimer_force_reprogram
hrtimer_get_next_event
hrtimer_interrupt
sys_nanosleep
hrtimer_nanosleep
hrtimer_wakeup
hrtimer_get_remaining
hrtimer_get_res
hrtimer_init_sleeper

# echo '*preempt*' '*lock*' > set_ftrace_notrace //表示不跟踪包含"preempt"和
"lock"的函数

# echo > set_ftrace_filter  //向过滤器中输入空字符表示清空过滤器
# cat set_ftrace_filter
```

11.3.6　事件跟踪

ftrace 里的跟踪机制主要有两种，分别是函数和跟踪点（trace point）。前者属于"傻瓜式"操作，后者可以理解为一个 Linux 内核中的占位符函数，内核子系统的开发者通常喜欢利用它来调试。跟踪点可以输出开发者想要的参数、局部变量等信息。跟踪点的位置比较固定，一般都是内核开发者添加上去的，可以把它理解为传统 C 语言程序中#if DEBUG 部分。
如果在运行时没有开启 DEBUG，那么是不占用任何系统开销的。

在阅读内核代码时经常会遇到以"trace_"开头的函数，例如 CFS 调度器里的 update_curr()
函数。

```
0  static void update_curr(struct cfs_rq *cfs_rq)
1  {
2     ...
3     curr->vruntime += calc_delta_fair(delta_exec, curr);
4     update_min_vruntime(cfs_rq);
5
6     if (entity_is_task(curr)) {
7         struct task_struct *curtask = task_of(curr);
8         trace_sched_stat_runtime(curtask, delta_exec, curr->vruntime);
9     }
10    ...
11 }
```

update_curr()函数使用了一个 sched_stat_runtime 的跟踪点，我们可以在 available_events
文件中查找到它，把想要跟踪的事件添加到 set_event 文件中即可，该文件同样支持通配符。

```
# cd /sys/kernel/debug/tracing
# cat available_events | grep sched_stat_runtime //查询系统是否支持这个tracepoint
sched:sched_stat_runtime

# echo sched:sched_stat_runtime > set_event //跟踪这个事件
# echo 1 > tracing_on
# cat trace

#echo sched:* > set_event  //支持通配符，跟踪所有以sched开头的事件
#echo *:* > set_event //跟踪系统所有的事件
```

事件跟踪还支持另一个强大的功能，即可以设定跟踪条件，做到更精细化的设置。每个
跟踪点都定义一个格式（format），其中定义了该跟踪点支持的域。

```
# cd /sys/kernel/debug/tracing/events/sched/sched_stat_runtime
# cat format
name: sched_stat_runtime
ID: 208
format:
    field:unsigned short common_type; offset:0; size:2;  signed:0;
    field:unsigned char common_flags; offset:2; size:1;  signed:0;
    field:unsigned char common_preempt_count; offset:3; size:1; signed:0;
    field:int common_pid; offset:4; size:4;  signed:1;

    field:char comm[16];  offset:8; size:16; signed:0;
    field:pid_t pid;  offset:24;  size:4;  signed:1;
    field:u64 runtime;  offset:32;  size:8;  signed:0;
    field:u64 vruntime;  offset:40;  size:8;  signed:0;
```

```
print fmt: "comm=%s pid=%d runtime=%Lu [ns] vruntime=%Lu [ns]", REC->comm, REC->pid,
(unsigned long long)REC->runtime, (unsigned long long)REC->vruntime
#
```

例如 sched_stat_runtime 这个跟踪点支持 8 个域, 前 4 个是通用域, 后 4 个是该跟踪点支持的域。comm 是一个字符串域, 其他都是数字域。

事件跟踪支持类似 C 语言表达式对事件进行过滤, 对于数字域支持 "==、!=、<、<=、>、>=、&" 操作符, 对于字符串域支持 "==、!=、~" 操作符。

例如只想跟踪进程名字开头为 "sh" 的所有进程的 sched_stat_runtime 事件。

```
# cd events/sched/sched_stat_runtime/
#echo 'comm ~ "sh*"' > filter  //跟踪所有进程名字开头为sh的
#echo 'pid == 725' > filter   //跟踪进程PID为725的进程
```

跟踪结果显示如下。

```
/sys/kernel/debug/tracing # cat trace
# tracer: nop
#
# entries-in-buffer/entries-written: 15/15   #P:1
#
#                              _-----=> irqs-off
#                             / _----=> need-resched
#                            | / _---=> hardirq/softirq
#                            || / _--=> preempt-depth
#                            ||| /     delay
#           TASK-PID   CPU#  ||||      TIMESTAMP  FUNCTION
#              | |       |   ||||         |         |
            sh-629    [000] d.h3 62903.615712: sched_stat_runtime: comm=sh
pid=629 runtime=5109959 [ns] vruntime=756435462536 [ns]
            sh-629    [000] d.s4 62903.616127: sched_stat_runtime: comm=sh
pid=629 runtime=441291 [ns] vruntime=756435903827 [ns]
     sh-629 [000] d..3 62903.617084: sched_stat_runtime: comm=sh pid=629
runtime=404250 [ns] vruntime=756436308077 [ns]
     sh-629 [000] d.h3 62904.285573: sched_stat_runtime: comm=sh pid=629
runtime=1351667 [ns] vruntime=756437659744 [ns]
            sh-629    [000] d..3 62904.288308: sched_stat_runtime: comm=sh
pid=629
```

11.3.7 实验 6: 使用 frace

1. 实验目的
学习如何使用 ftrace 的常用跟踪器。

2. 实验详解

读者可以使用本章介绍的常用的 ftrace 跟踪器来跟踪某个内核模块的运行状况，比如跟踪 CFS 调度器的运行机理。

11.3.8 实验 7：添加一个新的跟踪点

1. 实验目的

通过本实验来学习如何在内核代码中添加一个跟踪点。

在 CFS 调度器的核心函数 update_curr()里，添加一个跟踪点来观察 cfs_rq 就绪队列中 min_vruntime 成员的变化情况。

2. 实验详解

内核各个子系统目前已经有大量的跟踪点，如果觉得这些跟踪点还不能满足需求，可以自己手动添加一个，这在实际工作中也是很常用的技巧。

同样以 CFS 调度器中核心函数 update_curr()为例，例如现在增加一个跟踪点来观察 cfs_rq 就绪队列中 min_vruntime 成员的变化情况。首先，需要在 include/trace/events/sched.h 头文件中添加一个名为 sched_stat_minvruntime 的跟踪点。

```
[include/trace/events/sched.h]
0  TRACE_EVENT(sched_stat_minvruntime,
1
2    TP_PROTO(struct task_struct *tsk, u64 minvuntime),
3
4    TP_ARGS(tsk, minvuntime),
5
6    TP_STRUCT__entry(
7        __array( char,        comm,        TASK_COMM_LEN)
8        __field( pid_t,        pid      )
9        __field( u64,        vruntime)
10   ),
11
12   TP_fast_assign(
13       memcpy(__entry->comm, tsk->comm, TASK_COMM_LEN);
14       __entry->pid            = tsk->pid;
15       __entry->vruntime       = minvuntime;
16   ),
17
18   TP_printk("comm=%s pid=%d vruntime=%Lu [ns]",
19           __entry->comm, __entry->pid,
20           (unsigned long long)__entry->vruntime)
21);
```

为了方便添加跟踪点，内核定义了一个 TRACE_EVENT 宏，只需要按要求填写这个宏即可。TRACE_EVENT 宏的定义如下。

```
#define TRACE_EVENT(name, proto, args, struct, assign, print)\
    DECLARE_TRACE(name, PARAMS(proto), PARAMS(args))
```

- ❑ name：表示该跟踪点的名字，如上面第 0 行代码中的 sched_stat_minvruntime。
- ❑ proto：该跟踪点调用的原型，如第 2 行代码中，该跟踪点的原型是 trace_sched_stat_minvruntime(tsk, minvuntime)。
- ❑ args：参数。
- ❑ struct：定义跟踪器内部使用的 __entry 数据结构。
- ❑ assign：把参数复制到 __entry 数据结构中。
- ❑ print：打印的格式。

把 trace_sched_stat_minvruntime() 添加到 update_curr() 函数里。

```
0  static void update_curr(struct cfs_rq *cfs_rq)
1  {
2      ...
3      curr->vruntime += calc_delta_fair(delta_exec, curr);
4      update_min_vruntime(cfs_rq);
5
6      if (entity_is_task(curr)) {
7          struct task_struct *curtask = task_of(curr);
8          trace_sched_stat_runtime(curtask, delta_exec, curr->vruntime);
9          trace_sched_stat_minvruntime(curtask, cfs_rq->min_vruntime);
10     }
11     ...
12 }
```

重新编译内核并在 QEMU 上运行，首先看 sys 节点中是否已经有刚才添加的跟踪点。

```
#cd /sys/kernel/debug/tracing/events/sched/sched_stat_minvruntime
# ls
enable   filter  format   id        trigger
# cat format
name: sched_stat_minvruntime
ID: 208
format:
    field:unsigned short common_type; offset:0; size:2; signed:0;
    field:unsigned char common_flags; offset:2; size:1; signed:0;
    field:unsigned char common_preempt_count; offset:3; size:1; signed:0;
    field:int common_pid; offset:4; size:4; signed:1;

    field:char comm[16]; offset:8; size:16; signed:0;
    field:pid_t pid; offset:24; size:4; signed:1;
    field:u64 vruntime; offset:32; size:8; signed:0;
```

```
print fmt: "comm=%s pid=%d vruntime=%Lu [ns]", REC->comm, REC->pid, (unsigned long
long)REC->vruntime
/sys/kernel/debug/tracing/events/sched/sched_stat_minvruntime #
```

上述信息显示增加跟踪点成功，如下是抓取 sched_stat_minvruntime 的信息。

```
# cat trace
# tracer: nop
#
# entries-in-buffer/entries-written: 247/247    #P:1
#
#                              _-----=> irqs-off
#                             / _----=> need-resched
#                            | / _---=> hardirq/softirq
#                            || / _--=> preempt-depth
#                            ||| /     delay
#          TASK-PID    CPU#   ||||    TIMESTAMP  FUNCTION
#            | |         |    ||||       |          |
            sh-629    [000] d..3   27.307974: sched_stat_minvruntime: comm=
sh pid=629 vruntime=2120013310 [ns]
    rcu_preempt-7    [000] d..3   27.309178: sched_stat_minvruntime: comm=
rcu_preempt pid=7 vruntime=2120013310 [ns]
    rcu_preempt-7    [000] d..3   27.319042: sched_stat_minvruntime: comm=
rcu_preempt pid=7 vruntime=2120013310 [ns]
    rcu_preempt-7    [000] d..3   27.329015: sched_stat_minvruntime: comm=
rcu_preempt pid=7 vruntime=2120013310 [ns]
    kworker/0:1-284  [000] d..3   27.359015: sched_stat_minvruntime: comm=
kworker/0:1 pid=284 vruntime=2120013310 [ns]
    kworker/0:1-284  [000] d..3   27.399005: sched_stat_minvruntime: comm=
kworker/0:1 pid=284 vruntime=2120013310 [ns]
    kworker/0:1-284  [000] d..3   27.599034: sched_stat_minvruntime: comm=
kworker/0:1 pid=284 vruntime=2120013310 [ns]
```

内核里还提供了一个跟踪点的例子，在 samples/trace_events/目录中，读者可以自行研究。其中除了使用 TRACE_EVENT()宏来定义普通的跟踪点外，还可以使用 TRACE_EVENT_CONDITION()宏来定义一个带条件的跟踪点。如果要定义多个格式相同的跟踪点，DECLARE_EVENT_CLASS()宏可以帮助减少代码量。

[arch/arm/configs/vexpress_defconfig]

```
- # CONFIG_SAMPLES is not set
+ CONFIG_SAMPLES=y
+ CONFIG_SAMPLE_TRACE_EVENTS=m
```

增加 CONFIG_SAMPLES 和 CONFIG_SAMPLE_TRACE_EVENTS，然后重新编译内核。它会编译成一个内核模块 trace-events-sample.ko，复制到 QEMU 里最小文件系统中，运行 QEMU。下面是该例子抓取的数据。

```
/sys/kernel/debug/tracing # cat trace
```

```
# tracer: nop
#
# entries-in-buffer/entries-written: 45/45    #P:1
#
#                                _-----=> irqs-off
#                               / _----=> need-resched
#                              | / _---=> hardirq/softirq
#                              || / _--=> preempt-depth
#                              ||| /     delay
#           TASK-PID    CPU#   ||||       TIMESTAMP  FUNCTION
#              | |       |     ||||          |          |
    event-sample-636    [000] ...1     53.029398: foo_bar: foo hello 41 {0x1}
Snoopy (000000ff)
    event-sample-636    [000] ...1     53.030180: foo_with_template_simple:
foo HELLO 41
    event-sample-636    [000] ...1     53.030284: foo_with_template_print: bar
I have to be different 41
    event-sample-fn-640    [000] ...1     53.759157: foo_bar_with_fn: foo Look
at me 0
    event-sample-fn-640    [000] ...1     53.759285: foo_with_template_fn: foo
Look at me too 0
  event-sample-fn-641 [000] ...1  53.759365: foo_bar_with_fn: foo Look at me
0
  event-sample-fn-641 [000] ...1  53.759373: foo_with_template_fn: foo Look at
me too 0
```

11.3.9　实验 8：使用示踪标志

1．实验目的
学习如何使用示踪标志（trace marker）来跟踪应用程序。

2．实验详解
有时需要跟踪用户程序和内核空间的运行情况，示踪标志可以很方便地跟踪用户程序。trace_marker 是一个文件节点，允许用户程序写入字符串。ftrace 会记录该写入动作的时间戳。

下面是一个简单实用的示踪标志例子。

[trace_marker_test.c]

```
0 #include <stdlib.h>
1 #include <stdio.h>
2 #include <string.h>
3 #include <time.h>
4 #include <sys/types.h>
5 #include <sys/stat.h>
6 #include <fcntl.h>
7 #include <sys/time.h>
8 #include <linux/unistd.h>
9 #include <stdarg.h>
```

```
10#include <unistd.h>
11#include <ctype.h>
12
13static int mark_fd = -1;
14static __thread char buff[BUFSIZ+1];
15
16static void setup_ftrace_marker(void)
17{
18   struct stat st;
19   char *files[] = {
20        "/sys/kernel/debug/tracing/trace_marker",
21        "/debug/tracing/trace_marker",
22        "/debugfs/tracing/trace_marker",
23   };
24   int ret;
25   int i;
26
27   for (i = 0; i < (sizeof(files) / sizeof(char *)); i++) {
28        ret = stat(files[i], &st);
29        if (ret >= 0)
30             goto found;
31   }
32   /* todo, check mounts system */
33   printf("canot found the sys tracing\n");
34   return;
35found:
36   mark_fd = open(files[i], O_WRONLY);
37}
38
39static void ftrace_write(const char *fmt, ...)
40{
41   va_list ap;
42   int n;
43
44   if (mark_fd < 0)
45        return;
46
47   va_start(ap, fmt);
48   n = vsnprintf(buff, BUFSIZ, fmt, ap);
49   va_end(ap);
50
51   write(mark_fd, buff, n);
52}
53
54int main()
55{
56   int count = 0;
57   setup_ftrace_marker();
58   ftrace_write("figo start program\n");
59   while (1) {
60        usleep(100*1000);
61        count++;
62        ftrace_write("figo count=%d\n", count);
63   }
```

```
64}
```

在 Ubuntu Linux 下编译，然后运行 ftrace 来捕捉示踪标志信息。

```
# cd /sys/kernel/debug/tracing/
# echo nop > current_tracer //设置function跟踪器是不能捕捉到示踪标志的
# echo 1 > tracing_on  //打开ftrace才能捕捉到示踪标志
# ./trace_marker_test  //运行trace_marker_test测试程序
[…]  //停顿一小会儿
# echo 0 > tracing_on
# cat trace
```

下面是捕捉到的 trace_marker_test 测试程序写入 ftrace 的信息。

```
root@figo-OptiPlex-9020:/sys/kernel/debug/tracing# cat trace
# tracer: nop
#
# nop latency trace v1.1.5 on 4.0.0
# --------------------------------------------------------------------
# latency: 0 us, #136/136, CPU#1 | (M:desktop VP:0, KP:0, SP:0 HP:0 #P:4)
#    -----------------
#    | task: -0 (uid:0 nice:0 policy:0 rt_prio:0)
#    -----------------
#
#                   _------=> CPU#
#                  / _-----=> irqs-off
#                 | / _----=> need-resched
#                 || / _---=> hardirq/softirq
#                 ||| / _--=> preempt-depth
#                 |||| /     delay
#  cmd     pid    ||||| time  |  caller
#     \   /       ||||| \   |  /
   <...>-15686    1...1 7322484us!: tracing_mark_write: figo start program
   <...>-15686    1...1 7422324us!: tracing_mark_write: figo count=1
   <...>-15686    1...1 7522186us!: tracing_mark_write: figo count=2
   <...>-15686    1...1 7622052us!: tracing_mark_write: figo count=3
[…]
```

读者可以在捕捉示踪标志时打开其他一些示踪事件，例如调度方面的事件，这样可以观察用户程序在两个示踪标志之间的内核空间发生了什么事情。Android 系统利用示踪标志功能实现了一个 Trace 类，Java 应用程序编程者可以方便地捕捉程序信息到 ftrace 中，然后利用 Android 提供的 Systrace 工具进行数据采集和分析。

[Android/system/core/include/cutils/trace.h]

```
#define ATRACE_BEGIN(name) atrace_begin(ATRACE_TAG, name)
static inline void atrace_begin(uint64_t tag, const char* name)
{
    if (CC_UNLIKELY(atrace_is_tag_enabled(tag))) {
```

```
            char buf[ATRACE_MESSAGE_LENGTH];
            size_t len;

            len = snprintf(buf, ATRACE_MESSAGE_LENGTH, "B|%d|%s", getpid(),
name);

            write(atrace_marker_fd, buf, len);
    }
}

#define ATRACE_END() atrace_end(ATRACE_TAG)
static inline void atrace_end(uint64_t tag)
{
    if (CC_UNLIKELY(atrace_is_tag_enabled(tag))) {
        char c = 'E';
        write(atrace_marker_fd, &c, 1);
    }
}
```

[Android/system/core/libcutils/trace.c]

```
static void atrace_init_once()
{
    atrace_marker_fd = open("/sys/kernel/debug/tracing/trace_marker", O_WRONLY);
    if (atrace_marker_fd == -1) {
        goto done;
    }
    atrace_enabled_tags = atrace_get_property();
done:
    android_atomic_release_store(1, &atrace_is_ready);
}
```

因此，利用 atrace 和 Trace 类提供的接口可以很方便地在 Java 和 C/C++程序中添加信息到 ftrace 中。

11.3.10　实验 9：使用 kernelshark 来分析数据

1. 实验目的
学会使用 trace-cm 和 kernelshark 工具来抓取和分析 ftrace 数据。

2. 实验详解
前面介绍了 ftrace 的常用方法。有些人希望有一些图形化的工具，trace-cmd 和 kernelshark 工具就是为此而生。

在 Ubuntu 上安装 trace-cmd 和 kernelshark 工具。

```
#sudo apt-get install trace-cmd kernelshark
```

trace-cmd 的使用方式遵循 reset->record->stop->report 模式，要用 record 命令收集数据，

按"Ctrl+c"组合键可以停止收集动作，在当前目录下生产 trace.dat 文件。使用 trace-cmd report 解析 trace.dat 文件，这是文字形式的，kernelshark 是图形化的，更方便开发者观察和分析数据。

```
figo@figo-OptiPlex-9020:~/work/test1$ trace-cmd record -h
trace-cmd version 1.0.3
usage:
 trace-cmd record [-v][-e event [-f filter]][-p plugin][-F][-d][-o file] \
          [-s usecs][-O option ][-l func][-g func][-n func] \
          [-P pid][-N host:port][-t][-r prio][-b size][command ...]
              -e run command with event enabled
              -f filter for previous -e event
              -p run command with plugin enabled
              -F filter only on the given process
              -P trace the given pid like -F for the command
              -l filter function name
              -g set graph function
              -n do not trace function
              -v will negate all -e after it (disable those events)
              -d disable function tracer when running
              -o data output file [default trace.dat]
              -O option to enable (or disable)
              -r real time priority to run the capture threads
              -s sleep interval between recording (in usecs) [default: 1000]
              -N host:port to connect to (see listen)
              -t used with -N, forces use of tcp in live trace
              -b change kernel buffersize (in kilobytes per CPU)
```

常用的参数如下。

❑ -p plugin：指定一个跟踪器，可以通过 trace-cmd list 来获取系统支持的跟踪器。常见的跟踪器有 function_graph、function、nop 等。

❑ –e event：指定一个跟踪事件。

❑ –f filter：指定一个过滤器，这个参数必须紧跟着"-e"参数。

❑ –P pid：指定一个进程进行跟踪。

❑ –l func：指定跟踪的函数，可以是一个或多个。

❑ –n func：不跟踪某个函数。

以跟踪系统进程切换的情况为例。

```
#trace-cmd record -e 'sched_wakeup*' -e sched_switch -e 'sched_migrate*'
#kernelshark trace.dat
```

通过 kernelshark 可以图形化地查看需要的信息，直观、方便，如图 11.2 所示。

打开菜单中的"Plots"→"CPUs"选项，可以选择要观察的 CPU。选择"Plots"→"Tasks"，可以选择要观察的进程。如图 11.3 所示，选择要观察的进程是 PID 为"8228"的进程，该进程名称为"trace-cmd"。

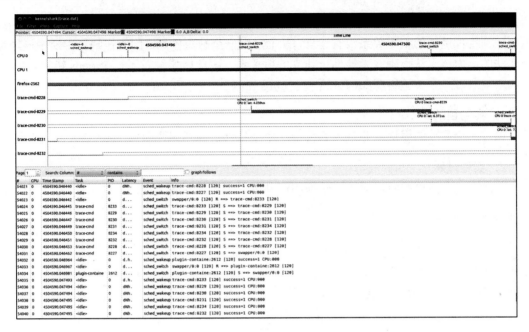

图11.2　kernelshark

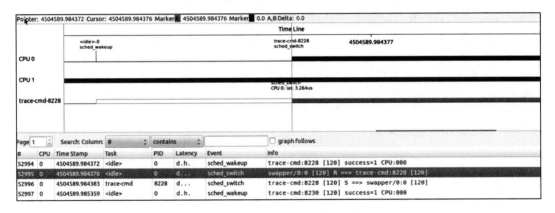

图11.3　用kernelshark查看进程切换

在时间戳 4504589.984372 中，trace-cmd-8228 进程在 CPU0 中被唤醒，发生了 sched_wakeup 事件。在下一个时间戳中，该进程被调度器调度执行，在 sched_switch 事件中捕捉到该信息。

11.4　实验 10：分析 oops 错误

在编写驱动程序或内核模块时，常常会显式或隐式地对指针进行非法取值或使用不正确的指针，导致内核发生一个 oops 错误。当处理器在内核空间访问一个非法指针时，因为虚拟地址到物理地址的映射关系没有建立，从而触发一个缺页中断。因为在缺页中断中该地址是非法的，内核无法正确地为该地址建立映射关系，因此内核触发了一个 oops 错误。

本章通过一个实验讲解如何分析一个 oops 错误。

1．实验目的

编写一个简单的模块，并且人为编造一个空指针访问错误来引发 oops 错误。

2．实验详解

下面写一个简单的内核模块来验证如何分析一个内核 oops 错误。

```
[oops_test.c]
#include <linux/kernel.h>
#include <linux/module.h>
#include <linux/init.h>

static void create_oops(void)
{
    *(int *)0 = 0;  //人为编造一个空指针访问
}

static int __init my_oops_init(void)
{
    printk("oops module init\n");
    create_oops();
    return 0;
}

static void __exit my_oops_exit(void)
{
    printk("goodbye\n");
}

module_init(my_oops_init);
module_exit(my_oops_exit);
MODULE_LICENSE("GPL");
```

按照如下的 Makefile，把 oops_test.c 文件编译成内核模块。

```
BASEINCLUDE ?= /home/figo/work/test1/linux-4.0    #这里要用绝对路径
oops-objs := oops_test.o

obj-m    :=    oops.o
all :
    $(MAKE) -C $(BASEINCLUDE) SUBDIRS=$(PWD) modules;

clean:
    $(MAKE) -C $(BASEINCLUDE) SUBDIRS=$(PWD) clean;
    rm -f *.ko;
```

编译方法如下。

```
# make ARCH=arm CROSS_COMPILE=arm-linux-gnueabi-
```

编译完成后，把 oops.ko 复制到 initramfs 文件系统的根目录，即 _install 目录下。重新编译内核并在 QEMU 上运行该内核，然后使用 insmod 命令加载该内核模块。oops 错误信息如下：

```
/ # insmod oops.ko
Unable to handle kernel NULL pointer dereference at virtual address 00000000
pgd = ee198000
[00000000] *pgd=8e135831, *pte=00000000, *ppte=00000000
Internal error: Oops: 817 [#1] PREEMPT SMP ARM
Modules linked in: oops(PO+)
CPU: 0 PID: 638 Comm: insmod Tainted: P        O    4.0.0 #25
Hardware name: ARM-Versatile Express
task: eeba6590 ti: ee150000 task.ti: ee150000
PC is at create_oops+0x18/0x20 [oops]
LR is at my_oops_init+0x18/0x24 [oops]
pc : [<bf000018>]    lr : [<bf002018>]    psr: 60000013
sp : ee151e48  ip : ee151e58  fp : ee151e54
r10: 00000000  r9 : ee150000  r8 : bf002000
r7 : bf0000cc  r6 : 00000000  r5 : ee10a990  r4 : ee151f48
r3 : 00000000  r2 : 00000000  r1 : 00000000  r0 : 00000010
Flags: nZCv  IRQs on  FIQs on  Mode SVC_32  ISA ARM  Segment user
Control: 10c5387d Table: 8e198059 DAC: 00000015
Process insmod (pid: 638, stack limit = 0xee150210)

Stack: (0xee151e48 to 0xee152000)
1e40:                   ee151e64 ee151e58 bf002018 bf00000c ee151ed4 ee151e68
1e60: c0008ae0 bf00200c c0e243bc 00000000 000000d0 ee800090 c0e243bc ee10a990
1e80: 000000d0 ee800090 ee151ed4 ee151e98 c0131ec4 c00c95c4 00000008 ee12aca0
1ea0: 00000000 00000000 c000f964 ee151f48 00000000 ee151f48 ee10a990 bf0000c0
1ec0: bf0000cc c000f964 ee151f04 ee151ed8 c009c3d8 c0008a88 c0126b9c c0126934
1ee0: ee151f48 ee151f48 00000000 bf0000c0 bf0000cc c000f964 ee151f3c ee151f08
1f00: c009d110 c009c378 ffff8000 00007fff c009b50c 00000080 ee151f3c 00160860
1f20: 00007a1a 0014f96d 00000080 c000f964 ee151fa4 ee151f40 c009d278 c009ceb8
1f40: ee151f5c ee151f50 f22c6000 00007a1a f22cb800 f22cb639 f22cd958 00000238
1f60: 000002a8 00000000 00000000 00000000 0000002b 0000002c 00000012 00000000
1f80: 00000016 00000000 00000000 00000000 beb07ea4 00000069 00000000 ee151fa8
1fa0: c000f7a0 c009d1ec 00000000 beb07ea4 00160860 00007a1a 0014f96d 7fffffff
1fc0: 00000000 beb07ea4 00000069 00000080 00000001 beb07ea8 0014f96d 00000000
1fe0: 00000000 beb07b38 0002b21b 0000af70 60000010 00160860 00000000 00000000
[<bf000018>] (create_oops [oops]) from [<bf002018>] (my_oops_init+0x18/0x24
[oops])
[<bf002018>] (my_oops_init [oops]) from [<c0008ae0>]
(do_one_initcall+0x64/0x110)
[<c0008ae0>] (do_one_initcall) from [<c009c3d8>] (do_init_module+0x6c/0x1c0)
[<c009c3d8>] (do_init_module) from [<c009d110>] (load_module+0x264/0x334)
[<c009d110>] (load_module) from [<c009d278>] (SyS_init_module+0x98/0xa8)
[<c009d278>] (SyS_init_module) from [<c000f7a0>] (ret_fast_syscall+0x0/0x4c)
Code: e24cb004 e92d4000 e8bd4000 e3a03000 (e5833000)
---[ end trace 2d2fed61250f46fa ]---
Segmentation fault
/ #
```

pgd=ee198000 表示出错时访问的地址对应的 PGD 页表地址，PC 指针指向出错指向的地址，另外 stack 也展示了出错时程序的调用关系。首先观察出错函数 create_oops+ 0x18/0x20，其中，0x18 表示指令指针在该函数第 0x18 字节处，该函数本身共 0x20 字节。

继续分析这个问题，假设有两种情况：一是有出错模块的源代码，二是没有源代码。在某些实际工作场景中，可能需要调试和分析没有源代码的 oops 情况。

先看有源代码的情况，通常在编译时添加在符号信息表中，下面用两种方法来分析。

（1）使用 objdump 工具反汇编

```
figo$ arm-linux-gnueabi-objdump -SdCg oops.o //使用arm版本objdump工具

static void create_oops(void)
{
   0:      e1a0c00d        mov ip, sp
   4:      e92dd800        push       {fp, ip, lr, pc}
   8:      e24cb004        sub fp, ip, #4
   c:      e92d4000        push       {lr}
  10:      ebfffffe        bl 0 <__gnu_mcount_nc>
*(int *)0 = 0;
  14:      e3a03000        mov r3, #0
  18:      e5833000        str r3, [r3]
}
  1c:      e89da800        ldm sp, {fp, sp, pc}
```

通过反汇编工具可以看到出错函数 create_oops() 的汇编情况，这里把 C 语言和汇编语言一起显示出来了。0x14～0x18 字节的指令是把 0 赋值到 r3 寄存器，0x18～0x1c 字节的指令是把 r3 寄存器的值存放到 r3 寄存器指向的地址中，r3 寄存器的值为 0，所以这里是一个写空指针错误。

（2）使用 gdb 工具

要方便快捷地定位到出错的具体地方，使用 gdb 中的 "list" 指令加上出错函数和偏移量即可。

```
$ arm-linux-gnueabi-gdb oops.o

(gdb) list *create_oops+0x18
0x18 is in create_oops
(/home/figo/work/test1/module_test_case/oops_test/oops_test.c:7).
2    #include <linux/module.h>
3    #include <linux/init.h>
4
5    static void create_oops(void)
6    {
7          *(int *)0 = 0;
8    }
9
10   static int __init my_oops_init(void)
11   {
(gdb)
```

如果出错地方是内核函数，那么可以使用 vmlinux 文件。

下面来看没有源代码的情况。对于没有编译符号表的二进制文件，可以使用 objdump 工具来 dump 出汇编代码，例如使用"arm-linux-gnueabi-objdump -d oops.o"命令来 dump 出 oops.o 文件。内核提供了一个非常好用的脚本，可以帮忙快速定位问题，该脚本位于 Linux 内核源代码目录的 scripts/decodecode，首先把出错日志保存到一个 txt 文件中。

```
$ ./scripts/decodecode < oops.txt
Code: e24cb004 e92d4000 e8bd4000 e3a03000 (e5833000)
All code
========
   0:    e24cb004    sub fp, ip, #4
   4:    e92d4000    push      {lr}
   8:    e8bd4000    pop {lr}
   c:    e3a03000    mov r3, #0
  10:*   e5833000    str r3, [r3]         <-- trapping instruction

Code starting with the faulting instruction
===========================================
   0:    e5833000    str  r3, [r3]
```

decodecode 脚本把出错的 oops 日志信息转换成直观、有用的汇编代码，并且告知出错具体是在哪个汇编语句中，这对于分析没有源代码的 oops 错误非常有用。

11.5 perf 性能分析工具

在系统性能优化时通常有两个阶段：一个是性能剖析（performance profiling），另一个是性能优化。性能剖析的目标就是要寻找性能瓶颈，查找引发性能问题的根源和瓶颈。在性能剖析阶段，需要借助一些性能分析工具，比如 Intel Vtune 或者 perf 等工具。

perf 是一款 Linux 性能分析工具，内置在 Linux 内核的一个 Linux 性能分析框架中，利用硬件计数单元比如 CPU、PMU（Performance Monitoring Unit）和软件计数，比如软件计数器以及跟踪点等。

1. 安装 perf 工具

在 Ubuntu 中安装 perf 工具。

```
sudo apt install perf
```

在终端中直接输入 perf 命令就会看到二级命令，如表 11.3 所示。

表 11.3　perf 二级命令

perf 二级命令	描　　述
list	查看当前系统支持的性能事件
bench	perf中内置的跑分程序，包括内存管理和调度器的跑分程序
test	对系统进行健全性测试
stat	对全局性能进行统计
record	收集采样信息，并记录在数据文件中
report	读取perf record采集的数据文件，并给出热点分析结果
top	可以实时查看当前系统进程函数的占用率情况
kmem	对slab子系统进行性能分析
kvm	对kvm进行性能分析
lock	进行lock的争用进行分析
mem	分析内存性能
sched	分析内核调度器性能
trace	记录系统调用轨迹
timechart	可视化工具

2. perf list 命令

perf list 命令可以显示系统中支持的事件类型，主要的事件可以分为 3 类。

❑ hardware 事件：由 PMU 硬件单元产生的事件，比如 L1 缓存命中等。

❑ software 事件：由内核产生的事件，比如进程切换等。

❑ tracepoint 事件：由内核静态跟踪点所触发的事件。

```
benshushu@ubuntu:~ $ sudo perf list

List of pre-defined events (to be used in -e):

  alignment-faults                            [Software event]
  bpf-output                                  [Software event]
  context-switches OR cs                      [Software event]
  cpu-clock                                   [Software event]
  cpu-migrations OR migrations                [Software event]
  dummy                                       [Software event]
  emulation-faults                            [Software event]
  major-faults                                [Software event]
  minor-faults                                [Software event]
  page-faults OR faults                       [Software event]
  task-clock                                  [Software event]

  L1-dcache-load-misses                       [Hardware cache event]
  L1-dcache-loads                             [Hardware cache event]
  L1-dcache-stores                            [Hardware cache event]
  L1-icache-load-misses                       [Hardware cache event]
```

```
branch-load-misses                                  [Hardware cache event]
branch-loads                                        [Hardware cache event]
```

3. 利用 perf 采集数据

perf record 命令可以用来收集采样信息，并且把信息写入数据文件中，随后可以通过 perf report 工具对数据文件进行分析。

perf record 命令可以有不少的参数，常用的参数如表 11.4 所示。

表 11.4　perf record 命令

参　　数	描　　述
-e	选择一个事件，可以是硬件事件也可以是软件事件
-a	全系统范围的数据采集
-p	指定一个进程的PID来采集特别进程的数据
-o	指定要写入采集数据的数据文件
-g	使能函数调用图功能
-C	只采集某个CPU的数据

常见例子如下。

```
采集运行app程序时的数据
#perf record -e cpu-clock ./app

采集执行app程序时哪些系统调用最频繁
# perf record -e syscalls:sys_enter ./app
```

perf report 命令用来解析 perf record 产生的数据，并给出分析结果。常见的 perf report 命令如表 11.5 所示。

表 11.5　常见的 perf report 命令

参　　数	描　　述
-i	导入的数据文件名称，默认为perf.data
-g	生成函数调用关系图
--sort	分类统计信息，比如pid、comm、cpu等

常见例子如下。

```
#sudo perf report -i perf.data
```

4. perf stat

当我们拿到一个性能优化任务时，最好采用自顶向下的策略。先整体看看该程序运行时各种统计事件的汇总数据，再针对某些方向深入细节，而不要立即深入琐碎细节，这样会一叶障目。

有些程序慢是因为计算量太大，其多数时间都应该使用 CPU 进行计算，叫作 CPU bound 型；有些程序慢是因为过多的 I/O，这时其 CPU 利用率应该不高，叫作 I/O bound 型；对于 CPU bound 程序的调优和 I/O bound 的调优是不同的。

perf stat 就是这样一个通过概括、精简的方式提供被调试程序运行的整体情况和汇总数据的工具，perf stat 命令如表 11.6 所示。

表 11.6　perf stat 命令

参　　数	描　　述
-a	显示所有CPU上的统计信息
-c	显示指定CPU上的统计信息
-e	指定要显示的事件
-p	指定要显示的进程的PID

```
#sudo perf stat
^C
 Performance counter stats for 'system wide':

    21188.382806      cpu-clock (msec)         #    3.999 CPUs utilized
             425      context-switches         #    0.020 K/sec
               3      cpu-migrations           #    0.000 K/sec
               0      page-faults              #    0.000 K/sec
 <not supported>      cycles
 <not supported>      instructions
 <not supported>      branches
 <not supported>      branch-misses

     5.298811655 seconds time elapsed
```

上述参数的描述如下。

- ❑ cpu-clock：任务真正占用的处理器时间，单位为 ms。
- ❑ context-switches：上下文的切换次数。
- ❑ CPU-migrations[①]：程序在运行过程中发生的处理器迁移次数。
- ❑ page-faults[②]：缺页异常的次数。
- ❑ cycles：消耗的处理器周期数。
- ❑ stalled-cycles-frontend：指令读取或解码的质量步骤，未能按理想状态发挥并行左右，发生停滞的时钟周期。

[①] 发生上下文时切换时不一定会发生CPU迁移，而发生CPU迁移时肯定会发生上下文切换。发生上下文切换有可能只是把上下文从当前 CPU 中换出，下一次调度器还是将进程安排在这个 CPU 上执行。

[②] 当应用程序请求的页面尚未建立、请求的页面不在内存中，或者请求的页面虽然在内存中，但物理地址和虚拟地址的映射关系尚未建立时，都会触发一次缺页异常。另外，TLB 不命中、页面访问权限不匹配等情况也会触发缺页异常。

❑ stalled-cycles-backend：指令执行步骤，发生停滞的时钟周期。

❑ instructions：执行了多少条指令。IPC 为平均每个 CPU 时钟周期执行了多少条指令。

❑ branches：遇到的分支指令数。branch-misses 是预测错误的分支指令数。

5．perf top

当你有一个明确的优化目标或者对象时，可以使用 perf stat 命令。但有些时候发现系统性能无端下降。此时需要一个类似 top 的命令，列出所有值得怀疑的进程，从中快速定位问题和缩小范围。

perf top 命令类似 Linux 中的 top 命令，可以实时分析系统的性能瓶颈。常见的 perf top 命令参数如表 11.7 所示。

表 11.7　常见的 perf top 命令参数

参　　数	描　　述
-e	指定要分析的性能事件
-p	仅分析目标进程
-k	指定带符号表信息的内核映像路径
-K	不显示内核或者内核模块的符号
-U	不显示属于用户态程序的符号
-g	显示函数调用关系图

比如使用 sudo perf top 命令来查看当前系统中哪个内核函数占用 CPU 比较多，如图 11.4 所示。

```
#sudo perf top --call-graph graph -U
```

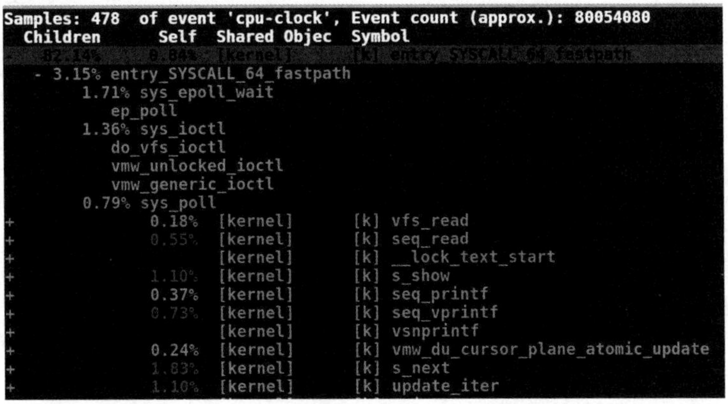

图11.4　perf top命令

也可以只查看某个进程的情况，比如现在系统 xorg 进程的 pid 是 1150，如图 11.5 所示。

```
#sudo perf top --call-graph graph -p 1150 -K
```

```
Samples: 415   of event 'cpu-clock', Event count (approx.): 30292835
     Children      Self  Shared Object         Symbol
        sse2_blt.part.0
+                        libpixman-1.so.0.33.6  [.] sse2_composite_over_8888_8888
+    4.93%    4.93%      libpixman-1.so.0.33.6  [.] sse2_fill
+    3.30%    0.00%      [unknown]              [.] 0000000000000000
+    2.97%    2.97%      libpixman-1.so.0.33.6  [.] pixman_region_selfcheck
+    2.79%    2.79%      libpixman-1.so.0.33.6  [.] sse2_composite_over_n_8888_8888_ca
+    2.62%    2.62%      Xorg                   [.] xf86ScreenToScrn
+    2.00%    2.00%      libc-2.23.so           [.] _int_malloc
+    1.70%    1.70%      libpixman-1.so.0.33.6  [.] pixman_image_set_component_alpha
+    1.65%    0.00%      [unknown]              [.] 0x0000000000000148
+    1.58%    1.58%      libc-2.23.so           [.] _int_free
+    1.26%    1.26%      Xorg                   [.] 0x000000000010a139
```

图11.5　查看xorg进程的情况

11.5.1　实验 11：使用 perf 工具来进行性能分析

1．实验目的

通过一个例子来熟悉如何使用 perf 工具来进行性能分析。

2．实验详解

1）写一个 for 循环的测试程序例子。

```c
//test.c
#include <stdio.h>
#include <stdlib.h>

void foo()
{
    int i,j;
    for(i=0; i< 10; i++)
        j+=2;
}
int main(void)
{
    int i;
    for(i = 0; i< 100000000; i++)
        foo();
    return 0;
}
```

使用以下命令进行编译：

```
$ gcc -o test -O0 test.c
```

2）使用 perf stat 工具进行分析。

3）使用 perf top 工具进行分析。

4）使用 perf record 和 report 工具进行分析。

11.5.2　实验 12：采集 perf 数据生成火焰图

1．实验目的
学会把 perf 采集的数据生成火焰图，并进行性能分析。

2．实验详解
火焰图是性能大师 Brendang Gregg 的一个开源项目。

下面以上一个实验为例来介绍如何利用 perf 采集的数据生成一幅火焰图。

首先使用 perf record 命令来收集 test 程序的数据。

```
$sudo perf record -e cpu-clock -g ./test1
$sudo chmod 777 perf.data
```

然后使用 perf script 工具对 perf.data 进行解析。

```
$ perf script -i perf.data &> perf.unfold
```

接着将 perf.unfold 中的符号进行折叠。

```
$ ./stackcollapse-perf.pl perf.unfold &> perf.folded
```

最后生成火焰图，如图 11.6 所示。

```
./flamegraph.pl perf.folded > perf.svg
```

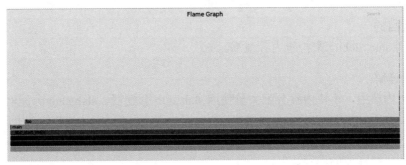

图11.6　火焰图

11.6　内存检测

作者曾经有一个比较惨痛的经验。在某个项目中有一个非常难以复现的漏洞，复现概率不到 1/1000，并且要运行很长时间才能复现，复现的现象就是系统会莫名其妙地宕机，并且每次宕机的日志都不一样。面对这样难缠的漏洞，研发团队浪费了好长时间，使用了各种仿真器和调试方法，例如把宕机机器全部的内存都备份出来和正常机器的内存进行比较，发现有一个地方的内存被改写了，然后查找 System.map 和源代码，最后发现这个难缠的漏洞源头是一个比较低级的错误，就是在某些情况下越界访问并且越界改写了某个变量而导致系统出现莫名其妙的宕机。

Linux 内核和驱动代码都使用 C 语言编写。C 语言提供了强大的功能和性能，特别是灵活的指针和内存访问，但也存在一些问题。如果编写的代码刚好引用了空指针，被内核的虚拟内存机制捕捉到，并产生一个 oops 错误警告。可是内核的虚拟内存机制无法判断一些内存错误是否正确，例如非法修改了内存信息，特别是在某些特殊情况下偷偷地修改内存信息，这些会是产品的隐患，像定时炸弹或幽灵一样，随时可能导致系统宕机或死机重启，这在重要的工业控制领域会出现严重的事故。

一般的内存访问错误如下。

❏ 越界访问。
❏ 访问已经释放的内存。
❏ 重复释放。
❏ 内存泄漏。
❏ 栈溢出。

本节主要通过实验来介绍 Linux 中常用的内存检测的工具和方法。

11.6.1 实验 13：使用 slub_debug 检查内存泄漏

1．实验目的
学会使用 slub_debug 来检查内存泄漏。

2．实验详解
在 Linux 内核中，小块内存分配大量使用 slab/slub 分配器。slab/slub 分配器提供了一个内存检测的小功能，很方便在产品开发阶段进行内存检查。内存访问中比较容易出现错误的地方如下。

❏ 访问已经释放的内存。
❏ 越界访问。
❏ 释放已经释放过的内存。

本书以 slub_debug 为例，并在 QEMU 上实验。首先需要重新配置内核选项，打开 CONFIG_SLUB 和 CONFIG_SLUB_DEBUG_ON 这两个选项。

```
[arch/arm/configs/vexpress_defconfig]
```

```
# CONFIG_SLAB is not set
CONFIG_SLUB=y
CONFIG_SLUB_DEBUG_ON=y
CONFIG_SLUB_STATS=y
```

在 linux-4.0 内核 tools/vm 目录下编译一个 slabinfo 的工具。

```
# cd linux-4.0/tools/vm
# make slabinfo CFLAGS=-static ARCH=arm CROSS_COMPILE=arm-linux-gnueabi-
```

把 slabinfo 可执行文件复制到 QEMU 实验平台的_install 目录中，然后重新 make vexpress_defconfig && make 来编译内核。slub_test.c 文件是模拟一次越界访问的场景，原本 buf 分配了 32 字节，但是 memset()要越界写入 36 字节。

[slub_test.c]

```c
#include <linux/kernel.h>
#include <linux/module.h>
#include <linux/init.h>
#include <linux/slab.h>

static char *buf;

static void create_slub_error(void)
{
    buf = kmalloc(32, GFP_KERNEL);
    if (buf) {
        memset(buf, 0x55, 36); <= 这里越界访问了
    }
}
static int __init my_test_init(void)
{
    printk("figo: my module init\n");
    create_slub_error();
    return 0;
}
static void __exit my_test_exit(void)
{
    printk("goodbye\n");
    kfree(buf);

}
MODULE_LICENSE("GPL");
module_init(my_test_init);
module_exit(my_test_exit);
```

按照如下的 Makefile 把 slub_test.c 文件编译成内核模块。

```
BASEINCLUDE ?= /home/figo/work/test1/linux-4.0    #这里要用绝对路径
slub-objs := slub_test.o
```

```
obj-m     :=    slub.o
all :
    $(MAKE) -C $(BASEINCLUDE) SUBDIRS=$(PWD) modules;

clean:
    $(MAKE) -C $(BASEINCLUDE) SUBDIRS=$(PWD) clean;
    rm -f *.ko;
```

编译方法如下。

```
# make ARCH=arm CROSS_COMPILE=arm-linux-gnueabi-
```

在内核 commandline 中添加 "slub_debug" 字符串来打开该功能。下面是在 QEMU 上加载 slub.ko 模块和运行 slabinfo 后的结果。

```
# insmod slub.ko
# ./slabinfo -v
=================================================
BUG kmalloc-32 (Tainted: G        O  ): Redzone overwritten
-----------------------------------------------------------------
---
INFO: 0xed6beab0-0xed6beab3. First byte 0x55 instead of 0xcc
INFO: Allocated in create_slub_error+0x28/0x50 [slub] age=1448 cpu=0 pid=775
    kmem_cache_alloc_trace+0xc4/0x270
    create_slub_error+0x28/0x50 [slub]
    0xbf002018
    do_one_initcall+0x64/0x110
    do_init_module+0x6c/0x1c0
    load_module+0x264/0x334
    SyS_init_module+0x98/0xa8
    ret_fast_syscall+0x0/0x4c
INFO: Freed in initcall_blacklisted+0xa8/0xc0 age=1448 cpu=0 pid=775
    kfree+0x268/0x270
    initcall_blacklisted+0xa8/0xc0
    do_one_initcall+0x30/0x110
    do_init_module+0x6c/0x1c0
    load_module+0x264/0x334
    SyS_init_module+0x98/0xa8
    ret_fast_syscall+0x0/0x4c
INFO: Slab 0xef5a77c0 objects=19 used=13 fp=0xed6be8f0 flags=0x0081
INFO: Object 0xed6bea90 @offset=2704 fp=0xed6be4e0

Bytes b4 ed6bea80: 09 03 00 00 30 97 ff ff 5a 5a 5a 5a 5a 5a 5a 5a   ....0...ZZZZZZZZ
Object ed6bea90: 55 55 55 55 55 55 55 55 55 55 55 55 55 55 55 55   UUUUUUUUUUUUUUUU
Object ed6beaa0: 55 55 55 55 55 55 55 55 55 55 55 55 55 55 55 55   UUUUUUUUUUUUUUUU
Redzone ed6beab0: 55 55 55 55                                      UUUU
Padding ed6beb58: 5a 5a 5a 5a 5a 5a 5a 5a                          ZZZZZZZZ
CPU: 0 PID: 777 Comm: slabinfo Tainted: G    B    O    4.0.0 #33
Hardware name: ARM-Versatile Express
[<c0018130>] (unwind_backtrace) from [<c0014158>] (show_stack+0x20/0x24)
[...]
```

```
[<c013da0c>] (SyS_write) from [<c000f7a0>] (ret_fast_syscall+0x0/0x4c)
FIX kmalloc-32: Restoring 0xed6beab0-0xed6beab3=0xcc
```

上述 slabinfo 信息显示这是一个 Redzone overwritten 错误，内存越界访问了。

下面来看另一种错误类型，对 slub_test.c 文件中的 create_slub_error()函数进行如下修改。

```
static void create_slub_error(void)
{
    buf = kmalloc(32, GFP_KERNEL);
    if (buf) {
        memset(buf, 0x55, 32);
        kfree(buf);
        printk("figo:double free test\n");
        kfree(buf);    <= 这里重复释放了
    }
}
```

这是一个重复释放的例子，下面是运行该例子后的 slub 信息。该例子中的错误很明显，所以不需要运行 slabinfo 程序内核就能马上捕捉到错误。

```
/ # insmod slub.ko
figo: my module init
figo:double free test
=================
BUG kmalloc-32 (Tainted: G          O  ): Object already free
-----------------------------------------------------------------------

Disabling lock debugging due to kernel taint
INFO: Allocated in create_slub_error+0x28/0x74 [slub] age=0 cpu=0 pid=775
    kmem_cache_alloc_trace+0xc4/0x270
    create_slub_error+0x28/0x74 [slub]
    my_test_init+0x18/0x24 [slub]
    do_one_initcall+0x64/0x110
    do_init_module+0x6c/0x1c0
    load_module+0x264/0x334
    SyS_init_module+0x98/0xa8
    ret_fast_syscall+0x0/0x4c
INFO: Freed in create_slub_error+0x50/0x74 [slub] age=0 cpu=0 pid=775
    kfree+0x268/0x270
    create_slub_error+0x50/0x74 [slub]
    my_test_init+0x18/0x24 [slub]
    do_one_initcall+0x64/0x110
    do_init_module+0x6c/0x1c0
    load_module+0x264/0x334
    SyS_init_module+0x98/0xa8
    ret_fast_syscall+0x0/0x4c
INFO: Slab 0xef5a7640 objects=19 used=11 fp=0xed6b2a90 flags=0x0081
INFO: Object 0xed6b2a90 @offset=2704 fp=0xed6b29c0

Bytes b4 ed6b2a80: 00 00 00 00 00 00 00 00 5a 5a 5a 5a 5a 5a 5a 5a  ........ZZZZZZZZ
```

333

```
Object ed6b2a90: 6b 6b 6b 6b 6b 6b 6b 6b 6b 6b 6b 6b 6b 6b 6b 6b  kkkkkkkkkkkkkkkk
Object ed6b2aa0: 6b 6b 6b 6b 6b 6b 6b 6b 6b 6b 6b 6b 6b 6b 6b a5  kkkkkkkkkkkkkkk.
Redzone ed6b2ab0: bb bb bb bb                                      ....
Padding ed6b2b58: 5a 5a 5a 5a 5a 5a 5a 5a                          zzzzzzzz
CPU: 0 PID: 775 Comm: insmod Tainted: G    B    O    4.0.0 #34
Hardware name: ARM-Versatile Express
[<c0018130>] (unwind_backtrace) from [<c0014158>] (show_stack+0x20/0x24)
[…]
[<c009d270>] (SyS_init_module) from [<c000f7a0>] (ret_fast_syscall+0x0/0x4c)
FIX kmalloc-32: Object at 0xed6b2a90 not freed
/ # random: nonblocking pool is initialized
```

　　这是很典型的重复释放的例子，错误显而易见。可是在实际工程项目中没有这么简单，因为有些内存访问错误隐藏在层层的函数调用中或经过多层指针引用。

　　下面是另一个比较典型的内存访问错误，即访问了已经释放的内存。

```
static void create_slub_error(void)
{
    buf = kmalloc(32, GFP_KERNEL);
    if (buf) {
        kfree(buf);
        printk("figo:access free memory\n");
        memset(buf, 0x55, 32);   <=访问了已经被释放的内存
    }
}
```

　　下面是该内存访问错误的 slub 信息。

```
/ # insmod slub.ko
figo: my module init
figo:access free memory
/ #
/ #
/ #
/ # ./slabinfo -v
=====================
BUG kmalloc-32 (Tainted: G        O   ): Poison overwritten
-------------------------------------------------------------------------------
INFO: 0xed6d2a90-0xed6d2aae. First byte 0x55 instead of 0x6b
INFO: Allocated in create_slub_error+0x28/0x68 [slub] age=711 cpu=0 pid=775
    kmem_cache_alloc_trace+0xc4/0x270
    create_slub_error+0x28/0x68 [slub]
    0xbf002018
    do_one_initcall+0x64/0x110
    do_init_module+0x6c/0x1c0
    load_module+0x264/0x334
    SyS_init_module+0x98/0xa8
    ret_fast_syscall+0x0/0x4c
INFO: Freed in create_slub_error+0x3c/0x68 [slub] age=711 cpu=0 pid=775
    kfree+0x268/0x270
    create_slub_error+0x3c/0x68 [slub]
```

```
    0xbf002018
    do_one_initcall+0x64/0x110
    do_init_module+0x6c/0x1c0
    load_module+0x264/0x334
    SyS_init_module+0x98/0xa8
    ret_fast_syscall+0x0/0x4c
INFO: Slab 0xef5a7a40 objects=19 used=19 fp=0x  (null) flags=0x0080
INFO: Object 0xed6d2a90 @offset=2704 fp=0xed6d29c0

Bytes b4 ed6d2a80: 00 00 00 00 00 00 00 00 5a 5a 5a 5a 5a 5a 5a 5a  ........ZZZZZZZZ
Object ed6d2a90: 55 55 55 55 55 55 55 55 55 55 55 55 55 55 55 55  UUUUUUUUUUUUUUUU
Object ed6d2aa0: 55 55 55 55 55 55 55 55 55 55 55 55 55 55 55 55  UUUUUUUUUUUUUUUU
Redzone ed6d2ab0: bb bb bb bb                                      ....
Padding ed6d2b58: 5a 5a 5a 5a 5a 5a 5a 5a                          ZZZZZZZZ
CPU: 0 PID: 777 Comm: slabinfo Tainted: G    B      O    4.0.0 #35
Hardware name: ARM-Versatile Express
[<c0018130>] (unwind_backtrace) from [<c0014158>] (show_stack+0x20/0x24)
…
[<c013c3e0>] (SyS_open) from [<c000f7a0>] (ret_fast_syscall+0x0/0x4c)
FIX kmalloc-32: Restoring 0xed6d2a90-0xed6d2aae=0x6b
FIX kmalloc-32: Marking all objects used
SLUB: kmalloc-32 500 slabs counted but counter=501
```

该错误类型在 slub 中称为 Poison overwritten，即访问了已经释放的内存。如果产品中有内存访问错误，类似上述介绍的几种访问内存错误，那么也将存在隐患，就像是埋在产品中的一颗定时炸弹，也许用户在使用几天或几个月后就会出现莫名其妙的宕机，因此在产品开发阶段需要对内存做严格的检测。

11.6.2 实验 14：使用 kmemleak 检查内存泄漏

1. 实验目的

学会使用 kmemleak 来检查内存泄漏。

2. 实验详解

kmemleak 是内核提供的一种检测内存泄漏工具，它会启动一个内核线程扫描内存，并打印发现新的未引用对象数量。kmemleak 有误报的可能性，但它给开发者提供了一个观察内存的路径和视角。要使用 kmemleak 功能，必须在内核配置时打开如下选项。

```
[arch/arm/configs/vexpress_defconfig]

CONFIG_HAVE_DEBUG_KMEMLEAK=y
CONFIG_DEBUG_KMEMLEAK=y
CONFIG_DEBUG_KMEMLEAK_DEFAULT_OFF=y
CONFIG_DEBUG_KMEMLEAK_EARLY_LOG_SIZE=4096
```

参照 slub_test.c 文件写一个内存泄漏的小例子。create_kmemleak()函数分别使用 kmalloc 和 vmalloc 分配内存，但一直不释放。

```
[kmemleak_test.c]

static void create_kmemleak(void)
{
    buf = kmalloc(120, GFP_KERNEL);
    buf = vmalloc(4096);
}
```

编译内核（make vexpress_defconfig && make），并把 kmemleak.ko 复制到 initramfs 文件系统目录_install 中，然后重新编译内核。需要把"kmemleak=on"添加到内核启动 commandline 中。

```
$ qemu-system-arm -M vexpress-a9  -m 1024M -kernel arch/arm/boot/zImage
-append "rdinit=/linuxrc console=ttyAMA0 loglevel=8 kmemleak=on" -dtb
arch/arm/boot/dts/vexpress-v2p-ca9.dtb -nographic

[…]
# echo scan > /sys/kernel/debug/kmemleak    <=向kmemleak写入scan命令开始扫描
# insmod kmemleak_test.ko  <=加载kmemleak_test.ko模块
[…]      <=等待一会儿
# kmemleak: 2 new suspected memory leaks (see /sys/kernel/debug/kmemleak) <=
目标出现，发现两个可疑对象
# cat /sys/kernel/debug/kmemleak  <= 查看
```

下面是两个可疑对象的相关信息。

```
/ # cat /sys/kernel/debug/kmemleak
unreferenced object 0xec865690 (size 128):
  comm "insmod", pid 781, jiffies 4294942049 (age 1147.540s)
  hex dump (first 32 bytes):
    6b 6b 6b 6b 6b 6b 6b 6b 6b 6b 6b 6b 6b 6b 6b 6b  kkkkkkkkkkkkkkkk
    6b 6b 6b 6b 6b 6b 6b 6b 6b 6b 6b 6b 6b 6b 6b 6b  kkkkkkkkkkkkkkkk
  backtrace:
    [<c05b889c>] kmemleak_alloc+0x8c/0xcc
    [<c0135364>] kmem_cache_alloc_trace+0x1d8/0x29c
    [<bf000028>] create_kmemleak+0x28/0x54 [kmemleak]
    [<bf002018>] 0xbf002018
    [<c0008ae0>] do_one_initcall+0x64/0x110
    [<c009c454>] do_init_module+0x6c/0x1c0
    [<c009d1ac>] load_module+0x264/0x334
    [<c009d314>] SyS_init_module+0x98/0xa8
    [<c000f7a0>] ret_fast_syscall+0x0/0x4c
    [<ffffffff>] 0xffffffff
unreferenced object 0xf02b6000 (size 4096):
  comm "insmod", pid 781, jiffies 4294942049 (age 1147.540s)
  hex dump (first 32 bytes):
    02 19 00 00 6a 28 00 00 02 19 00 00 76 28 00 00  ....j(......v(..
```

```
    02 19 00 00 95 28 00 00 02 19 00 00 b1 28 00 00  .....(.......(..
backtrace:
  [<c05b889c>] kmemleak_alloc+0x8c/0xcc
  [<c0126d88>] __vmalloc_node_range+0xb4/0xe0
  [<c0126e0c>] __vmalloc_node+0x58/0x60
  [<c0126e54>] vmalloc+0x40/0x48
  [<bf000038>] create_kmemleak+0x38/0x54 [kmemleak]
  [<bf002018>] 0xbf002018
  [<c0008ae0>] do_one_initcall+0x64/0x110
  [<c009c454>] do_init_module+0x6c/0x1c0
  [<c009d1ac>] load_module+0x264/0x334
  [<c009d314>] SyS_init_module+0x98/0xa8
  [<c000f7a0>] ret_fast_syscall+0x0/0x4c
  [<ffffffff>] 0xffffffff
/ #
```

kmemleak 会提示内存泄漏可疑对象的具体栈调用信息，例如 create_ kmemleak+0x28/0x54，表示在 create_kmemleak()函数的第 0x28 字节处，以及可疑对象的大小、使用哪个分配函数等。

11.6.3 实验 15：使用 kasan 检查内存泄漏

1．实验目的
学会使用 kasan 工具检查内存泄漏。

2．实验详解
kasan（kernel address santizer）在 Linux 4.0 中被合并到官方 Linux，它是一个动态检测内存错误的工具，可以检查内存越界访问和使用已经释放的内存等问题。Linux 内核早期有一个类似的工具 kmemcheck。kasan 比 kmemcheck 的速度快。虽然 kasan 在 Linux 4.0 时被合并到官方 Linux 中，但是直到 Linux 4.4 版本才开始支持 ARM64，因此我们采用 Linux 4.4 版本来做实验。要使用 kasan，必须打开 CONFIG_KASAN 等选项。

[linux-4.4/arch/arm64/configs/defconfig]

```
CONFIG_HAVE_ARCH_KASAN=y
CONFIG_KASAN=y
CONFIG_KASAN_OUTLINE=y
CONFIG_KASAN_INLINE=y
CONFIG_TEST_KASAN=m
```

kasan 模块提供了一个测试程序，在 lib/test_kasan.c 文件中定义了多种内存访问的错误类型。

❑ 访问已经释放的内存。

- □ 重复释放。
- □ 越界访问。

其中，越界访问是最常见的，而且情况比较复杂。test_kasan.c 文件抽象归纳了几种常见的越界访问类型。

1）右侧数组越界访问。

```
static noinline void __init kmalloc_oob_right(void)
{
    char *ptr;
    size_t size = 123;

    pr_info("out-of-bounds to right\n");
    ptr = kmalloc(size, GFP_KERNEL);

    ptr[size] = 'x';
    kfree(ptr);
}
```

2）左侧数组越界访问。

```
static noinline void __init kmalloc_oob_left(void)
{
    char *ptr;
    size_t size = 15;

    pr_info("out-of-bounds to left\n");
    ptr = kmalloc(size, GFP_KERNEL);
    *ptr = *(ptr - 1);
    kfree(ptr);
}
```

3）Krealloc 扩大/缩小后越界访问。

```
static noinline void __init kmalloc_oob_krealloc_more(void)
{
    char *ptr1, *ptr2;
    size_t size1 = 17;
    size_t size2 = 19;

    pr_info("out-of-bounds after krealloc more\n");
    ptr1 = kmalloc(size1, GFP_KERNEL);
    ptr2 = krealloc(ptr1, size2, GFP_KERNEL);
    if (!ptr1 || !ptr2) {
        pr_err("Allocation failed\n");
        kfree(ptr1);
        return;
    }

    ptr2[size2] = 'x';
    kfree(ptr2);
```

```
}
```

4）全局变量越界访问。

```
static char global_array[10];

static noinline void __init kasan_global_oob(void)
{
    volatile int i = 3;
    char *p = &global_array[ARRAY_SIZE(global_array) + i];

    pr_info("out-of-bounds global variable\n");
    *(volatile char *)p;
}
```

5）堆栈越界访问。

```
static noinline void __init kasan_stack_oob(void)
{
    char stack_array[10];
    volatile int i = 0;
    char *p = &stack_array[ARRAY_SIZE(stack_array) + i];

    pr_info("out-of-bounds on stack\n");
    *(volatile char *)p;
}
```

以上几种越界访问都会导致严重的问题。

下面是一个越界访问的例子，KASAN 捕捉到的调试信息如下。

```
/ # insmod slub.ko
figo: my module init
=========
BUG: KASAN: slab-out-of-bounds in my_test_init+0x88/0xe8 [slub] at addr
ffffffc067e48aff
Read of size 1 by task insmod/676
========
BUG kmalloc-128 (Tainted: G          O   ): kasan: bad access detected
------------------------------------------------------------------------
---

Disabling lock debugging due to kernel taint
INFO: Slab 0xffffffbdc29f9200 objects=16 used=9 fp=0xffffffc067e48a00
flags=0x0080
INFO: Object 0xffffffc067e48a00 @offset=2560 fp=0xffffffc067e48900

Bytes b4 ffffffc067e489f0: 00 00 00 00 00 00 00 00 00 00 00 00 00 00 00
00 ...............
Object ffffffc067e48a00: 00 89 e4 67 c0 ff ff ff 00 00 00 00 00 00 00
00 ...g............
Object ffffffc067e48a10: 00 00 00 00 00 00 00 00 00 00 00 00 00 00 00 00
Padding ffffffc067e48af0: 00 00 00 00 00 00 00 00 00 00 00 00 00 00 00
00 ...............
CPU: 0 PID: 676 Comm: insmod Tainted: G    B     O    4.4.0 #6
```

```
Hardware name: linux,dummy-virt (DT)
Call trace:
[<ffffffc00008dc70>] dump_backtrace+0x0/0x270
[<ffffffc00008def4>] show_stack+0x14/0x20
[<ffffffc000604e30>] dump_stack+0x100/0x188
[<ffffffc0002b0568>] print_trailer+0xf8/0x160
[<ffffffc0002b547c>] object_err+0x3c/0x50
[<ffffffc0002b72d8>] kasan_report_error+0x240/0x558
[<ffffffc0002b7638>] __asan_report_load1_noabort+0x48/0x50
[<ffffffbffc008088>] my_test_init+0x88/0xe8 [slub]
[<ffffffc00008289c>] do_one_initcall+0x11c/0x310
[<ffffffc00020ad8c>] do_init_module+0x1cc/0x588
[<ffffffc0001c0838>] load_module+0x4070/0x5c40
[<ffffffc0001c25b0>] SyS_init_module+0x1a8/0x1e0
[<ffffffc0000864b0>] el0_svc_naked+0x24/0x28
Memory state around the buggy address:
 ffffffc067e48980: fc fc fc fc fc fc fc fc fc fc fc fc fc fc fc fc
====
/ #
```

kasan 提示这是一个越界访问的错误类型（slab-out-of-bounds），并显示出错的函数名称和出错位置，为开发者修复问题提供便捷。

kasan 比 slub_debug 要高效得多，并且支持的内存错误访问类型更多。缺点是 kasan 需要比较新的内核（Linux 4.0 以上，Linux 4.4 才支持 ARM64[①]）和比较新的 GCC 编译器（GCC-4.9.2 以上）。

11.6.4 实验 16：使用 valgrind 检查内存泄漏

1. 实验目的
通过本实验学会使用 valgrind 工具来检测应用程序的内存泄漏情况。

2. 实验步骤
valgrind 是 Linux 上一套基于仿真技术的程序调试和分析工具，可以用来检测内存泄漏和内存越界等功能，valgrind 内置了很多功能。

❑ memcheck：检查程序中的内存问题，如泄漏、越界、非法指针等。

❑ callgrind：检测程序代码覆盖，以及分析程序性能。

❑ cachegrind：分析 CPU 的缓存命中率、丢失率，用于进行代码优化。

❑ helgrind：用于检查多线程程序的竞态条件。

❑ massif：堆栈分析器，指示程序中使用了多少堆内存等信息。

---

① 直到 Linux 4.9，kasan 仍然没有支持 ARM32 架构。

本实验采用 memcheck 来检查应用程序的内存泄漏的情况，下面人为制造一个内存泄漏的测试程序。

```c
#include <stdio.h>

void test(void)
{
    int *buf =(int *)malloc(10 * sizeof(int));
    buf[10] = 0x55;
}

int main(){
    test();
    return 0;
}
```

编译这个测试程序。

```
$ gcc -g -O0 valgrind_test.c -o valgrind_test
```

使用 valgrind 进行检查。

```
benshushu@ubuntu:~/work$ valgrind --leak-check=yes ./valgrind_test
==4160== Memcheck, a memory error detector
==4160== Copyright (C) 2002-2015, and GNU GPL'd, by Julian Seward et al.
==4160== Using Valgrind-3.11.0 and LibVEX; rerun with -h for copyright info
==4160== Command: ./valgrind_test
==4160==
==4160== Invalid write of size 4
==4160==    at 0x400544: test (valgrind_test.c:6)
==4160==    by 0x400555: main (valgrind_test.c:10)
==4160==  Address 0x5204068 is 0 bytes after a block of size 40 alloc'd
==4160==    at 0x4C2DB8F: malloc (in
/usr/lib/valgrind/vgpreload_memcheck-amd64-linux.so)
==4160==    by 0x400537: test (valgrind_test.c:5)
==4160==    by 0x400555: main (valgrind_test.c:10)
==4160==
==4160==
==4160== HEAP SUMMARY:
==4160==     in use at exit: 40 bytes in 1 blocks
==4160==   total heap usage: 1 allocs, 0 frees, 40 bytes allocated
==4160==
==4160== 40 bytes in 1 blocks are definitely lost in loss record 1 of 1
==4160==    at 0x4C2DB8F: malloc (in
/usr/lib/valgrind/vgpreload_memcheck-amd64-linux.so)
==4160==    by 0x400537: test (valgrind_test.c:5)
==4160==    by 0x400555: main (valgrind_test.c:10)
==4160==
==4160== LEAK SUMMARY:
==4160==    definitely lost: 40 bytes in 1 blocks
==4160==    indirectly lost: 0 bytes in 0 blocks
==4160==      possibly lost: 0 bytes in 0 blocks
==4160==    still reachable: 0 bytes in 0 blocks
==4160==         suppressed: 0 bytes in 0 blocks
==4160==
==4160== For counts of detected and suppressed errors, rerun with: -v
==4160== ERROR SUMMARY: 2 errors from 2 contexts (suppressed: 0 from 0)
```

可以看到 valgrind 找到两个错误。

- ❑ 第 6 行代码存在无效的写入数据即越界访问。
- ❑ 内存泄漏，分配了 40 字节没有释放。

11.7　实验 17：kdump

kdump 是系统崩溃时用来把内存的内容进行转移存储的一个工具。kdump 会配置两个内核：一个是正常使用的内核（或者称为 production kernel），另一个是 crash dump 内核（或者称为 capture kernel）。它在 2006 年被合并到 Linux 内核社区里，kdump 会在内存中保留一块区域，这个区域用来存放 capture kernel。当正常内核在运行过程中遇到崩溃等情况时，kdump 会通过 kexec 机制自动启动到 crash dump 内核，这时会绕过 BIOS，以免破坏了第一个内核的内存，然后把 production kernel 的完整信息包括 CPU 寄存器、堆栈数据等转存储到指定文件中。

1．实验目的

1）学会使用 kdump 来定位崩溃等问题。

2）学习在 Ubuntu 16.04 上使用 kdump[①]。

2．实验步骤

1）安装和配置 kernel crash dump 工具。

```
$ sudo apt install linux-crashdump
```

修改/etc/default/kdump-tools 文件并使能显示 USE_KDUMP 选项。

```
USE_KDUMP=1
```

然后重启电脑。

2）检查 kdump 是否配置成功。

```
benshushu@benshushu:~/work/kdump_test$ kdump-config show
DUMP_MODE:        kdump
USE_KDUMP:        1
KDUMP_SYSCTL:     kernel.panic_on_oops=1
KDUMP_COREDIR:    /var/crash
crashkernel addr: 0x
   /var/lib/kdump/vmlinuz: symbolic link to /boot/vmlinuz-4.4.0-121-generic
kdump initrd:
   /var/lib/kdump/initrd.img: symbolic link to
```

[①] 截至 2018 年 6 月，在优麒麟 Linux 18.04（包括 Ubuntu 18.04）上使用 kdump 功能依然有问题，如 crash 工具加载备份文件不成功，因此本实验建议在 Ubuntu 16.04 上进行。另外，本实验需要在实际物理机器上操作，在 VMware 等虚拟机上会有问题。

```
/var/lib/kdump/initrd.img-4.4.0-121-generic
current state:    ready to kdump

kexec command:
  /sbin/kexec -p --command-line="BOOT_IMAGE=/boot/vmlinuz-4.4.0-121-generic
root=UUID=c5f69241-d0d3-4174-9604-2935a6d11e7e ro irqpoll noirqdistrib
nr_cpus=1 nousb systemd.unit=kdump-tools.service"
--initrd=/var/lib/kdump/initrd.img /var/lib/kdump/vmlinuz
```

若上面的"current state"显示不成功，可以通过如下命令查看原因。

```
$ sudo service kdump-tools status
```

比较常见的原因是给 crashkernel 配置的内存比较少，此时可以增大内存。修改 /etc/default/grub.d/kdump-tools.cfg 文件。

```
GRUB_CMDLINE_LINUX_DEFAULT="$GRUB_CMDLINE_DEFAULT crashkernel=384M-:128M"
```

上述 crashkernel=384M-:128M，表示当系统内存大于 384MB 时给 crashkernel 预留 128MB 的内存，我们可以把 128MB 内存修改成 256MB。若读者在实验过程中发现 kdump 机制没有办法捕捉到系统的崩溃信息，可以适当增加 crashkernel 的内存大小。

3）下载和安装包含对应的 Linux 内核的符号信息的 deb 包。

首先检查当前内核版本。

```
benshushu@benshushu:~$ uname -a
Linux benshushu 4.4.0-121-generic #44~16.04.1-Ubuntu SMP Thu Apr 5 16:43:10
UTC 2018 x86_64 x86_64 x86_64 GNU/Linux
```

由上面信息可知道当前运行的内核版本是 4.4.0-121-generic，运行的处理器是 x86_64。对应的 dbgsym 软件包如图 11.7 所示。

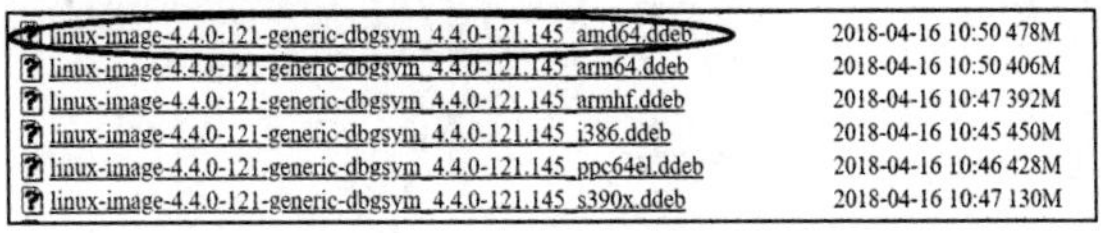

linux-image-4.4.0-121-generic-dbgsym_4.4.0-121.145_amd64.ddeb	2018-04-16 10:50 478M
linux-image-4.4.0-121-generic-dbgsym_4.4.0-121.145_arm64.ddeb	2018-04-16 10:50 406M
linux-image-4.4.0-121-generic-dbgsym_4.4.0-121.145_armhf.ddeb	2018-04-16 10:47 392M
linux-image-4.4.0-121-generic-dbgsym_4.4.0-121.145_i386.ddeb	2018-04-16 10:45 450M
linux-image-4.4.0-121-generic-dbgsym_4.4.0-121.145_ppc64el.ddeb	2018-04-16 10:46 428M
linux-image-4.4.0-121-generic-dbgsym_4.4.0-121.145_s390x.ddeb	2018-04-16 10:47 130M

图11.7　ubuntu系统内核符号表

然后安装：

```
$ sudo dpkg -i linux-image-4.4.0-121-generic-dbgsym_4.4.0-121.145_amd64.ddeb
```

安装完成之后的 vmlinux 会在 /use/lib/debug/boot 目录下面。

```
benshushu@benshushu:/usr/lib/debug/boot$ ls
vmlinux-4.4.0-121-generic
```

或者按照如下命令进行安装。

先添加相应的软件包源。

```
$ sudo apt-key adv --keyserver keyserver.ubuntu.com --recv-keys
C8CAB6595FDFF622

$ sudo tee /etc/apt/sources.list.d/ddebs.list << EOF
deb http://ddebs.ubuntu.com/ $(lsb_release -cs)          main restricted
universe multiverse
deb http://ddebs.ubuntu.com/ $(lsb_release -cs)-security main restricted
universe multiverse
deb http://ddebs.ubuntu.com/ $(lsb_release -cs)-updates  main restricted
universe multiverse
deb http://ddebs.ubuntu.com/ $(lsb_release -cs)-proposed main restricted
universe multiverse
EOF
```

再安装内核对应的 dbgsym 软件包。

```
$ sudo apt-get update
$ sudo apt-get install linux-image-$(uname -r)-dbgsym
```

4）编写一个内核模块进行测试。

```c
#include <linux/kernel.h>
#include <linux/module.h>
#include <linux/init.h>

static void create_oops(void)
{
    struct vm_area_struct *vma = NULL;
    unsigned long flags;

    flags = vma->vm_flags;
    printk("flags=0x%lx\n", flags);
}
static int __init my_oops_init(void)
{
    printk("oops module init\n");
    create_oops();
    return 0;
}

static void __exit my_oops_exit(void)
{
    printk("goodbye\n");
}
module_init(my_oops_init);
module_exit(my_oops_exit);
```

在 create_oops() 函数里引用了一个 vma 数据结构的空指针，读取 vma→vm_flags 成员的值，这样必然会引起空指针错误。我们希望通过这个例子学习如何使用 kdump 和 crash 工具来分析和定位问题。

编写一个 Makefile。

```
BASEINCLUDE ?= /lib/modules/$(shell uname -r)/build
oops-objs := oops_test.o
KBUILD_CFLAGS +=-g
```

```
obj-m    :=  oops.o
all :
    $(MAKE) -C $(BASEINCLUDE) M=$(PWD) modules;

clean:
    $(MAKE) -C $(BASEINCLUDE) M=$(PWD) clean;
    rm -f *.ko;
```

输入 make 命令将其编译成内核模块。

```
$ make
```

5）加载内核模块。

```
$ sudo insmod oops.ko
```

加载 oops.ko 内核模块之后，系统会触发 oop 错误并且重启到 capture kernel 进行调试信息的转存。转存储完成之后，系统会自动重启到 production kernel。

6）启动 crash 工具进行调试。

内核 crash 信息会转存到/var/crash/目录下面，并且会以崩溃的时间来建目录。

```
benshushu@benshushu:/var/crash$ ls
201805030820  kexec_cmd
```

crash 是一个用来分析内核转存文件（kdump 生成的 dump 文件）的工具。通过如下命令来启动 crash 工具。

```
root@benshushu:~# crash /usr/lib/debug/boot/vmlinux-4.4.0-121-generic
/var/crash/201805030820/dump.201805030820

crash 7.1.4
Copyright (C) 2002-2015  Red Hat, Inc.
GNU gdb (GDB) 7.6
This GDB was configured as "x86_64-unknown-linux-gnu"...

      KERNEL: /usr/lib/debug/boot/vmlinux-4.4.0-121-generic
    DUMPFILE: /var/crash/201805030820/dump.201805030820  [PARTIAL DUMP]
        CPUS: 8
        DATE: Thu May  3 08:19:56 2018
      UPTIME: 00:05:55
LOAD AVERAGE: 1.33, 0.87, 0.46
       TASKS: 422
    NODENAME: benshushu
     RELEASE: 4.4.0-121-generic
     VERSION: #145-Ubuntu SMP Fri Apr 13 13:47:23 UTC 2018
     MACHINE: x86_64  (3400 Mhz)
      MEMORY: 7.7 GB
       PANIC: "BUG: unable to handle kernel NULL pointer dereference at
0000000000000050"
         PID: 3150
     COMMAND: "insmod"
        TASK: ffff8800c80f1c00  [THREAD_INFO: ffff8801fdbe4000]
         CPU: 7
       STATE: TASK_RUNNING (PANIC)
```

```
crash>
```

从上面的日志可以看到，这里错误的原因是 "BUG: unable to handle kernel NULL pointer dereference at 0000000000000050"，也就是引用了空指针而导致的错误。

使用 bt（backtrace）命令来查看系统崩溃前的堆栈等信息。

```
crash> bt
PID: 3150   TASK: ffff8800c80f1c00  CPU: 7   COMMAND: "insmod"
 #0 [ffff8801fdbe7930] machine_kexec at ffffffff8105d6ab
 #1 [ffff8801fdbe7990] crash_kexec at ffffffff81111792
 #2 [ffff8801fdbe7a60] oops_end at ffffffff81031cf9
 #3 [ffff8801fdbe7a88] no_context at ffffffff8106bfa5
 #4 [ffff8801fdbe7ae8] __bad_area_nosemaphore at ffffffff8106c270
 #5 [ffff8801fdbe7b30] bad_area at ffffffff8106c443
 #6 [ffff8801fdbe7b58] __do_page_fault at ffffffff8106c96b
 #7 [ffff8801fdbe7bb0] do_page_fault at ffffffff8106ca32
 #8 [ffff8801fdbe7bd0] page_fault at ffffffff81852198
    [exception RIP: _MODULE_INIT_START_oops+16]
    RIP: ffffffffc012a010  RSP: ffff8801fdbe7c88  RFLAGS: 00010282
    RAX: 0000000000000010  RBX: ffffffff81e13080  RCX: 0000000000000006
    RDX: 0000000000000000  RSI: 0000000000000246  RDI: ffff88021fbd0550
    RBP: ffff8801fdbe7c88   R8: 000000000000000a   R9: 00000000000002f8
    R10: ffffea00085786c0  R11: 00000000000002f8  R12: ffff880215e1bf00
    R13: 0000000000000000  R14: ffffffffc012a000  R15: ffff880214d5f240
    ORIG_RAX: ffffffffffffffff  CS: 0010  SS: 0018
 #9 [ffff8801fdbe7c90] do_one_initcall at ffffffff81002135
#10 [ffff8801fdbe7d10] do_init_module at ffffffff811917a5
#11 [ffff8801fdbe7d38] load_module at ffffffff8110db8e
#12 [ffff8801fdbe7ea0] SYSC_finit_module at ffffffff8110e374
#13 [ffff8801fdbe7f40] sys_finit_module at ffffffff8110e3be
#14 [ffff8801fdbe7f50] entry_SYSCALL_64_fastpath at ffffffff8184f788
    RIP: 00007fd53b0004d9  RSP: 00007ffc0f07f128  RFLAGS: 00000206
    RAX: ffffffffffffffda  RBX: 00007fd53b2c3b20  RCX: 00007fd53b0004d9
    RDX: 0000000000000000  RSI: 0000559b6de3e26b  RDI: 0000000000000003
    RBP: 0000000000001011   R8: 0000000000000000   R9: 00007fd53b2c5ea0
    R10: 0000000000000003  R11: 0000000000000206  R12: 00007fd53b2c3b78
    R13: 00007fd53b2c3b78  R14: 000000000000270f  R15: 00007fd53b2c41a8
    ORIG_RAX: 0000000000000139  CS: 0033  SS: 002b
crash>
```

我们从堆栈信息可以看到出错地点，RIP 是造成内核崩溃的指令，另外显示了函数调用栈信息。如上面显示 RIP 出错的地方是 "[exception RIP: _MODULE_INIT_START_oops+16]"，地址是在 0xffffffffc012a010。使用 mod 命令来加载 oops.ko 的符号表。

```
crash> mod -s oops /home/benshushu/work/kdump_test/oops.ko
   MODULE        NAME              SIZE OBJECT FILE
ffffffffc00fc000  oops             16384
/home/benshushu/work/kdump_test/oops.ko
```

这时可以使用 dis 命令看查看汇编。

```
crash> dis -l ffffffffc012a010
0xffffffffc012a010 <_MODULE_INIT_START_oops+16>:        mov    0x50,%rsi
```

　　从上面汇编可以看到出错的汇编代码是 mov 0x50,%rsi。

　　下面来看 struct vm_area_struct 数据结构，可以使用崩溃工具的 struct 命令。

```
    crash> struct vm_area_struct -o
struct vm_area_struct {
   [0] unsigned long vm_start;
   [8] unsigned long vm_end;
  [16] struct vm_area_struct *vm_next;
  [24] struct vm_area_struct *vm_prev;
  [32] struct rb_node vm_rb;
  [56] unsigned long rb_subtree_gap;
  [64] struct mm_struct *vm_mm;
  [72] pgprot_t vm_page_prot;
  [80] unsigned long vm_flags;
       struct {
           struct rb_node rb;
           unsigned long rb_subtree_last;
  [88] } shared;
 [120] struct list_head anon_vma_chain;
 [136] struct anon_vma *anon_vma;
 [144] const struct vm_operations_struct *vm_ops;
 [152] unsigned long vm_pgoff;
 [160] struct file *vm_file;
 [168] struct file *vm_prfile;
 [176] void *vm_private_data;
 [184] struct mempolicy *vm_policy;
 [192] struct vm_userfaultfd_ctx vm_userfaultfd_ctx;
}
SIZE: 200
```

　　本例中是访问 vma->vm_flags 成员。这个成员在数据结构中的偏移是 80 字节，也就是 0x50，因此结合代码来看就非常清楚了。对照源码和上述汇编代码比较，这里的 rsi 寄存器存放着 struct vm_area_struct 数据结构的内容，使用 struct 命令来查看 rsi 寄存器的内容。

```
crash> struct vm_area_struc 0000000000000246
struct: invalid kernel virtual address: 0000000000000246
```

　　说明 rsi 寄存器指向一个无效的地址，所以导致系统发生 OOPS 错误。

　　另外，我们可以把 oops.o 文件进行反汇编。

```
$objdump -S oops.o > dump
```

　　打开备份文件，我们可以看到和刚才汇编对应的地方。

```
static int __init my_oops_init(void)
{
  8:    48 89 e5              mov    %rsp,%rbp
   printk("oops module init\n");
  b:    e8 00 00 00 00        callq  10 <init_module+0x10>
{
   struct vm_area_struct *vma = NULL;
   unsigned long flags;
```

```
    flags = vma->vm_flags;
    printk("flags=0x%lx\n", flags);
10:     48 8b 34 25 50 00 00        mov      0x50,%rsi
17:     00
18:     48 c7 c7 00 00 00 00        mov      $0x0,%rdi
1f:     e8 00 00 00 00             callq    24 <init_module+0x24>
```

11.8　性能和测试

11.8.1　性能测试概述

在实际产品开发过程中，性能和功耗往往是一对矛盾体，需要在它们两个当中做一些折中和取舍。很多公司都有专门的团队做性能和功耗的优化，性能和功耗在很多公司里面简称为 PnP（Performance and Power）。如何在一个产品的开发周期中保证性能和功耗这两个指标不会有很多的倒退呢？这是项目管理上的一个挑战。从技术的角度来看，我们需要针对产品特性来提出很多细化的性能指标和功耗指标，这可以称为 KPI（Key Performance Indicator）。以一个传统的 Linux 为核心的产品来说，性能指标可以包括 CPU 性能、GPU 性能、I/O 性能、网络性能等，功耗指标包括待机功耗、待机电流、播放 MP3 时长、观看视频时长等指标。测量功耗需要涉及很多硬件设备，因此本章不再阐述。

常见的测试 Linux 性能的工具如表 11.8 所示。

表 11.8　常见的 Linux 性能测试工具

项　　目	描　　述
kernel-selftests	在内核源代码目录自带的一个测试程序
perf-bench	perf工具自带的测试程序。包含对内存、调度等测试用例
phoronix-test-suit	综合性能测试程序
sysbench	综合的性能测试套件。包含对CPU、内存、多线程等测试
unixbench	综合性能测试套件，一套传统的UNIX系统的测试程序
pmbench	用来测试内存性能的小工具
iozone	用来测试文件系统性能的工具
AIM7	一套来自UNIX系统的测试系统底层性能的工具
iperf	用来测试网络性能的工具
linpack	用来测试CPU的浮点运算的性能
vm-scalability	用来测试Linux内核内存管理模块的扩展性
glbenchmark	用来测试GPU性能
GFXbenchmark	用来测试GPU性能
DBENCH	用来测试I/O性能

11.8.2　实验 18：使用 lkp-tests 工具进行性能测试

1. 实验目的

通过实验学习使用 lkp-tests 工具对 Linux 系统进行性能评估和分析，以便以后运用到实际工作中。

2. 实验详解

lkp-tests 项目是由 Intel 公司工程师创建的一个项目，该项目目前只能在 x86 平台上运行。lkp-tests 项目集成了很多性能测试工具和实用的测试脚本，很多测试用例一直运用在 Linux 内核社区的开发和测试中，比如内存性能测试 vm-scalability、综合性能测试 AIM7 等。

1）下载安装 lkp-tests。

```
git clone https://github.com/01org/lkp-tests.git
cd lkp-tests
sudo make install
```

安装需要的依赖包。

```
$ sudo lkp install
```

2）选择和安装某一项测试。

lkp-tests 项目支持的测试用例很多，读者可以查看 jobs 目录。

```
$ ls jobs/
dd-write.yaml                        phoronix-test-suite.yaml
debug.yaml                           piglit-all.yaml
```

3）如果对 dd-write 测试感兴趣，需要通过如下命令安装和测试。

```
$ lkp split-job jobs/dd-write.yaml
jobs/dd-write.yaml => ./dd-write-10m-1HDD-ext4-2dd-4k.yaml
```

运行测试：

```
sudo lkp run ./dd-write-10m-1HDD-ext4-2dd-4k.yaml
```

4）运行完之后，结果在/lkp/result 目录下面。lkp-tests 会默认收集很多信息，比如内核日志信息、ftrace 信息等。

第**12**章

开源社区

开源软件（Free Software）从 20 世纪 80 年代诞生以来，就像星星之火，今天已经成为软件开发行业的中坚力量。2018 年，微软收购了开源软件托管平台 GitHub，这让开源软件变得越来越重要。本章为读者介绍开源软件的历史、Linux 内核社区的发展、参与开源软件的必要性以及如何参与开源软件。

12.1　什么是开源社区

12.1.1　开源软件的发展历史

20 世纪 60 年代，IBM 等一些大公司开发的软件都是免费提供，并且提供源代码，因为那时候它们主要是以卖计算机硬件为主要收入。随着后来硬件价格不断降价，销售硬件的利润变小了，IBM 等厂商开始尝试单独销售软件。

1983 年，理查德（Richard Stallman）发起了 GNU（GUN's Not UNIX）项目，目标是开发一个开源和自由的类似 UNIX 的操作系统。GNU 项目的创立，标志了自由软件运动的开始。理查德毕业于哈佛大学，是麻省理工学院人工智能实验室的一名软件工程师。他开发了多种影响深远的软件，其中包括著名的代码编辑器 Emacs。理查德对一些公司试图以专利软件来取代实验室中免费自由的软件感到气愤，于是发表了著名的《GNU 宣言》，要创造一套完全免费且自由兼容 UNIX 的操作系统。1985 年 10 月，理查德又创立了自由软件基金会（Free Software Foundation, FSF）。1989 年，理查德起草了广为使用的 GNU 通用公共协议证书（GNU General Public License，GPL 许可证）。GNU 计划中除了最关键的 Hurd 操作系统内核之外，其他大部分软件都已经实现。

1991 年，芬兰大学生 Linus Torvalds 在 386sx 兼容微机上学习了 Minux 操作系统源代码，随后开始着手开发一个类似 UNIX 的操作系统，这就是 Linux 的雏形。1991 年 10 月 5 日，Linus Torvalds 在 comp.os.minix 新闻组上发布新闻，正式对外宣告 Linux 内核诞生。自此，开源软件变得一发不可收拾。在后来的 20 多年中，Linux 内核作为操作系统领域中的霸主，带动了其他开源软件的发展。

12.1.2 Linux 基金会

2000 年，由开源软件发展实验室（Open Source Development Labs）和自由标准组织（Free Standards Group）联合成立 Linux 基金会。Linux 基金会是一个非营利性的联盟，旨在协调和推动 Linux 系统的发展。最近几年，越来越多的中国企业也加入了 Linux 基金会的大家庭。目前，Linux 基金会旗下的开源软件由原来的 Linux 内核延伸到了其他领域的开源项目，如 Intel 公司捐赠的用于嵌入式系统的虚拟化软件 ACRN、SDN 方面的 OpenDayLight、容器方面的 Open Container Initiative、网络加速 DPDK 等。

12.1.3 开源协议

开源社区里一直存在各种各样的开源协议（也称为开源许可证），其中广泛使用的有如下 3 个。

（1）GPL 许可证

GPL 许可证是在 1989 年发布的，其目的是防止阻碍自由软件的行为。这些行为主要体现在两方面，一是软件发布者只发布软件的二进制文件而不发布源代码，二是软件发布者在软件许可证加入限制条款。所以，采用 GPL 许可证的软件，如果发布可执行的二进制代码，就必须同时发布源代码。

GPL 提出了和版权（Copyright）完全相反的概念（Copyleft）。GPL 协议的核心是公共许可证，也就是遵循 GPL 的软件是公共的，不存在版权问题。

GPL 的另一个特点就是"传染性"，也就是一个软件中使用了 GPL 协议的代码，那么该软件也必须采用 GPL 协议，也就是必须开源。

1991 年，GPL 协议有了第二个版本，也就是 GPL v2。该版本协议最大的特点是，当一个软件采用了部分的 GPL 协议相关的软件，那么这个软件整体就必须采用 GPL 协议，并且软件作者不能附加额外的许可证上的限制。

2005 年，理查德开始修订 GPL 协议的第三版，这个版本和 GPL v2 最大的区别是增加了很多条款。下面是 GPL v2 和 GPL v3 的主要区别。

- ❑ 任何公司或者实体以 GPL v3 协议发布软件，那么它将永远以 GPL v3 协议发布，并且原专利拥有者在任何时候不具备收取专利费的权力。
- ❑ 专利报复条款。禁止发布软件的公司或者实体向被许可人发起专利诉讼。
- ❑ Tivo 化。Tivo 化是指某些设备不允许修改设备内安装的 GPL 软件，一旦用户对软件修改，这些设备就会自动关闭。目前很多消费电子产品集成了 GPL 软件，生产商为了保护设备可靠性和商业机密不允许用户对软件进行修改，但是 GPL v3 否决了这些行为。

（2）BSD 许可证

BSD 许可证（Berkeley Software Distribution License）也是自由软件中使用广泛的许可证之一。BSD 许可证给使用者很大的自由度，使用者可以自由使用、修改源代码，也可以将修改后的作为开源或者专用软件再发布，它比 GPL 协议宽松很多。

BSD 协议允许商业公司基于 BSD 协议的软件进行二次开发和销售，而且也没有强制要求公开修改后的源代码，但是有如下几个要求。

- 如果要公布源代码，那么引用了 BSD 协议的代码部分也必须包含 BSD 协议。
- 如果发布的是二进制，那么在软件版权声明中包含引用部分的 BSD 协议。
- 不可以使用开源代码的作者或者单位名称和引用的软件名字做市场推广。

（3）Apache 许可证

Apache 许可证是非营利开源组织 Apache 制定和采用的协议。该协议和 BSD 类似，同样鼓励代码共享和尊重原作者的著作权，同样允许代码修改和再发布（可以是开源软件或者商业软件）。Apache 许可证也是对商业应用友好的许可证，使用者也可以在需要时修改代码来满足需要并作为开源或商业产品发布和销售。

常见的开源协议的主要差异如图 12.1 所示。

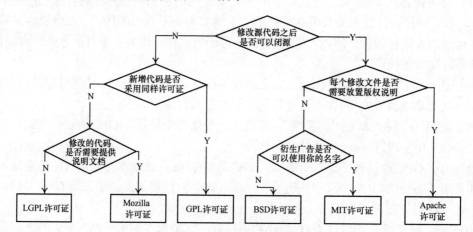

图12.1　常见开源协议主要差异

很多读者对开源协议，特别是 GPL 协议有不少误解，如开源软件就一定要免费。虽然开源软件在英文中称为 free software，但这里 free 不是免费的意思，而是自由的意思。很多开源软件公司基于开源软件提供了企业或者收费版本，如 RedHat 公司的 RedHat Enterprise Linux 发行版，它是可以免费获得的，但是它同时是提供增值的收费咨询服务的。开源协议只是保护软件自由的一个协议，强调的是开源，与钱和商业无关。因此，如果你使用和修改了 GPL 软件，那么你的软件也必须要开源，否则就不能使用 GPL 软件，但是你是否把这些软件进行商业用途和 GPL 协议没有关系。

12.1.4　Linux 内核社区

从 1991 年 Linux 内核第一个版本发布至今（2018 年）已经有 27 个年头，从一个学生的业余项目发展到操作系统领域的霸主，Linux 内核社区的发展速度惊人。

Linux 内核从最早的不到 1 万行代码，发展到 2017 年已经远超 2400 万行代码，代码增长的曲线图如图 12.2 所示，横轴是时间，纵轴是 Linux 内核的代码行数。

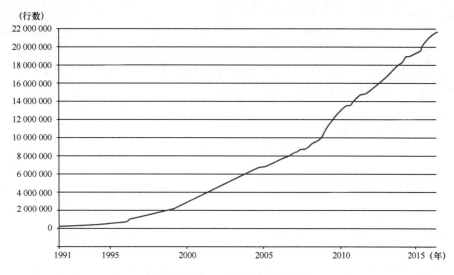

图12.2　Linux内核代码行数增加

Linux 内核从最早的 1 个开发者，到了 2017 年有 1000 多名活跃的开发者，全球有 200 多家公司参与，具体如表 12.1 所示。

表 12.1　Linux 内核开发参与人数和公司数量

内核版本	开发人数	参与公司数量
4.8	1 597	262
4.9	1 729	270
4.10	1 680	273
4.11	1 741	268
4.12	1 821	274
4.13	1 681	225

可见有越来越多的科技公司参与到 Linux 内核社区的开发和建设中。

12.1.5　国内开源社区

开源运动是在 20 世纪 90 年代传入中国的,后来就在中国生根发芽。现在国内喜欢开源的程序员已经非常多,他们不仅仅活跃在 Linux 内核社区,还活跃在很多其他社区,如 PHP 社区、DPDK 社区、OpenStack 社区等。

Linus Torvalds 组织开发的版本软件管理工具 git 让开源运动越来越流行。2008 年,一个面向以 git 为软件版本管理工具的开源和私有软件项目托管平台 GitHub 上线。10 年后,GitHub 被微软以 76 亿美元收购,可见开源运动的价值。

很多程序员抱怨在国内使用 GitHub 时速度太慢,不适合国内开源爱好者的沟通和交流,因此一个生根于本土的开源项目托管平台 Gitee 越来越得到国内开发者的喜欢。Gitee 可以提供更快的访问速度和更大的免费托管空间,最重要的是国内开发者可以在 Gitee 上交流开源心得,使得国内开源运动越来越受欢迎。

12.2　参与开源社区

12.2.1　参与开源项目的好处

从前面的内容可以知道,开源项目必须把源代码公开,而且不少公司高薪聘请开发人员专门维护开源项目。为什么有些公司愿意投入人力和物力去搞开源项目呢?

- ❑ 获取竞争优势以及提升品牌形象。很多企业参与开源项目是为了在某个开源项目中获得更大的话语权,这样有利于提升在某个领域的品牌形象,如不少芯片公司研发的最新芯片都会第一时间提交补丁到 Linux 内核社区,让 Linux 内核第一时间支持这些最新的科技。
- ❑ 降低开发成本。很多企业把原来内部开发的一些项目变成开源项目,这样能接触到更多的开发者群体。开源项目由原来内部的研发团队参与,变成了全世界的开发者都可以参与。许多不同行业、不同背景的开发者可以从不同角度贡献代码,这让项目变得更好。
- ❑ 提升代码质量。很多成功的开源项目的代码质量是非常高的,通过开源,众多开发者可以互相协助,一起提升代码质量。

除了企业之外,还有很多开源爱好者参与开源项目。Linux 内核中的进程调度器领域,曾经有一位著名的开源爱好者叫 Con Kolivas,他的主业是一名麻醉师,利用业余时间对 Linux 内核的进程调度器进行创新性的修改。Con Kolivas 一直关注 Linux 在桌面电脑的表现,并提出了 SD 公平调度算法。这种算法虽然没有被 Linux 内核社区接受，但是后来的 CFS 调度器采用了他的一些设计灵感。后来 Con Kolivas 提出了 BFS 调度器，得到 Andord 社区的一致好评。参与开源社区会使个人得到全方面的提升。

- ❑ 提升综合开发能力。参与开源项目可以不断获取经验，促进自己持续学习新知识，进一步丰富知识结构。很多开发者都把注意力集中在功能实现上，忽略了代码质量和代码规范，而成熟的开源社区都有严格的代码风格规范，这无疑训练了读者的代码编写能力。另外，成熟的开源社区专家众多，参与其中能学习到很多方面的东西。
- ❑ 提高英语能力。成熟的开源项目都是以英语为主要交流语言。
- ❑ 激发工作激情。参与开源项目是一种乐趣，当你的补丁被社区接受时，能体会到一种成就感。
- ❑ 获取更多的工作机会。国内外的众多公司都参与开源项目，在开源社区中活跃的读者更容易得到知名科技公司的青睐。

12.2.2 如何参与开源项目

开源软件已经改变了整个计算机行业。最近火热的 RISC-V 社区在推动开源硬件的发展，因此参与开源项目成为一种潮流。不少读者对参与开源项目有一些顾虑比如自己能力不行，没有足够时间，抑或不知道自己适合什么项目。

其实参与开源项目不仅是开发和贡献代码，还包括文档编写、测试、宣传等工作，因此读者可以打消能力不足的顾虑。开源社区里有众多好的开源项目，不仅仅只有 Linux 内核，还包括如 Java、云计算等领域，甚至包括其他行业的专业软件，如 3D 绘图软件 Blender。读者可以选择一个自己感兴趣的开源软件开启开源旅途。

下面给出参与成熟开源项目的一些建议。

（1）订阅邮件列表

大部分成熟的开源项目都是通过邮件列表来沟通的。Linux 内核作为一个成熟的开源项目，它有一个核心的邮件列表叫作内核邮件列表（Linux Kernel Mailing List，LKML），是内核开发者进行发布、讨论、技术辩论的主场地。有兴趣的读者可以订阅这个邮件列表，订阅办法如下。

发送如下信息到 majordomo@vger.kernel.org 中：

```
subscribe linux-kernel <your@email.com>
```

LKML 具有综合性，包含内核所有的模块，每天会有几百封邮件。如果读者对 Linux 内核的某个模块感兴趣，可以订阅某个模块的邮件列表，如图 12.3 所示。

Majordomo lists at VGER.KERNEL.ORG

REMEMBER: Subscription to these lists go via <majordomo@vger.kernel.org> !

Note about archives: Listed archives are those that have been reported to vger's maintainers, or that we have found out otherwise. As things are, *list of archives is not complete.*

alsa-devel, autofs, backports, ceph-devel, cgroups, cpufreq, dash, dccp, devicetree-compiler, devicetree-spec, devicetree, dmaengine, dwarves, ecryptfs, fio, fstests, git-commits-24, git-commits-head, git, hail-devel, initramfs, irda-users, kernel-janitors, kernel-packagers, kernel-testers, keyrings, kvm-commits, kvm-ia64, kvm-ppc, kvm, lartc, libzbc, linux-8086, linux-acpi, linux-admin, linux-alpha, linux-api, linux-apps, linux-arch, linux-arm-msm, linux-assembly, linux-bbs, linux-bcache, linux-block, linux-bluetooth, linux-btrace, linux-btrfs, linux-c-programming, linux-can, linux-cifs, linux-clk, linux-config, linux-console, linux-coverity, linux-crypto, linux-diald, linux-doc, linux-edac, linux-efi, linux-embedded, linux-ext4, linux-fbdev, linux-fido, linux-fpga, linux-fscrypt, linux-fsdevel, linux-fsf, linux-ftp, linux-gcc, linux-gpio, linux-hams, linux-hexagon, linux-hotplug, linux-hwmon, linux-i2c, linux-ia64, linux-ibcs2, linux-ide, linux-iio, linux-input, linux-integrity, linux-ipx, linux-isdn, linux-japanese, linux-kbuild, linux-kernel-announce, linux-kernel-announce.posters, linux-kernel, linux-kselftest, linux-laptop, linux-leds, linux-linuxss, linux-lugnuts, linux-m68k-cvscommit, linux-m68k, linux-man, linux-mca, linux-media, linux-metag, linux-mmc, linux-modules, linux-msdos-devel, linux-msdos, linux-new-lists, linux-newbie, linux-next, linux-nfs, linux-nilfs, linux-numa, linux-omap, linux-opengl, linux-parisc, linux-pci, linux-perf-users, linux-pm, linux-ppp, linux-pwm, linux-raid, linux-rdma, linux-remoteproc, linux-renesas-soc, linux-rt-users, linux-rtc, linux-s390, linux-samsung-soc, linux-scsi, linux-sctp, linux-security-module, linux-serial, linux-sh, linux-smp, linux-soc, linux-sound, linux-sparse, linux-spi, linux-standards, linux-svgalib, linux-tape, linux-tegra, linux-tip-commits, linux-trace-devel, linux-trace-users, linux-unionfs, linux-usb, linux-userfs, linux-watchdog, linux-wireless, linux-word, linux-wpan, linux-x11, linux-x25, linux-x86_64, linux-xfs, live-patching, lpc-netdev, lvs-devel, mm-commits, netdev, netfilter-devel, netfilter, perfbook, platform-driver-x86, reiserfs-devel, smatch, sparclinux, stable-commits, stable-rt, stable, stgt, target-devel, trinity, ultralinux, util-linux, xdp-newbies,

图12.3　Linux内核支持的邮件列表

（2）加入 IRC 频道

许多开源项目会采用 IRC 作为开发者之间的聊天工具。

（3）关注缺陷管理系统

许多开源项目会采用 Bugzilla 作为缺陷管理系统。读者可以关注这些缺陷管理系统，从中学习甚至尝试修复一些缺陷。

（4）尝试提交一些简单缺陷修复的补丁

成熟的开源项目也会有代码不符合规范或者编译出现警告等小问题，读者可以尝试从这些小问题入手参与开源项目。

（5）参与完善文档

（6）参与开源活动

开源项目除了比较成熟的，还有许多新晋的，它们大多集中在 Gitee 和 GitHub 上。读者参与的方式可能和 Linux 内核社区不太一样，因为在 Gitee 等平台上，最流行的是“Fork + Pull”模式。

12.3　实验 1：使用 cppcheck 检查代码

1．实验目的

学会使用代码缺陷静态检测工具完善代码质量。

2．实验详解

cppcheck 是一个 C/C++的代码缺陷静态检测工具。它不仅可以检测代码中的语法错误，还可以检测出编译器检查不出来的缺陷类型，从而帮助程序员提升代码质量。

cppcheck 支持的检测功能如下。

- 野指针。
- 整型变量溢出。

- ❏　无效的移位操作数。
- ❏　无效的转换。
- ❏　无效使用 STL 库。
- ❏　内存泄漏检测。
- ❏　代码格式错误以及性能原因检查。

cppcheck 的安装方法如下。

```
$sudo apt install cppcheck
```

cppcheck 的使用方法如下。

```
cppcheck 选项　文件或者目录
```

默认情况下只显示错误信息，可以通过"--enable"命令来启动更多检查。

```
--enable=warning   #打开警告消息
--enable=performance  #打开性能消息
--enable=information  #打开信息消息
--enable=all       #打开所有消息
```

12.4　实验 2：提交第一个 Linux 内核补丁

1．实验目的
熟悉在 Linux 内核社区提交补丁的基本流程。

2．实验详解
给 Linux 内核社区提交第一个补丁会涉及几个方面的问题：一是如何发现内核的缺陷，二是如何制作补丁，三是如何发送补丁。

（1）如何发现内核的缺陷

作为一名新手，订阅 LKML 和下载 Linus 的 git 仓库是必备功课。

```
$ git clone git://git.kernel.org/pub/scm/linux/kernel/git/torvalds/linux.git
```

接下来就开始为 Linux 内核代码寻找错误或者缺陷，新手可以从如下几个方面入手。

- ❏　查找编译警告。Linux 内核支持众多的 CPU 体系结构，以及多个版本的 GCC 编译器，通常会在某些情况下出现一些编译警告等信息。这些编译警告是新手制作补丁的好地方。
- ❏　编码规范。读者可以仔细阅读内核源代码，包括注释、文档等，经常会有单词拼写错误、对齐不规范、代码格式不符合社区要求、代码不够简练等问题。这种问题也是新手入门的好地方。

❑　其他人新提交的补丁集或者 staging 源代码。Linux 内核每次合并窗口时会合并大量的新特性，这些新进入的代码还没有经过社区的重复验证，常常有一些简单的错误，读者可以仔细阅读并发现里面可以制作成补丁的地方。另外，staging 源代码是一些没有经过充分测试的新增驱动模块，这些模块也是新手发掘补丁的好地方。

（2）如何制作补丁

当我们发现了内核的错误或者缺陷时，下一步就是着手制作补丁了。制作补丁需要用到的工具是 git。

❑　基于 Linux 内核主仓库最新的主分支创建一个新的分支。

```
$git checkout -b "my-fix"
```

❑　修改文件。这一步很重要的是进行测试，包括编译测试、单元测试和功能测试等。
❑　生成新的提交。

```
$ git add .
$ git commit -s
```

"-s" 命令会在提交信息末尾按照提交者名字加上一行 "Signed-off-by"。下面以一个例子说明如何写一个合格提交的信息。

```
1    commit ffeb13aab68e2d0082cbb147dc765beb092f83f4
2    Author: Felipe Balbi <balbi@ti.com>
3    Date:   Wed Apr 8 11:45:42 2015 -0500
4
5        dmaengine: cppi41: add missing bitfields
6
7        Add missing directions, residue_granularity,
8        srd_addr_widths and dst_addr_widths bitfields.
9
10       Without those we will see a kernel WARN()
11       when loading musb on am335x devices.
12
13       Signed-off-by: Felipe Balbi <balbi@ti.com>
14       Signed-off-by: Vinod Koul <vinod.koul@intel.com>
```

第 1 行：该提交的 ID，这是 git 工具自动生成的。
第 2 行：该提交的作者。
第 3 行：该提交生成的日期。
第 5 行：对所做修改的简短描述。这一行以子系统、驱动或者架构的名字为前缀，然后是一句简短的描述。
第 7~11 行：对本次提交详尽的描述。
❑　生成补丁。

使用 git format-patch 命令生成补丁。

```
$git format-patch -1  #生成一个补丁
```

❑　对补丁进行代码格式检查。

Linux 内核有一套代码规范，所有提交到社区的补丁都必须遵守它。Linux 内核源代码中集成了一个脚本工具可以帮助我们检查补丁是否符合代码规范。

```
$ ./scripts/checkpatch.pl your_fix.patch
```

（3）如何发送补丁

推荐使用 git send-email 工具发送补丁到内核社区。安装 git send-email 工具。

```
$ sudo apt-get install git-email
```

配置 send-email。修改~/.gitconfig 文件，增加如下配置。

```
<~/.gitconfig>

[sendemail]
        smtpencryption = tls
        smtpserver = smtp.126.com
        smtpuser = figo1802@126.com
        smtpserverport = 25
```

在发送补丁之前，我们需要知道这个补丁应该发给哪些审阅人。虽然你可以直接补丁发送到 LKML 邮件列表中，但是有可能审阅这个补丁的关键人物会错失了你的补丁。因此，最好将补丁发送给你修改的所属子系统的维护者。可以使用 get_maintainer.pl 来获取这些维护者的名字和邮箱地址。

```
$ ./scripts/get_maintainer.pl your_fix.patch
```

最后可以使用如下命令来发送你的补丁。

```
$ git send-email --to "tglx@linutronix.de" --to "xxx@redhat.com" --cc
"linux-kernel@vger.kernel.org" 0001-your-fix-patch.patch
```

这样补丁就被发送到社区里了，现在你需要做的就是耐心等待社区开发者的反馈。如果有社区开发者给你提了意见或者反馈，你应该积极回应，并根据意见进行修改，然后发送第二版的补丁，直到社区维护者接收你的补丁为止。

12.5　实验 3：管理和提交多个补丁组成的补丁集

1. 实验目的

学会如何管理和提交多个补丁组成的补丁集。

2. 实验详解

如果读者订阅了 Linux 社区的邮件列表，就会发现有一些补丁集有几个甚至几十个补丁，而且会不断地发送新的版本。如图 12.4 所示，这是一个关于 Specultative page faults 的补丁集，作者是 Laurent Dufour，该补丁集由 24 个补丁组成，目前已经是第 9 个版本。

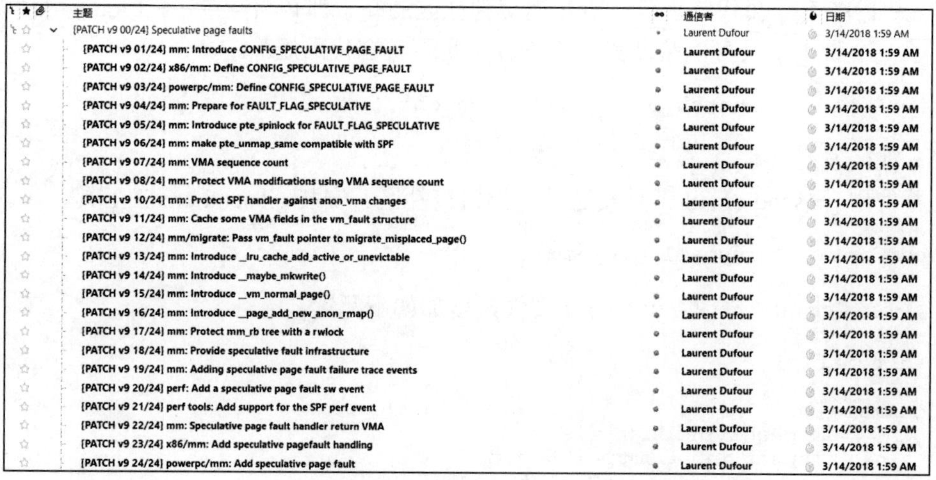

主题	通信者	日期
[PATCH v9 00/24] Speculative page faults	Laurent Dufour	3/14/2018 1:59 AM
[PATCH v9 01/24] mm: Introduce CONFIG_SPECULATIVE_PAGE_FAULT	Laurent Dufour	3/14/2018 1:59 AM
[PATCH v9 02/24] x86/mm: Define CONFIG_SPECULATIVE_PAGE_FAULT	Laurent Dufour	3/14/2018 1:59 AM
[PATCH v9 03/24] powerpc/mm: Define CONFIG_SPECULATIVE_PAGE_FAULT	Laurent Dufour	3/14/2018 1:59 AM
[PATCH v9 04/24] mm: Prepare for FAULT_FLAG_SPECULATIVE	Laurent Dufour	3/14/2018 1:59 AM
[PATCH v9 05/24] mm: Introduce pte_spinlock for FAULT_FLAG_SPECULATIVE	Laurent Dufour	3/14/2018 1:59 AM
[PATCH v9 06/24] mm: make pte_unmap_same compatible with SPF	Laurent Dufour	3/14/2018 1:59 AM
[PATCH v9 07/24] mm: VMA sequence count	Laurent Dufour	3/14/2018 1:59 AM
[PATCH v9 08/24] mm: Protect VMA modifications using VMA sequence count	Laurent Dufour	3/14/2018 1:59 AM
[PATCH v9 10/24] mm: Protect SPF handler against anon_vma changes	Laurent Dufour	3/14/2018 1:59 AM
[PATCH v9 11/24] mm: Cache some VMA fields in the vm_fault structure	Laurent Dufour	3/14/2018 1:59 AM
[PATCH v9 12/24] mm/migrate: Pass vm_fault pointer to migrate_misplaced_page()	Laurent Dufour	3/14/2018 1:59 AM
[PATCH v9 13/24] mm: Introduce __lru_cache_add_active_or_unevictable	Laurent Dufour	3/14/2018 1:59 AM
[PATCH v9 14/24] mm: Introduce __maybe_mkwrite()	Laurent Dufour	3/14/2018 1:59 AM
[PATCH v9 15/24] mm: Introduce __vm_normal_page()	Laurent Dufour	3/14/2018 1:59 AM
[PATCH v9 16/24] mm: Introduce __page_add_new_anon_rmap()	Laurent Dufour	3/14/2018 1:59 AM
[PATCH v9 17/24] mm: Protect mm_rb tree with a rwlock	Laurent Dufour	3/14/2018 1:59 AM
[PATCH v9 18/24] mm: Provide speculative fault infrastructure	Laurent Dufour	3/14/2018 1:59 AM
[PATCH v9 19/24] mm: Adding speculative page fault failure trace events	Laurent Dufour	3/14/2018 1:59 AM
[PATCH v9 20/24] perf: Add a speculative page fault sw event	Laurent Dufour	3/14/2018 1:59 AM
[PATCH v9 21/24] perf tools: Add support for the SPF perf event	Laurent Dufour	3/14/2018 1:59 AM
[PATCH v9 22/24] mm: Speculative page fault handler return VMA	Laurent Dufour	3/14/2018 1:59 AM
[PATCH v9 23/24] x86/mm: Add speculative pagefault handling	Laurent Dufour	3/14/2018 1:59 AM
[PATCH v9 24/24] powerpc/mm: Add speculative page fault	Laurent Dufour	3/14/2018 1:59 AM

图12.4　Specultative page faults补丁集

读者通常会有如下的疑问。

- 这些补丁集是如何生成的呢？
- 当制作新版本的补丁集时，如何基于最新的 Linux 分支上进行？
- 面对庞大的补丁集，如果社区针对某几个补丁有修改意见，那该如何制作新版的补丁集？

当开发某个功能或者新特性时，修改的文件和代码很多，这时需要把这些内容分割成功能单一的一个小补丁，然后这些小补丁组成一个大的补丁集。

（1）从 v0 分支开始修改

首先基于最新的 Linux 内核主分支建立一个名为 my_feature_v0 的分支（下面简称 v0 分支）。

```
$ git checkout -b "my_feature_v0"
```

在这个 v0 分支上进行开发和验证新功能。在这一步里，可以关注功能的实现和完善，最后不要忘记进行单元测试。

（2）合理分割 v0 形成 v1 分支

当 v0 分支上的代码已经完成功能开发和验证之后，可以创建一个 v1 分支。

```
$ git checkout -b "my_feature_v1"
```

在 v1 分支里，我们需要对代码进行合理的分割，也就是一个补丁只描述一个单一的修改。切记不要把多个不相关的修改放在一个补丁里，否则社区的维护者很难进行代码审阅。

（3）发送补丁集到社区

使用 git format-patch 命令来生成补丁集。

```
$ git format-patch -<patch number> --subject-prefix="PATCH v1" --cover-letter
-o <patch-folder>
```

- ❑ patch-number：根据补丁数目来生成补丁集。
- ❑ subject-prefix：补丁集以"PATCH v1"为前缀。
- ❑ cover-letter：生成一个总体描述的补丁，里面包含这个补丁集修改的文件以及修改的行数等信息。另外需要作者添加这个补丁的总体概述。
- ❑ patch-folder：可以把补丁集生成到一个目录里，方便管理。

使用 checkpatch.pl 脚本对补丁集进行代码规范的检查。

最后使用 git send-email 发送 v1 版本的补丁集。接下来要做的就是静待社区给的反馈意见，并积极参与讨论。

（4）创建 v2 分支并变基到最新的主分支上

假设社区里有不少开发者给了修改意见，这时你可以开始着手修改和发送 v2 版本的补丁集了。这时距离 v1 补丁集已经有一段时间了，可能过去了几周或者 1~2 个月时间了。Linux 内核 git 仓库的主分支已经发生了变化，这时你的 v2 补丁集必须基于最新的 Linux 内核主分支。

基于 v1 的分支创建一个 v2 的分支。

```
$ git checkout -b "my_feature_v2"
```

更新 Linux 内核的主分支到最新的状态。

```
$git checkout master
$git pull
```

然后把 v2 分支变基到最新的主分支上。

```
$git checkout my_feature_v2
$git rebase master
```

我们在第 2 章里已经学习过 git rebase 命令，它会让 v2 分支上的最新修改基于主分支上。当变基时发生了冲突，我们需要手动修改冲突。变基冲突的修改有如下几个步骤。

1）修改冲突文件，例如 xx.c 文件。

2）通过 git add 添加冲突文件，例如 git add xx.c。

3）运行命令 git rebase --continue。

4）在 v2 分支上修改社区的反馈。

接下来的工作就是基于 v2 分支进行社区反馈意见的修改了。这时我们可以使用 git rebase 命令对补丁进行逐一修改。假设补丁集只有 3 个小补丁，可以通过如下命令来进行修改。

```
$ git rebase -i HEAD~3    #对3个补丁进行修改
```

当运行 **git rebase -i HEAD~3** 命令之后，会对最新的 3 个补丁进行修改，如图 12.5 所示。我们可以选择如下命令对补丁进一步修订。

- ❑　p：使用这个提交，不进行任何修改。
- ❑　r：仅仅修改提交的信息，如补丁的说明等。如果社区里有人同意这个补丁，通常会给"Acked-by"或者"Reviewed-by"，这时可以把这些重要信息添加到补丁的提交信息里。
- ❑　e：修改这个提交的代码。
- ❑　s：合并到前一个的提交。
- ❑　f：合并到前一个的提交，但是会丢弃这个提交信息。
- ❑　d：删除这个提交。

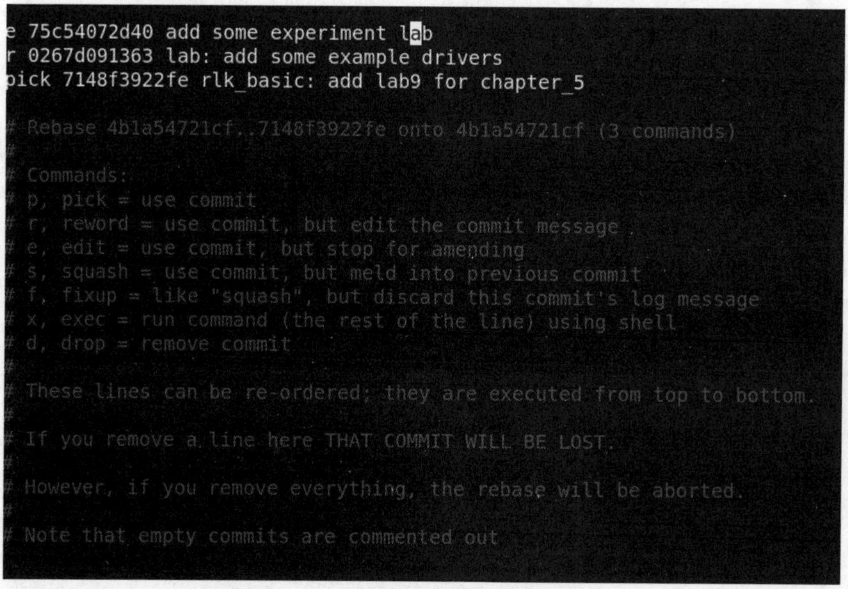

图12.5　git rebase命令修改补丁

如图 12.5 所示，我们对第三个补丁进行代码修改（选择 e 命令），对第二个补丁进行补丁信息修改（选择 r 命令），保存该文件之后，会自动停在第三个补丁里，如图 12.6 所示。

接下来就是动手修改社区给的反馈意见。当修改完成之后，可以通过如下命令完成变基工作。

```
$ git add xxx    #添加修改过的文件
$ git commit -amend
$ git rebase --continue
```

```
ben@ubuntu:~/work/runninglinuxkernel_4.0$ git rebase --continue
Successfully rebased and updated refs/heads/rlk_basic.
ben@ubuntu:~/work/runninglinuxkernel_4.0$
ben@ubuntu:~/work/runninglinuxkernel_4.0$
ben@ubuntu:~/work/runninglinuxkernel_4.0$
ben@ubuntu:~/work/runninglinuxkernel_4.0$ git rebase -i HEAD~3
Stopped at 9b1cc00dcff...  add some experiment lab
You can amend the commit now, with

  git commit --amend

Once you are satisfied with your changes, run

  git rebase --continue
ben@ubuntu:~/work/runninglinuxkernel_4.0$
```

图12.6 git rebase

这样就完成了一个补丁的变基工作。当同时需要修改多个补丁的修改时，需要自动重复上述命令，直到变基结束，如图 12.7 所示。

```
ben@ubuntu:~/work/runninglinuxkernel_4.0$ git rebase --continue
Successfully rebased and updated refs/heads/rlk_basic.
ben@ubuntu:~/work/runninglinuxkernel_4.0$
```

图12.7 git rebase结束

当对补丁集的修改完成之后，我们就可以生成和发送 v2 版本的补丁集到社区了。给 Linux 内核社区发补丁是一件很需要耐心和毅力的事情，一个大的补丁集可能发送了好几版的补丁集也没有被接受，但是不要放弃，一定要坚持到底。最近有一个例子，Red Hat 工程师 Glisse 从 2014 年开始就往社区里推异构内存管理（Heterogeneous Memory Management，HMM）的补丁集，一直发到 v25 版本才被社区接受，前后花费了 3 年多时间。

12.6 实验 4：在 Gitee 中创建一个开源项目

1. 实验目的

熟悉如何创建和提交一个开源项目。

2. 实验详解

本实验以国内 git 开源托管平台 Gitee 为例介绍如果创建和管理一个开源项目。

（1）创建 Gitee 账号

登录 Gitee 官网，注册一个新用户，如图 12.8 所示。

图12.8　Gitee注册页面

（2）新建一个开源项目

❑ 在 Gitee 官网上创建一个新的开源项目。然后通过 git 命令把本地代码推送到 Gitee 中。

❑ 在本地创建一个项目。见第 2 章的实验 6，建立一个 git 本地仓库，或者在本地已有的代码中执行如下命令。

```
$ git init
$ git remote add origin <你的项目地址> //注:项目地址形式
为:https://gitee.com/xxx/xxx.git或者 git@gitee.com:xxx/xxx.git
```

接下来创建第一个提交，然后将其推送到 Gitee 平台上。

```
$ git pull origin master
$ git add .
$ git commit -m "第一次提交"
$ git push origin master
```

输入 Gitee 平台的用户名和密码后便可以创建完成第一个开源项目。

（3）管理开源项目

参与开源项目的开发和管理，最常用的是"Fork + Pull"模式。在"Fork + Pull"模式下，项目参与者不必向项目创建者申请提交权限，而是在自己的托管空间下建立项目的派生（fork）。在派生项目中创建的提交，可以非常方便地利用 Gitee 的 Pull Request 工具向原始项目的维护者发送 Pull Request。

Pull Request 是两个仓库提交变更的一种方式，通常用于派生项目与被派生项目的差异提交，同时也是一种非常好的团队协作方式。

除了上述用法之外，Gitee 还提供团队协作、文档协作等团队开发所需要的功能。

参考文献

[1] 张天飞. 奔跑吧 Linux 内核[M]. 北京：人民邮电出版社, 2017.

[2] 毛德操, 胡希明. Linux 内核源代码情景分析[M]. 杭州：浙江大学出版社, 2001.

[3] Love R. Linux 内核设计与实现[M]. 陈莉君,康华,张波, 译. 北京：机械工业出版社, 2004.

[4] Mauerer W. 深入 Linux 内核架构[M]. 郭旭, 译. 北京：人民邮电出版社, 2010.

[5] Gorman M. 深入理解 Linux 虚拟内存管理[M]. 白洛, 译. 北京：北京航空航天大学出版社, 2006.

[6] 姜先刚,刘洪涛.嵌入式 Linux 驱动开发教程[M]. 北京：电子工业出版社, 2017.

[7] Loeliger J, McCullough M, 等. Git 版本控制管理[M]. 王迪, 丁彦, 译. 北京：人民邮电出版社, 2015.

[8] Corbet J, Rubini A, 等. Linux 设备驱动程序[M]. 魏永明, 骆刚, 等译. 北京：中国电力出版社, 2006.